Manfred Reitetschläger

Elektrosmog im Büro

Optimierung von Büro-Arbeitsplätzen

disserta
Verlag

Reitetschläger, Manfred: Elektrosmog im Büro: Optimierung von Büro-Arbeitsplätzen, Hamburg, disserta Verlag, 2014

Buch-ISBN: 978-3-95425-388-3
PDF-eBook-ISBN: 978-3-95425-389-0
Druck/Herstellung: disserta Verlag, Hamburg, 2014
Covermotiv: © Uladzimir Bakunovich – Fotolia.com

Bibliografische Information der Deutschen Nationalbibliothek:
Die Deutsche Nationalbibliothek verzeichnet diese Publikation in der Deutschen Nationalbibliografie; detaillierte bibliografische Daten sind im Internet über http://dnb.d-nb.de abrufbar.

Das Werk einschließlich aller seiner Teile ist urheberrechtlich geschützt. Jede Verwertung außerhalb der Grenzen des Urheberrechtsgesetzes ist ohne Zustimmung des Verlages unzulässig und strafbar. Dies gilt insbesondere für Vervielfältigungen, Übersetzungen, Mikroverfilmungen und die Einspeicherung und Bearbeitung in elektronischen Systemen.

Die Wiedergabe von Gebrauchsnamen, Handelsnamen, Warenbezeichnungen usw. in diesem Werk berechtigt auch ohne besondere Kennzeichnung nicht zu der Annahme, dass solche Namen im Sinne der Warenzeichen- und Markenschutz-Gesetzgebung als frei zu betrachten wären und daher von jedermann benutzt werden dürften.

Die Informationen in diesem Werk wurden mit Sorgfalt erarbeitet. Dennoch können Fehler nicht vollständig ausgeschlossen werden und die Diplomica Verlag GmbH, die Autoren oder Übersetzer übernehmen keine juristische Verantwortung oder irgendeine Haftung für evtl. verbliebene fehlerhafte Angaben und deren Folgen.

Alle Rechte vorbehalten

© disserta Verlag, Imprint der Diplomica Verlag GmbH
Hermannstal 119k, 22119 Hamburg
http://www.disserta-verlag.de
Printed in Germany

Inhaltsverzeichnis

1 Kurzfassung 5
2 Einleitung 6
3 Beschreibung von elektrischen, magnetischen und elektromagnetischen Feldern 8
    3.1 Physikalische Grundlagen 8
        3.1.1 Elektrische und magnetische Felder 8
        3.1.2 Schwingung und Wellen 9
        3.1.3 Elektromagnetisches Spektrum 10
    3.2 Natürliche Felder 11
        3.2.1 Magnetfeld der Erde 11
        3.2.2 Elektrisches Feld in der Atmosphäre 11
        3.2.3 Weitere natürliche Felder 12
    3.3 Technische Felder 13
        3.3.1 Statische und niederfrequente Felder 13
        3.3.2 Hochfrequente Felder 17
4 Grundlagen der Reduktion von EMF 22
5 Mögliche Wirkungen auf die Gesundheit 26
    5.1 Deutsches Mobilfunk-Forschungsprogramm 30
        5.1.1 Wissensstand vor Beginn des Deutschen Mobilfunk Forschungsprogramms 30
        5.1.2 Ergebnisse des Deutschen Mobilfunk Forschungsprogramms 30
        5.1.3 Verbleibende offene Fragen 31
    5.2 Wirkung niederfrequenter Felder 31
        5.2.1 Reizwirkungen 33
        5.2.2 Indirekte Wirkungen 33
    5.3 Wirkungen hochfrequenter Felder 34
        5.3.1 Thermische Wirkung 34
        5.3.2 Hochfrequenztherapie 35
        5.3.3 Absorption hochfrequenter Strahlung 35
        5.3.4 Athermische Wirkung 36
    5.4 Definitionen von Elektrosensitivität und Elektrosensibilität 37

6	Richtwerte, Grenzwerte und Normen	38
6.1	Referenzwerte für die berufliche Exposition	41
6.2	Tabelle für Schirmdämpfung	42
7	Methoden zur Messung elektrischer, magnetischer und elektromagnetischer Felder	43
7.1	Messungen im Hochfrequenzbereich	43
7.1.1	Feldmessung	43
7.1.2	SAR - Messungen für körpernahe Anwendungen	46
7.2	Messungen im Niederfrequenzbereich	46
7.2.1	Messung des niederfrequenten elektrischen Feldes	46
7.2.2	Messung des niederfrequenten magnetischen Feldes	47
7.3	Messung statischer Felder	48
7.3.1	Messung elektrostatischer Aufladung und Oberflächenspannung	48
7.3.2	Messung statischer Magnetfelder – magnetischer Gleichfelder	49
8	Feldquellen im Bereich von Arbeitsplätzen	50
8.1	Elektrische und magnetische Gleichfelder	50
8.2	Elektrische und magnetische Wechselfelder	51
8.3	Innere Quellen für niederfrequente Felder im Bürobereich	52
8.4	Innere Quellen für hochfrequente Strahlung im Bürobereich	54
9	Bau-Produkte zur Abschirmung und Dämpfung von hoch- und niederfrequenten Feldern	58
9.1	Massive Baustoffe	58
9.2	Lehmbaustoffe und Erde	59
9.3	Holzkonstruktion	60
9.4	Fenster und Zubehör	61
9.5	Fensterrahmen	62
9.6	Spaltbreiten	62
9.7	Wandbeschichtungen für den Innenbereich	64
9.8	Anstriche und Putze für den Innenbereich	64
9.9	Fassaden und Dämmstoffe	65
9.10	Dachaufbauten	66
9.11	Textilien	67
9.12	Abschirmplatten	68
9.13	Elektroinstallations-Produkte	69

10 Betrachtung des Kosten-Nutzen-Verhältnisses (KNV) 70

10.1 Abschirmfolien 70

10.2 Abschirmgewebe und Vliese 70

10.3 Anstriche und Putze für den Innenbereich 72

10.4 Textilien 72

10.5 Abschirmplatten 73

10.6 Fassadenverkleidungen 73

10.7 Dachaufbauten 73

10.8 Elektroinstallationen 74

11 Beispiele für bereits durchgeführte Reduktionsmaßnahmen an Musterarbeitsplätzen 75

11.1 Abschirmung magnetischer Felder 75

11.2 Raumabschirmung in einem bahnnahen Gebäude 78

11.3 Abschirmung des Zubaus eines Schulgebäudes 82

11.4 Messungen in Arbeitsräumen 86

11.5 Messungen an einem EDV Arbeitsplatz 89

11.6 Messungen in einem Büro- und Geschäftsgebäude 91

11.7 Messung und Sanierung am Büro-Arbeitsplatz des Autors 95

11.7.1 Messung des elektrischen Feldes 96

11.7.2 Messung der magnetischen Flussdichte 101

11.7.3 Messung magnetischer Felder über verschiedene Zeiträume .. 104

11.7.4 Messung statischer magnetischer Felder 106

11.7.5 Messung der elektrischen Oberflächenspannung 108

11.7.6 Hochfrequenzmessungen am Büro-Arbeitsplatz 108

11.7.7 Frequenzselektive Messung am Büro-Arbeitsplatz 111

11.7.8 Netzqualität 115

11.7.9 Vergleichsmessungen mit Steckdosenleiste und Netzfilter 117

11.7.10 Abstandsmessung 119

11.7.11 Messung der magnetischen Flussdichte an der Oberfläche von Geräten .. 128

11.7.12 Messung der Einschaltvorgänge vor den Laptops und dem Stand- PC an der Tastatur 131

12 Abgeleitete Senkungs-Maßnahmen zur Schaffung feldarmer Büro-Arbeitsplätze 135

   12.1 Bau-technische Maßnahmen 135

      12.1.1 Dämpfung im Außenbereich 135

      12.1.2 Dämpfung im Innenbereich 137

      12.1.3 Abschirmung von Elektroinstallationen 138

      12.1.4 Abschirmung niederfrequenter magnetischer Felder 139

      12.1.5 Antistatische Einrichtung 139

   12.2 Geräte-technische Maßnahmen 141

      12.2.1 Technische Ausrüstung am Büro-Arbeitsplatz 141

      12.2.2 Vermeidung oder bedachter Einsatz 143

   12.3 Organisations-technische Maßnahmen 144

13 Empfehlungsleitfaden zur Ausführung von feldarmen Büro-Arbeitsplätzen 146

   13.1 Anwendungsbereich des Leitfadens 146

   13.2 Grundsätzliche Festlegungen 146

   13.3 Ablauf zur Errichtung und Ausführung eines Gebäudes für feldarme Büroräume 147

   13.4 Ablauf zur Sanierung eines Gebäudes für feldarme Büroräume 154

   13.5 Einrichten eines feldarmen Büro-Arbeitsplatzes 161

14 Ergebnisse, Schlussfolgerungen 167

15 Glossar 168

Abkürzungsverzeichnis 171

Quellenverzeichnis 173

Abbildungsverzeichnis 182

Tabellenverzeichnis 189

1 Kurzfassung

Der Mensch setzt sich in seinem Arbeitsumfeld zusehends elektromagnetischen Feldern aus. Ziel dieses Buches ist ein Leitfaden zur Schaffung von Büro-Arbeitsplätzen mit möglichst geringem elektromagnetischem Einfluss, unter möglichst feldarmen Bedingungen.

Zu Beginn werden die physikalischen Grundlagen elektromagnetischer Felder erarbeitet. Das natürliche Vorkommen der elektromagnetischen Felder, wie das Magnetfeld der Erde, die elektrischen Felder in der Atmosphäre und weitere, natürliche Felder, werden beschrieben. Die technischen Felder (oder auch künstliche elektromagnetische Felder genannt) werden eingehend bearbeitet und deren physikalische Eigenschaften genauer betrachtet.

In einem weiteren Kapitel wird auf die menschliche Wahrnehmung eingegangen und mögliche, gesundheitliche Wirkungen elektromagnetischer Felder behandelt. Die Sensibilität des Menschen gegenüber elektromagnetischen Feldern wird hier nur gestreift, da aufgrund mangelnder wissenschaftlicher Daten und bestehender Uneinigkeit über Definitionen diverser Begriffe keine genaueren Feststellungen möglich sind.

Bei den Richtwerten, Normen und Grenzwerten wird auf die anstehende Einführung der Richtlinie 2004/40/EG verwiesen, mit der die Einhaltung von Richtwerten im EU-Raum vorgeschrieben wird.

Im Kapitel über die Messung elektrischer, magnetischer und elektromagnetischer Felder werden besonders die Messmethoden für hochfrequente elektromagnetische Felder beleuchtet und versucht, die Komplexität der verschiedenen Anwendungsmöglichkeiten darzustellen. Eigens behandelt wird die gegenwärtige Kommunikationstechnologie im Bürobereich, diese reicht vom Handy über Schnurlostelefone, Funknetzwerke, Computer, Notebooks bis zu Computerperipheriegeräte.

Überdies werden Immissionen von inneren und äußeren Quellen mit belegten Messwerten aus der Literatur dargestellt, um Abstände zu Strahlungsquellen ausreichend festzulegen.

Unter Herleitung von Minderungsmaßnahmen wird das Prinzip der Abschirmung entsprechend den auftretenden Feldern behandelt, und in weiterer Folge werden Produkte zur Abschirmung von hochfrequenter Strahlung mit ihren Abschirmeigenschaften verglichen.

Die Vergleichbarkeit verschiedener Produkte und Anwendungen wurde durch einen Vergleichswert geschaffen, der sich aus dem Kosten-Nutzen-Verhältnis bildet. Dargestellt wurde dies an Produkten, die im Internet abgebildet wurden und mit Kosten und nachgewiesenen Dämpfungswerten belegt sind.

An Musterarbeitsplätzen konnte die Umsetzung von Reduktionsmaßnahmen nachgewiesen werden, wobei einige Projekte anonymisiert dargestellt sind. Die Beispiele wurden so gewählt, dass verschiedene Einflussfaktoren an den jeweiligen Musterarbeitsplätzen zu reduzieren waren und die Reduktionsmaßnahmen mit unterschiedlichen Lösungsansätzen beschrieben wurden.

Aus den Erkenntnissen der bisherigen Arbeit wurde ein Empfehlungsleitfaden entwickelt, der bei Einhaltung definierter Vorgehensweisen einen möglichen Weg zur Schaffung von feldarmen Büro-Arbeitsplätzen darstellt. Dieser Leitfaden beinhaltet die Errichtung von Gebäuden mit Büro-Arbeitsplätzen, die Sanierung von bestehenden Gebäuden und die Einrichtung des Arbeitsplatzes.

2 Einleitung

Der Mensch ist in seinem Arbeitsumfeld Büro von sehr vielen technischen Hilfsmitteln umgeben, die für seine Produktivität unabdingbar geworden sind. Diese technischen Hilfsmittel (Geräte, Zubehör und Übertragungssysteme) verursachen jedoch elektrische, magnetische und elektromagnetische Felder (EMF) im Umfeld des Menschen.

Wie sich diese Felder, in welcher Intensität und Einwirkungsdauer, auf den Menschen negativ auswirken können, wird immer noch intensiv erforscht. Solange hierfür keine konkreten und nachweisbaren Aussagen gemacht werden können, wird auch die öffentliche Hand (Gesetzgeber) keine entsprechenden gesetzlichen Vorschriften zur Beschränkung der Dauerbelastung durch EMF in verschiedenen Frequenzbereichen herausgeben.

Seitens der Forschung tauchen immer wieder Berichte auf, die vor „zu hoher Dauerbelastung" durch EMF warnen. Um jedoch einer möglichen Gefährdung durch EMF vorzubeugen, sollte versucht werden, die Belastung des Menschen auf seinem Arbeitsplatz möglichst gering zu halten und feldarm zu machen, ein EMF zu schaffen, das dem natürlichen EMF nahe kommt.

Zudem besteht in der Bevölkerung bereits eine große Unsicherheit über mögliche, negative Wirkungen der EMF auf den menschlichen Körper. Diese Unsicherheit wird auch durch unterschiedliche Grenzwerte, Richtwerte und Empfehlungen hervorgerufen, die in Größenordnungen voneinander abweichen. Überdies gibt es Empfehlungen zur Vorsorge und Minimierung der Belastung durch EMF von namhaften Wissenschaftlern und des Obersten Sanitätsrats Österreich.

Ziel dieser Arbeit ist, aufbauend auf Ergebnissen aus Recherchen, Maßnahmen zur Schaffung feldarmer Büro-Arbeitsplätze darzustellen. Neben diesen Maßnahmen werden Empfehlungen zur strategischen Umsetzung von feldarmen Büros abgeleitet.

Aufbauend auf Literaturrecherchen werden physikalische Eigenschaften und Grundkenntnisse über EMF in natürlich vorkommender Form und in von Menschenhand geschaffener „künstlicher" Form beschrieben.

Des Weiteren werden die menschlichen Wahrnehmungen und mögliche gesundheitliche Auswirkungen auf den Menschen grundsätzlich beschrieben. Richtwerte, Grenzwerte und Normen werden in ihrer Vielfalt angesprochen und einige davon genauer betrachtet.

In weiterer Folge werden verschiedene Messmethoden zur Messung der EMF im hochfrequenten und niederfrequenten Bereich angeführt und ihre Einsatzmöglichkeiten aufgezeigt.

Die derzeit bedeutendsten Feldquellen im Bereich der Arbeitsplätze werden beleuchtet und die gegenwärtige Kommunikationstechnologie im Büro näher betrachtet. Über die Vermeidung elektrostatischer Auflading im Büro werden mögliche Vorgehensweisen aufgezeigt.

Zum Abschirmen (Dämpfen) von EMF werden Produkte und Produktgruppen mit entsprechenden Eigenschaften begutachtet, die zur Schaffung von feldarmen Arbeitsplätzen beitragen können. Diese Produkte werden über ein Kosten-Nutzen-Verhältnis bewertet und verglichen. Verbesserungsmaßnahmen an Musterarbeitsplätzen zur Schaffung feldarmer Arbeitsbereiche, ausgeführt durch autorisierte Firmen, werden abgebildet. Messergebnisse vor und nach den umgesetzten Maßnahmen belegen die erfolgreich durchgeführten Reduktionsmaßnahmen.

Abgeleitete Senkungs-Maßnahmen aus den gewonnen Erkenntnissen der Recherchen werden als bau-, geräte- und organisations-technische Maßnahmen dargestellt. Über die abgeleiteten Senkungs-Maßnahmen hinaus wird ein Empfehlungsleitfaden zur Errichtung von feldarmen Büro-Arbeitsplätzen entwickelt.

3 Beschreibung von elektrischen, magnetischen und elektromagnetischen Feldern

3.1 Physikalische Grundlagen

3.1.1 Elektrische und magnetische Felder
(aus LUBW & LfU, 2010)

Elektrische Felder entstehen überall, wo verursacht durch getrennte Ladungsträger eine elektrische Spannung U vorhanden ist. Diese Felder sind auch vorhanden, wenn kein Strom fließt. Die elektrische Spannung wird in Volt (V) und das statische Kraftfeld um eine ruhende elektrische Ladung, eben bezeichnet als elektrisches Feld, üblicherweise in Kilovolt pro Meter (kV/m) angegeben. Die Stärke des elektrischen Feldes erhöht sich mit steigender Spannung und nimmt mit zunehmendem Abstand der Ladungsträger ab. In Abbildung 1 ist als Beispiel ein homogenes, elektrisches Feld eines idealisierten Plattenkondensators dargestellt. Die elektrischen Felder lassen sich jedoch sehr stark durch ihre Umgebung beeinflussen. Gelangen leitfähige Objekte in ein elektrisches Feld, verändert sich deren Ladungsverteilung (Influenz) und wirkt auf die Form des elektrischen Feldes zurück. Eine Besonderheit stellt ein geschlossener, leitfähiger Raum dar, da im Inneren des Raumes das elektrische Feld ausgelöscht wird. Dies geschieht durch Überlagerung des ursprünglichen Feldes mit dem Feld der Influenzladungen mit umgekehrten Vorzeichen. Ein solcher Raum wird auch als Faradayscher Käfig bezeichnet. Ein externes Feld verursacht bei guten Leitern eine Ladungsverschiebung. Es wird dadurch im Inneren ein Gegenfeld erzeugt, das zu einer Neutralisierung der Felder führt.

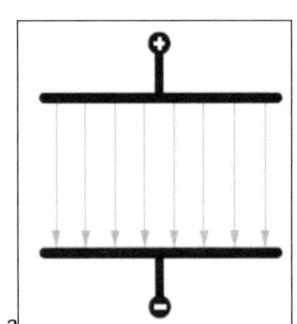
Abb. a

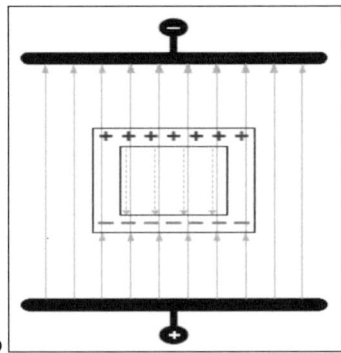
Abb. b

Abbildung 1 a und b: Homogenes, elektrisches Feld und elektrisches Feld mit gutem Leiter (LUBW & LfU, 2010)

Werden elektrisch leitfähige Körper einem sich ändernden elektrischen Feld ausgesetzt, so kommt es aufgrund der ständigen Ladungswechsel zu einem wechselnden Stromfluss im Körper. Die Stromstärke wird in Ampere (A) gemessen und der elektrische Strom pro Fläche (in m²) wird als elektrische Stromdichte S (A/m²) bezeichnet.

Magnetische Felder entstehen überall, wo es zur Bewegung von elektrischen Ladungen kommt - es fließt dadurch Strom. Die Stärke solcher Felder werden in Ampere pro Meter (A/m) angegeben und als magnetische Feldstärke H benannt. Die magnetische Flussdichte

B (bezeichnet auch als magnetische Induktion) stellt die Stärke des magnetischen Feldes im Material dar und wird in Tesla (T) bestimmt. Die magnetische Flussdichte steht meist über eine Materialkonstante, der Permeabilität µ, mit der magnetischen Feldstärke in Beziehung.

B = µ x H   Damit ergibt sich bei einer Feldstärke von 1 A/m in der Luft eine magnetische Flussdichte von 1,257 µT. Die Stärke des magnetischen Feldes erhöht sich mit steigender Stromstärke und nimmt mit zunehmendem Abstand zur Quelle ab.

3.1.2 Schwingung und Wellen
(aus LUBW & LfU, 2010)

Der Verlauf eines elektrischen Wechselfeldes ist dem einer Sinusschwingung, wie in Abbildung 2 dargestellt, gleichzusetzen. Über die Zeit ändert sich die Polarität des Feldes (+/-). Schwingungen kann man sich auch als Wasserwellen vorstellen, die aus Wellenbergen und Wellentälern bestehen. Die räumlichen Abstände zwischen den Wellenbergen/Wellentälern bezeichnet man auch als Wellenlänge λ und wird in Metern gemessen. Als Beispiel sei hier der Mobilfunk angeführt, bei dem die Wellenlänge zwischen 0,15 und 0,30 m liegt. Die Zeitdauer von einem Wellenberg bis zum nächsten Wellenberg (gleiches gilt bei den Wellentälern) wird als Schwingungsdauer T bezeichnet und in Sekunden s gemessen. Um nun auf die Frequenz zu kommen, wird der Kehrwert der Schwingungsdauer genommen.

1/s = 1 Hertz (Hz)

Beim Beispiel Mobilfunk liegt die Frequenz zwischen 900 MHz und 2 GHz. Während man die Amplitude der Schallwellen in Pascal angibt, werden die Amplituden des elektrischen Wechselfeldes in Volt pro Meter und die des magnetischen Wechselfeldes in Ampere pro Meter gemessen.

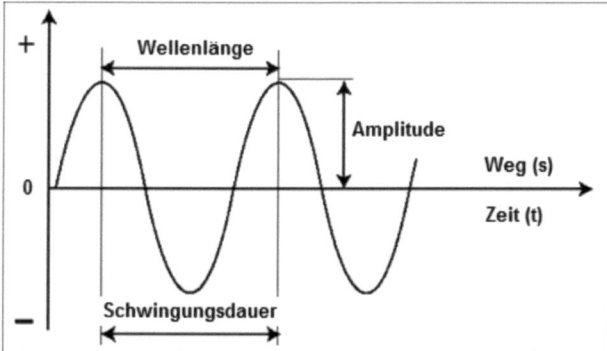

Abbildung 2: Verlauf einer sinusförmigen Welle (LUBW & LfU, 2010)

Die Ausbreitungsgeschwindigkeiten verschiedener Wellen sind sehr unterschiedlich. So breiten sich die Wasserwellen mit 5 bis 10 m/s und die Schallwellen in der Luft (bei 20 °C) mit 343 m/s aus. Die elektromagnetischen Wellen breiten sich, ob im Vakuum oder in der Luft für alle Frequenzen betrachtet annähernd gleich, mit einer Geschwindigkeit von 300.000 m/s - dies entspricht der Lichtgeschwindigkeit - aus. Der physikalische Zusammenhang zwischen der Wellenlänge λ und der Schwingungsdauer T ergibt sich über die Lichtgeschwindigkeit c.

λ = T x c

Elektromagnetische Felder haben die Eigenschaft, dass sie sich von ihren Quellen ablösen und über große Entfernungen ausbreiten können, wie dies z.B. bei Antenne geschieht. Diese Eigenschaft nutzt man zur Informationsübertragung im Mobilfunk, Rundfunk und Fernsehen. Für die Informationsübertragung werden hochfrequente Schwingungen verwendet, denen verschiedene Signale (für Bild, Ton oder Daten) aufgesetzt werden. Dieses Aufsetzen von Signalen wird als Modulation bezeichnet, und es werden hierfür drei Verfahren eingesetzt. Die Trägerschwingung wird hier entweder in ihrer Amplitude, Frequenz oder Phase verändert und dementsprechend wird das jeweilige Verfahren als Amplitudenmodulation AM, Frequenzmodulation FM oder Phasenmodulation PM bezeichnet. Nach Übertragung der modulierten Trägerschwingung wird beim Empfänger über Demodulation die ursprüngliche Bild-, Ton- oder Dateninformation wiedergewonnen.

3.1.3 Elektromagnetisches Spektrum

Es besteht ein enger physikalischer Zusammenhang zwischen den beschriebenen elektrischen und magnetischen Feldern. So erzeugt bewegte, elektrische Ladung ein magnetisches Feld und dieses wiederum einen Stromfluss in einem elektrischen Leiter. Nichtstatische elektrische und magnetische Felder bedingen sich also gegenseitig, und in diesem Fall spricht man von elektromagnetischen Feldern. Während langsam ändernde elektromagnetische Felder (in einem Bereich bis ca. 30 kHz (Niederfrequenzbereich)) leitungsgeführt bleiben (befinden sich in unmittelbarer Nähe des stromdurchflossenen Leiters), werden schnell veränderliche Felder vor allem in die Umgebung abgestrahlt. Man spricht dann von Hochfrequenzbereich und von elektromagnetischen Wellen. Diese benötigen weder ein Träger- noch ein Ausbreitungsmedium und breiten sich mit Lichtgeschwindigkeit aus. (Kasper, 2007)

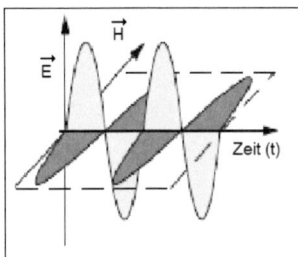

Abbildung 3: Elektromagnetische Wellen (LUBW & LfU, 2010)

Das Frequenzband von 30 kHz bis 300 MHz wird auch als Radiofrequenz bezeichnet. Ab 300 MHz bis 300 GHz spricht man von Mikrowellen und darüber bis 384 THz von infraroter Strahlung (Wärmestrahlung), gefolgt vom sichtbaren Licht bis 789 THz. Das elektromagnetische Spektrum kann grundsätzlich in zwei Bereiche aufgeteilt werden, es handelt sich hier um den Bereich der nicht ionisierenden Strahlung von 0 Hz bis 789 THz und der ionisierenden Strahlung darüber. Zu dieser zählen die harte ultraviolette Strahlung, die Röntgenstrahlung und die Gammastrahlung. (LUBW & LfU, 2010)

3.2 Natürliche Felder

3.2.1 Magnetfeld der Erde

(aus LUBW & LfU, 2010)

Elektromagnetischen Feldern ist der Mensch immer schon ausgesetzt und sie gehören zu seiner natürlichen Umwelt.

Beim Erdmagnetfeld handelt es sich um ein statisches Magnetfeld, das die ganze Erde umgibt. Die Feldlinien verlaufen an den Polen senkrecht und am Äquator parallel zur Erdoberfläche, wie schematisch in Abbildung 4 zu sehen ist.

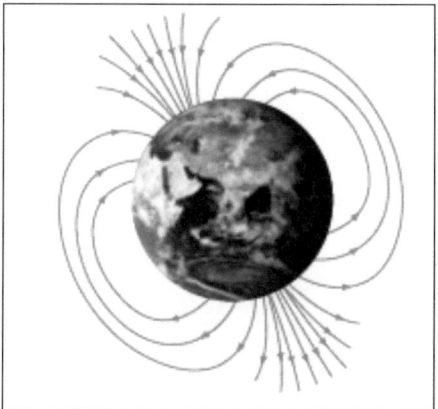

Abbildung 4: Feldlinien des Erdmagnetfeldes (LUBW & LfU, 2010)

Der magnetische Nordpol und der geographische Nordpol (gültig auch für den magnetischen und geographischen Südpol) decken sich nicht. Die derzeitige Abweichung der Achse magnetischer Pole zu geographischer Pole beträgt etwa 11,5 °. Das Erdmagnetfeld setzt sich aus drei Komponenten zusammen. Es besteht zu ungefähr 96 % aus dem Feld des flüssigen Erdkerns, ca. 2 % aus den oberflächennahen, magnetisierten Mineralien der Erdkruste und zu ca. 2 % aus Effekten der äußeren Atmosphäre, welche sich unter dem Einfluss der Sonne mit deren Einstrahlung und durch deren Winde ständig zeitlich und örtlich ändert. Dies geschieht in der Magnetosphäre (3 bis 6 Erdradien Abstand) und in der Ionosphäre (ca. 100 bis 300 km oberhalb der Erde). Die Amplitude des externen Feldes beträgt ca. 20 nT in den mittleren Breiten während ruhiger Bedingungen und kann während magnetischen Stürmen zehnmal so stark sein.

3.2.2 Elektrisches Feld in der Atmosphäre

(aus LUBW & LfU, 2010)

Die Atmosphäre der Erde wird in ca. 70 km Höhe durch die Sonneneinstrahlung und durch kosmische Strahlung stark ionisiert, sie wird elektrisch aufgeladen. Diese Schicht wird auch Ionosphäre bezeichnet (siehe Abbildung 5). Aufgrund der genannten Einstrahlungen bildet sich eine Potentialdifferenz zwischen Ionosphäre und Erdoberfläche von bis zu 300 kV. Die

Stärke des elektrischen Feldes ändert sich ständig, da sie vom Einfluss der Sonnenaktivität, dem Wetter, der Leitfähigkeit der Luft und von der Jahreszeit abhängig ist. Im Winter treten Feldstärken von ca. 270 V/m auf, wo hingegen im Sommer sich die Werte auf ca. 130 V/m halbieren. Bei Gewittern ist mit Feldstärken von 20 kV/m und in Gewitterwolken von 200 kV/m zu rechnen.

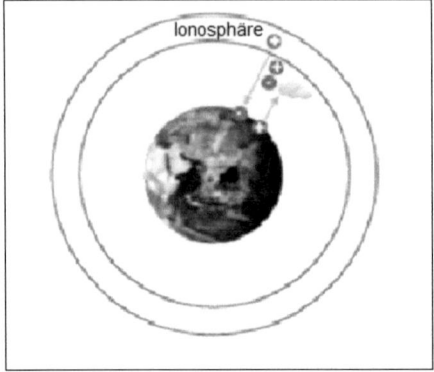

Abbildung 5: Elektrisches Feld der Erde (LUBW & LfU, 2010)

3.2.3 Weitere natürliche Felder
(aus LUBW & LfU, 2010)

Blitze

Auf der Erde entstehen stündlich etwa eine Million Blitze, die starke elektromagnetische Impulse und Magnetfelder verursachen. So entstehen in der Nähe des Blitzes magnetische Flussdichten von bis zu 1.000 µT. Die bei Blitzentladung auftretenden elektromagnetischen Impulse können auch noch in Entfernungen von einigen hundert Kilometern gemessen werden. Des Weiteren können bei Gewitter elektrische Feldstärken bis zu 20 kV/m und Blitzentladungen bis zu 200 kV/m auftreten.

Polarlichter

Diese entstehen durch elektrisch geladene Teilchen des Sonnenwindes, die auf Luftmoleküle in der Erdatmosphäre treffen und diese zum Leuchten bringen. Hier entstehen auch wieder elektromagnetische Felder, die einen negativen Einfluss auf elektronische Bauteile und Stromnetze haben können.

Lebewesen

In der Natur kommen auch Lebewesen vor, die selbst in der Lage sind, elektrische Felder zu erzeugen. Sie haben auch noch die Möglichkeit zur Wahrnehmung von Feldern und deren Veränderungen. Für die Ortung von Beute und Hindernissen im trüben Wasser nutzt der Nilhecht schwache elektrische Felder mit Spannungen von einigen Volt. Der Zitteraal kann durch schlagartige Entladung seine Beute lähmen, es treten hier Spannungen von bis zu 800 Volt auf.

Licht und Wärmestrahlung

Die für das Leben auf der Erde wichtigste natürliche Strahlung kommt von der Sonne. Sie kommt, je nach Wellenlänge, in Form von infrarotem Licht (Wärmestrahlung), sichtbarem Licht, UV-Strahlung und ionisierender Strahlung zur Erde. Im Gegensatz zur Sonne, die eine Oberflächentemperatur von ca. 5.500 °C besitzt, kann die Erde nur langwellige Wärmestrahlung (10 bis 100 µm) am Tag abstrahlen, da sie nur eine durchschnittliche Oberflächentemperatur von ca. 15 °C aufweisen kann.

3.3 Technische Felder

Zu den im vorhergehenden Kapitel behandelten natürlichen elektrischen und magnetischen Feldern gibt es auch künstliche, durch technische Anwendungen erzeugte, elektrische und magnetische Felder.

3.3.1 Statische und niederfrequente Felder

Bei niederfrequenten Feldern (Wechselfeldern) werden Frequenzen von annähernd 0 bis 30 kHz betrachtet. Die statischen Felder (Gleichfelder) ändern sich nur langsam bis gar nicht, ihre Frequenzen bewegen sich zwischen 0 und kleiner 0,1 Hz.

Elektrische und magnetische Gleichfelder

Das elektrische Feld bedingt eine elektrische Ladung, dies geschieht bei neutralen Körpern durch Auftrennung in negative und positive Teile. So eine Ladungstrennung kann durch Aneinander reiben von zwei schlecht leitenden Materialien erfolgen, wie dies zwischen Schuhsohle und Teppichboden oder Kunststoff und Wolle oder trockener Luft erfolgen kann. Gelangen unterschiedlich geladene Körper nahe genug zueinander, erfolgt ein Ladungsausgleich durch einen Luftdurchschlag. Nach erfolgter elektrischer Auflading am Beispiel eines Teppichbodens kann ein Ladungsausgleich über das Anfassen einer Türklinke erfolgen. (Karus u.a., 1994)

Elektrische Gleichfelder werden in verschiedenen Bereichen bewusst eingesetzt bzw. treten als Nebenprodukt auf. So entstehen sie bei Elektrogeräten und Maschinen mit meist sehr geringem Potential. Mit Absicht werden hingegen starke Gleichfelder in Abscheideanlagen aufgebaut. Die staub- [oder öl-]behafteten Partikeln werden hier ionisiert und aus dem Luftstrom ausgeschieden. Zum Einsatz kommen solche Abscheideanlagen z.B. in Kohlekraftwerken, [als Ölnebelfilteranlagen bei Fertigungsmaschinen], in Gaststätten zur Luftreinigung. Eine weitere technische Anwendung von elektrischen Gleichfeldern ist die Elektronenröhre, wie sie z.B. als Bildröhre in Fernsehern, als Verstärkerröhre in den Radios (bevor Transistoren eingebaut wurden) oder als Röntgenröhre Verwendung findet und gefunden hat. Im öffentlichen Nahverkehr werden elektrische Gleichstromanlagen zur Versorgung von Straßenbahnen, U-Bahnen und Stadtbahnen verwendet. (LUBW & LfU, 2010)

Magnetische Gleichfelder haben in der Technik vielfältigste Anwendungsmöglichkeiten. Hergestellt werden sie mit Dauermagneten oder Elektromagneten. Wobei die Dauermagnete wiederum aus verschiedenen Materialgruppen bestehen. Für industrielle Anwendungen sind vier Gruppen von Bedeutung, als Beispiel wird hier die Neodym-Eisen-Bor-Gruppe (NdFeB) angeführt, mit ihr lässt sich die höchste magnetische Flussdichte (von bis zu 1,6 T) erreichen. Verwendung finden die Dauermagnete u.a. in Elektromotoren, Generatoren, Lautsprechern, Kopfhörern, Drehspulinstrumenten und Magnetschwebebahnen. Die Elektromagneten bestehen in den meisten Fällen aus einem Eisenkern, welcher mit einer elektrischen Spule umwickelt ist. Das Magnetfeld des Elektromagneten kann im Vergleich zum Dauermagneten zu- und abgeschaltet werden. Mit dem Elektromagneten können Flussdichten von ca. 2 T im Dauerbetrieb und ca. 6 T im Impulsbetrieb erreicht werden. Eingesetzt werden sie u.a. für Türverriegelungssysteme, Hubmagnete und Magnetschwebebahnen. Eine besondere Entwicklung stellen supraleitende Magnete (gekühlt auf ca. -270 °C) dar, die für Magnet-Resonanz-Tomographen (Kernspintomograph) eingesetzt werden. Ihr magnetisches Gleichfeld beträgt über 20 T im Dauerbetrieb, wobei der Patient einem magnetischen Gleichfeld von ca. 3 bis 7 T ausgesetzt wird. Dies entspricht ca. dem 100.000 fachen Wert des Erdmagnetfeldes. Grundsätzlich stellen magnetische Gleichfelder für den Menschen keine unmittelbare Gefahr dar. Träger von metallischen Implantaten sollten jedoch starke magnetische Gleichfelder meiden, in Kernspintomographen können sie lebensgefährlich sein. In mehreren europäischen Ländern erfolgt die elektrische Versorgung des Schienennetzes aus historischen Gründen mit Wechselstrom der Frequenz von 16,7 Hz (früher 16 $^2/_3$ Hz). Es sind dies vor allem Netze in Deutschland, Österreich, Schweiz, Schweden und Norwegen. Andere Länder in Europa verwenden 50 Hz Wechselstrom- oder Gleichstrom-Netze. In Abbildung 6 wird die elektrische Speisung einer Zuggarnitur schematisch dargestellt. Das Bahnunterwerk versorgt die Oberleitung mit 15 kV, von dieser gelangt die Energie über Abnehmer zum Zug. Als Rückleitung werden die Schienen und in das Erdreich verlegte Metallrohre verwendet. (LUBW & LfU, 2010)

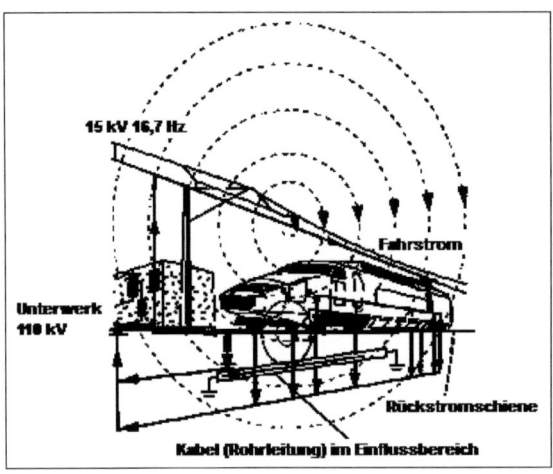

Abbildung 6: Stromkreise des Bahnstroms (LUBW & LfU, 2010)

Durch die 15 kV-Oberleitung wird ein elektrisches Wechselfeld verursacht, gegen das jedoch die Fahrgäste aufgrund der Metallhülle des Zuges abgeschirmt sind (Faradayscher Käfig).

Öffentliche Stromversorgung

(aus LUBW & LfU, 2010)

Die öffentliche Stromversorgung wird in Österreich, als auch in Deutschland, über Dreiphasen-Wechselstrom-Netze mit 50 Hz (bezeichnet als Drehstrom) auf verschiedenen Spannungsebenen durchgeführt. Die Stärke der elektrischen und magnetischen Felder an einer Freileitung und deren Verteilung sind von mehreren Faktoren abhängig. Es sind dies vor allem die Netzspannung, die Stromstärke, die Form der Strommasten und damit verbunden die Anordnung der Leiterseile und deren Durchhang. Der Durchhang bestimmt wiederum maßgeblich die am Erdboden auftretenden Feldstärken und ist abhängig von der Temperatur der Leiterseile, die sich mit der Übertragungsleistung (Stromstärke) und der Lufttemperatur ändern. Mit steigender Übertragungsleistung und/oder steigender Lufttemperatur erhöhen sich die Feldstärken im Bodenbereich.

Die magnetische Flussdichte nimmt mit zunehmender Entfernung zur Freileitung stark ab, schwankt jedoch sehr stark über den Tagesverlauf aufgrund des unterschiedlichen Strombedarfs. So kann bei Spitzenverbrauch die magnetische Flussdichte um den Faktor drei höher sein als bei geringem Stromverbrauch. Während die großräumige Stromverteilung hauptsächlich über Freileitungen erfolgt, kann die lokale Verteilung immer mehr über Erdkabel geführt werden. Bei Erdkabel ist das elektrische Feld durch eine geerdete metallische Kabelumhüllung praktisch vollkommen abgeschirmt. Die Abschirmung der magnetischen Felder ist kaum möglich. Im Vergleich zu den Freileitungen erzeugen jedoch Erdkabelleitungen erheblich schwächere magnetische Felder bei gleicher Stromstärke, als diese bei Freileitungen auftreten. Die Ursache ist im geringeren Verlege-Abstand zu sehen, da sich hier die Magnetfelder der Einzelleiter beeinflussen und zum Teil (je nach Phasenbelastung) aufheben bzw. reduzieren. Es ist jedoch zu beachten, dass magnetische Felder oberhalb der Kabeltrassen in etwa die Größe haben, wie sie unter einer Freileitung auftreten. Die magnetischen Felder nehmen aber mit dem Abstand zur Kabeltrasse rascher ab, als dies bei der Freileitung geschieht. Die Größe des magnetischen Feldes im Umkreis vom Erdkabel wird durch die Stromstärke, den Leiterquerschnitt, die Anordnung der Leiterseile zueinander und die Verlegungstiefe bestimmt. Eine Besonderheit haben gasisolierte Leitungen an sich, da sie im Vergleich zu den Freileitungen und Erdkabeln nur geringe magnetische Felder und keine elektrischen Felder in ihrer Umgebung erzeugen. Sie werden jedoch aufgrund der hohen Kosten hauptsächlich nur auf der 380 kV-Spannungsebene eingesetzt. In Abbildung 7 ist der unterschiedliche Verlauf der magnetischen Induktion senkrecht zur Trassen-Achse in Höhe des Erdbodens mit einer Übertragungsleistung von 2 x 1.000 MVA bei 400 kV, im Vergleich zu den verschiedenen Stromübertragungssystemen im Hochleistungsbereich, zu sehen.

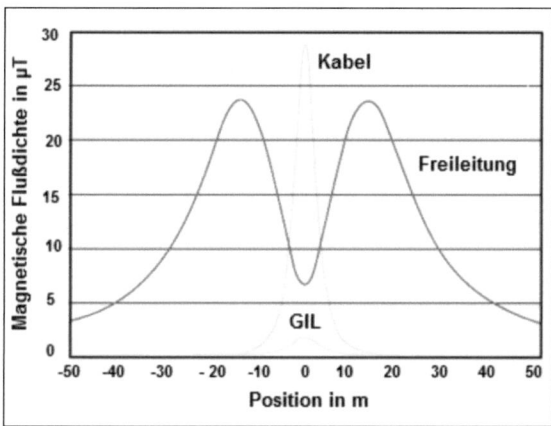

Abbildung 7: Vergleich der auftretenden magnetischen Felder bei unterschiedlichen Stromübertragungssystemen im Hochleistungsbereich. (LUBW & LfU, 2010)

Bei Transformation der Netzspannung in Netzstationen entstehen ebenfalls elektrische und magnetische Felder. Durch Einhausung kann das elektrische Feld nach außen hin fast vollständig abgeschirmt und dadurch relativ klein gehalten werden. Das magnetische Feld tritt vor allem im Bereich der Niederspannungsstromschienen stark auf und wird durch das Mauerwerk nicht geschwächt (siehe Abbildung 8).

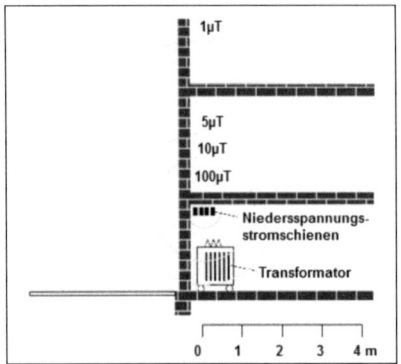

Abbildung 8: Magnetfelder im Nahbereich einer Netzstation (LUBW & LfU, 2010)

Felder im Hausbereich

Eine große Belastung geht hier vor allem von Elektrogeräten und **Hausinstallationen**, wie Verteiler- und Sicherungskästen, Stromleitungen und Steckdosen, aus. Es handelt sich hier meist um elektromagnetische Wechselfelder im niederfrequenten Bereich. Die elektrische Gebäudeversorgung erfolgt in der Regel über einen Dreiphasen-Wechselstrom mit 50 Hz aus dem Niederspannungsnetz und wird nach Absicherung im Hausanschlusskasten im Verteiler- und Sicherungskasten auf einzelne Verbraucherabgänge aufgeteilt. Je nach Größe der Verbraucher werden diese mit ein- oder dreiphasigem Wechselstrom gespeist. Die Gebäudeinstallationen aus den Verteilerkästen erfolgen meist durch Kabel, bei denen die Hin- und Rückleiter dicht aneinander geführt werden. Es kommt hier bei stromdurchflossenen Leitern zur Überlagerung der entgegengesetzt ausgerichteten Felder und damit zu einer weitestgehenden Kompensation der Felder. Im Gegensatz zu einzelnen, stromdurchflossenen Leitern nehmen hier die elektrischen und magnetischen Felder mit der Entfernung viel stärker ab. Magnetfelder entstehen in Gebäuden vor allem durch die Verwendung elektrischer Geräte zur Wärmeerzeugung (Elektroheizung), Geräte mit Trafos oder Magnetspulen (Radiowecker, Fernseher, Stereoanlage) und Geräte mit elektrischem Motor. Werden Geräte ständig im Aufenthaltsbereich eingesetzt, so sollte auf genügend Abstand zu diesen geachtet werden. Die Feldstärken reduzieren sich jedoch sehr stark mit der Entfernung. (LUBW & LfU, 2010)

Energiesparlampen

Im Vergleich zu herkömmlichen Glühlampen verbrauchen die Energiesparlampen nach Herstellerangaben um 70 bis 80 % weniger Energie. Des Weiteren sind Energiesparlampen mit elektronischen Vorschaltgeräten ausgerüstet, um die 50 Hz Netzspannung in eine 28 bis 63 kHz Betriebsspannung, zum Erreichen einer höheren Lichtausbeute, umzuwandeln. Dadurch treten bei den Energiesparlampen auch elektromagnetische Felder in diesen Frequenzbereichen auf. Durch geeignete Abschirmmaßnahmen, wie die Verwendung metallischer, geerdeter Lampenschirme und durchgängiger Schutzleiteranschlüsse an den Leuchten, können die elektrischen Felder erheblich vermindert werden. Die Anordnung von nichtgeerdeten Lampen (Schreibtisch und Leselampe) in der Nähe des Körpers sollte hinsichtlich der elektromagnetischen Felder vermieden werden. Eine Möglichkeit bieten hier strahlungsarme Energiesparlampen. Ihr elektrisches Feld ist bis zu 90 % kleiner als bei normalen Energiesparlampen mit gleicher Leistung. (LUBW & LfU, 2010)

Elektrogeräte

Alle elektrischen Geräte geben elektrische und magnetische Wechselfelder ab, das ist gültig beim Betrieb des Gerätes und auch beim Stand-by-Betrieb. Wird nur auf der Sekundärseite des Netztrafos abgeschaltet, so werden ebenfalls noch elektrische und magnetische Wechselfelder erzeugt und abgegeben. Ist ein elektrisches Gerät vollständig abgeschaltet, so findet man noch elektrische Wechselfelder an der Zuleitung, auch verursacht durch eventuell an diese ankoppelnde, nicht geerdete Metallteile. Die Größe des magnetischen Feldes ist abhängig von der Höhe der Stromstärke und der Art der Zuleitung. Die Leistungsangabe in Watt (W) ist ein Maß für die Stromstärke eines betriebenen Gerätes. Ab einer Leistung von etwa 500 Watt muss beim Betrieb in der Nähe der Geräte mit relativ hohen Magnetfeldern gerechnet werden. Stärkere Magnetfelder treten auch in der Nähe von Netztransformatoren auf, die von 230 V (Volt) auf 6 oder 12 V heruntertransformieren. (Karus u.a., 1994)

Solarstromanlagen

Auch Solarstromanlagen sind bezüglich elektromagnetischer Strahlung zu betrachten. Sie unterscheiden sich in der Art der Netzeinspeisung. Diese kann ohne Trafo über Wechselrichter oder über einen Trafo erfolgen. Bei Wechselrichterbetrieb erfolgt keine galvanische Trennung zwischen Wechselstromnetz und dem solarem Gleichstromnetz, was zu einem elektrischen Wechselfeld zwischen den Solarmodulen und den darunterliegenden Räumen führt. Bei Netzeinspeisegeräten mit Trafos bauen sich starke magnetische Wechselfelder auf. (Seltmann, 2007)

3.3.2 Hochfrequente Felder

Bei der Übertragung und Nutzung von Energie im niederfrequenten Bereich treten meist unerwünschte Effekte der Wechselfelder auf. Für die Übertragung von Energie im Hochfrequenz (HF)-Bereich werden die elektromagnetischen Felder meist gewollt erzeugt.

Mobilfunk

(aus LUBW & LfU, 2010)

Geschichtliche Entwicklung

Mit der Einführung des digitalen D-Netzes (GSM-900) im Jahr 1992 und dem E-Netz (GSM-1800) ab dem Jahre 1994 war die Basis für den weltweiten Mobilfunkboom geschaffen. Die heutigen Mobilfunktelefone werden überwiegend mit dem GSM-Standard (Global System for Mobile Communications) betrieben, welcher eine gute Übertragungsqualität auch für Datenanwendungen bietet. Eine Weiterentwicklung von GSM stellt UMTS (Universal Mobile Telecommunication System) dar, das bereits seit 2002 in Deutschland und Österreich aufgebaut wird. Mit dem Zusatzpaket HSPA (High Speed Packet Access, seit 2006) ist auch schnelles, mobiles Internet-Surfen möglich.

Netzstruktur

Beim Rundfunk und Fernsehen kann mit einem Sendeturm ein großes Gebiet in einem Umkreis von mehr als 100 km abgedeckt werden. Dies ist aufgrund der hohen Sendeleistungen möglich. Handys hingegen haben eine geringe Sende- und Empfangsleistung, und bedingt durch die Übertragungskapazität muss ein „zellulares Netz", bestehend aus einer großen Anzahl von kleinräumig aneinandergereihten „Funkzellen", aufgebaut werden. Die Funkzellen werden über Basisstationen versorgt, welche die Schaltschränke unter oder neben den Mobilfunkantennen bilden. Diese Basisstationen werden entweder per Richtfunk oder über (Glasfaser-) Kabel mit dem Mobilfunknetzwerk verbunden. Eine Mobilfunkbasisstation kann ein Gebiet im Umkreis von einigen hundert Metern bis zu mehreren Kilometern abdecken. In den meisten Fällen stellt jedoch nicht die Reichweite auch die Grenze für die Mobilfunkbasisstation dar, sondern die Anzahl der zu übertragenden Gespräche. Jede Basisstation kann nur ca. 20 bis 90 Gespräche gleichzeitig übertragen, und die Übertragungsanzahl sinkt mit steigender Datenübertragung auf 2 bis 20 Nutzer. Die Teilnehmerdichte bestimmt somit die Größe einer Funkzelle und führt im innerstädtischen Bereich zu Sendemasten-Abstände von nur einigen hundert Metern. Eine noch relativ junge Entwicklung stellen die Femtozellen dar, die als häusliche Basisstationen eingesetzt werden. Wie auch die WLAN-Router haben sie einen Zellradius von nur wenigen Metern mit hoher Kapazität. Diese Klein- bis Kleinstsender arbeiten mit geringen Sendeleistungen ab 1 W und darunter.

Immissionen und Abstrahlung einer Mobilfunkanlage

Die Sendeleistungen von Basisstationen liegen je nach Situierung bei GSM-900 zwischen 10 W (je Kanal) in Wohngebieten und bis zu 50 W (je Kanal) an Autobahnen. Bei GSM-1800 und UMTS-2000 befindet sich die maximale Sendeleistung bei 40 W (je Kanal). Befinden sich Hindernisse zwischen der Basisstation und dem Handy, wie etwa Gebäude und Berge, so wird die Strahlung stark abgeschwächt. Starke Stahlbetonwände oder metallbedampfte Fenster haben eine stark dämpfende Wirkung für die Leistungsflussdichte, diese wird bis zum Faktor 1.000 reduziert. In Abhängigkeit der gewünschten Versorgungsreichweite werden schwach bis stark bündelnde Antennen eingesetzt. Beim Mobilfunk werden zwei Arten von Antennen eingesetzt, es handelt sich hier um Rundstrahlantennen oder um Sektorenantennen.

Rundstrahlantennen strahlen gleichförmig, parallel zur Erdoberfläche, kreisförmig in alle Richtungen und bündeln nur vertikal. Die Antennenkonstruktion ermöglicht nur eine geringe Übertragungskapazität für 20 bis 30 Telefonate zur gleichen Zeit.

Sektorenantennen werden meist zu dritt an einem Mast befestigt und versorgen einen Kreissektor von 120 ° pro Antenne. Die Übertragungskapazität steigt bei dieser Anordnung auf die dreifache Gesprächsanzahl (60 bis 90 Gespräche gleichzeitig) und dies bei gleicher Sendeleistung. Sektorenantennen bündeln den Strahl vergleichsweise wie ein Scheinwerfer vertikal und horizontal. Sie können auch gezielt in eine bestimmte Richtung eingestellt werden.

Immissionen eines Handys

Handys senden bei Telefongesprächen, Datenverbindungen, Funkzellenwechsel (ca. 1 s), regelmäßiger Anwesenheitskontrolle (ca. 1 s) und beim Versenden/Empfangen einer Kurzmitteilung – SMS (ca. 1 s). Befindet sich das Handy im Ruhezustand und reinem Empfangsmodus, so sendet es (fast) nicht. Es sei denn, das Handy wird örtlich bewegt und gelangt dadurch in eine andere Funkzelle, oder es erfolgt alle 1 bis 12 Stunden ein kurzer Funkkontakt mit der Basisstation zur Anwesenheitskontrolle. Bei der heutigen Mobilfunktechnik werden die analogen Sprachsignale digitalisiert und auf ein hochfrequentes Trägersignal aufmoduliert, welches über die Antenne übertragen wird. Zum Erzielen höherer Übertragungskapazitäten werden die Sprachsignale bei GSM nicht kontinuierlich gesendet, sondern in zeitlich aufeinanderfolgende Datenpakete abgesetzt. Das Handy sendet hierbei nur in einem Achtel der Zeit, die restlichen sieben Achtel sendet es nicht. Die Signalstruktur der Basisstation ist hingegen kontinuierlicher, da mehrere Handys gleichzeitig angesprochen werden können und auch noch Signalaufgaben zu erledigen sind.

Je nach Verbindungsqualität variiert die Sendeleistung des Handys und mit Einschränkung auch die der Basisstation. Bei schlechter Verbindung zwischen Handy und Basisstation ist eine deutlich höhere Sendeleistung erforderlich als bei guter Verbindung (siehe Abbildung 9). Beim Funkzellenwechsel und beim Gesprächsaufbau sowie bei mittlerer Empfangsqualität senden die Geräte allerdings mit voller Leistung.

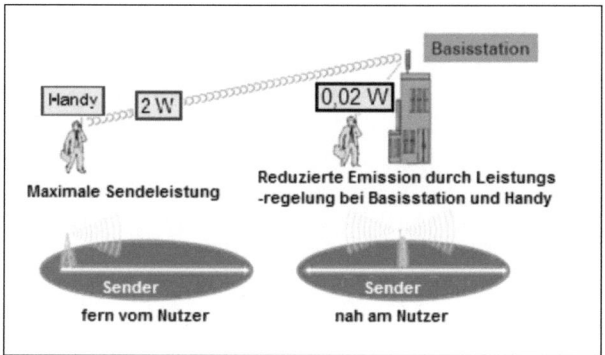

Abbildung 9: Leistungsregelung bei Basisstation und Handy (LUBW & LfU, 2010)

Die höchste Leistungsflussdichte erfährt der Handy-Nutzer beim Telefonieren durch das Handy am Ohr und nicht durch die Basisstation. Dies ist dadurch zu erklären, dass der Abstand zwischen Handy-Antenne und Kopf nur wenige Millimeter beträgt und der Abstand zur Basisstation im Normalfall einige hundert Meter bis zu mehreren Kilometern betragen kann.

Diverse Funkanwendungen

(aus LUBW & LfU, 2010)

Rundfunk und Fernsehen

Beim Rundfunk und Fernsehen versorgen leistungsstarke Grundnetzsender Gebiete im Umkreis von mehr als 100 km. Die Abstrahlung der Programme erfolgt meist von Bergen und auch von lokalen Fernsehtürmen. Seit der flächendeckenden Umstellung auf digitales Fernsehen haben sich die Sendeleistungen bei gleicher Reichweite für den einzelnen Kanal um bis zu 90 % reduziert. Um jedoch eine bessere Versorgung in den Gebäuden zu bieten, ist in der Praxis die Versorgungsleistung meist nur drei- bis fünfmal geringer als beim analogen Fernsehen. In Ballungsräumen, wo öffentliche und private Fernsehprogramme empfangbar sind, gibt es kaum eine Reduzierung der Sendeleistung. Zunehmende Bedeutung erlangt das Internet-Radio, da es über Mobilfunknetze mit den Handys nutzbar ist.

BOS-TETRA-Digitalfunk

Unter der Kurzbezeichnung BOS versteht man Behörden und Organisationen mit Sicherheitsaufgaben wie Rettung, Feuerwehr, Technischen Hilfsdiensten, [Bundesheer] und Polizei, die künftig über ein gemeinsames, digitales Behördenfunknetz verfügen. Der auf Basis des internationalen TETRA-Standards funktionierende TETRA-Digitalfunk wird in bereits mehr als 100 Staaten, in Europa und darüber hinaus, eingesetzt. TETRA funktioniert ähnlich dem GSM-Standard. In der Regel sendet die Basisstation mit einer Leistung von 20 W pro Kanal und die Sendeleistung der Handfunkgeräte beträgt 30 mW bis maximal 1 W geregelt, je nach Empfangsqualität.

Stationäre Internet-Funklösung

Internetdaten können bereits über weite Strecken per Funk übertragen werden. Funklösungen kommen anstelle von Kabelstrecken zur Kosteneinsparung zum Einsatz oder um die Mobilität des Nutzers zu gewährleisten. Mit Funk-DSL kann schnelles Internet einfach und kostengünstig zur Verfügung gestellt werden, ohne teure Glasfaserkabel verlegen zu müssen. Mit kleinen Sendeleistungen werden hier Entfernungen von mehreren Kilometern überwunden. Mit der Funk-DSL können über Rundstrahl- oder Sektorenantennen ca. 20 bis 50 Endkunden mit kleinen Außen- oder Zimmerantennen von einer Basisstation versorgt werden. Die Basisstationen sind untereinander durch Richtfunkstrecken verbunden.

Eine weitere Möglichkeit zur direkten Funkanbindung des Nutzers bietet die Aufrüstung eines Kabelverzweigers mit einer Funklösung. Zum Kabelverzweiger wird ein Outdoor-DSLAM (Digital Subscriber Line Access Multiplexer) installiert, der über Richtfunk an das Internet angebunden ist. Der Nutzer bekommt bei dieser Ausführung einen vollständigen DSL-Anschluss über die Telefondose.

Richtfunk und Satelliteninternet

Unter dem Einsatz der Richtfunktechnik können Ton-, Bild- und Datenübertragung über weite Strecken mit geringen Kosten und schnell durchgeführt werden. Mit der Verwendung von Trägerfrequenzen im Bereich von 6 bis 40 GHz können Entfernungen von bis zu 70 km zurückgelegt werden. Für die Übertragung werden Richtantennen in Form von Parabol- oder Flachantennen eingesetzt, die auf erhöhten Standorten, wie etwa Funktürmen, montiert werden.

Der Hauptstrahl der Richtfunkantenne wird stark in horizontaler als auch vertikaler Richtung gebündelt. Die Leistungsflussdichte nimmt außerhalb des Hauptstrahles sehr schnell ab. Aufgrund der hohen Übertragungsfrequenzen und der geringen Sendeleistungen muss eine Sichtverbindung zwischen Sende- und Empfangsantenne bestehen. Neben dem terrestrischen Richtfunk gibt es auch noch den Richtfunk zwischen Hausantennen und Satelliten. Die Satellitenkommunikation erfolgt zum Einen für den Empfang von Satellitenradio- und fernsehen, dies geschieht über Parabolantennen an den Hausdächern. Die empfangenen Signale bewegen sich im Frequenzbereich von 10,7 bis 12,75 GHz und kommen von geostationären Satelliten in einer Entfernung von 38.000 km. Da diese Antennen als reine Empfangsantennen verwendet werden, verursachen sie auch keine Immissionen. Zum Anderen können über Satelliten Internetverbindungen mit Hilfe von Zweiwegesystemen aufgebaut werden. Beim Satelliteninternet können Daten nicht nur empfangen, sondern auch mit einer Sendeleistung von bis zu 2 W und einer Frequenz von 14 GHz zum Satelliten gesendet werden. Die Kommunikation mit den Satelliten erfolgt auch hier über Parabolantennen, die mit einem Modem verbunden werden.

Amateurfunk

Der Amateurfunk erfolgt auf bestimmten Funkbändern, und das Betreiben von Sendeanlagen ist mit Auflagen und Nachweispflichten verbunden. Viele Amateurfunkanlagen haben Leistungen zwischen 5 und 100 W und sind zudem nur einige hundert Stunden im Jahr in Betrieb.

4 Grundlagen der Reduktion von EMF

Vermeidung elektrostatischer Aufladung im Büro

Im Leitfaden zum Schutz vor elektrostatischer Entladung werden verschiedene Möglichkeiten zur Vorbeugung von elektrostatischer Auf- und Entladung sowie deren Ursachen und Grenzwerte beschrieben. ESD steht für Electro Static Discharge. (Grothusen, 2011)

In der folgenden Tabelle 1 werden einige Möglichkeiten der statischen Aufladung in Abhängigkeit der Luftfeuchtigkeit und der hervorgerufenen elektrischen Aufladung in Volt angegeben.

Tätigkeit	bei Luftfeuchtigkeit [%]	
	10 - 25	65 - 90
	statische Aufladung [V]	
über einen Teppich laufen	35.000	1.500
Poly-Beutel vom Tisch nehmen	20.000	1.200
Stuhl mit Urethan-Schaum	18.000	1.500
über Vinyl-Fliesen laufen	12.000	250
am Tisch arbeiten	6.000	100

Tabelle 1: elektrostatische Aufladung in Abhängigkeit der Luftfeuchtigkeit (angepasst aus Grothusen, 2011)

Klassifizierung der Materialien nach ESD

(aus Grothusen, 2011)

Diese Materialien werden durch ihre unterschiedlichen Widerstandswerte in verschiedene Klassen eingeteilt und bezeichnet:

Abschirmende Materialien

Diese sind in vielen Fällen mit leitfähigen Materialien wie etwa Karbon- oder Metallelemente versetzt, dadurch beträgt der Widerstand meist weniger als 10^3 Ohm, welche das Spannungsfeld verkleinern oder reflektieren. Abschirmende Materialien wirken wie ein Faradayscher Käfig, da sie den Stromdurchgang in den meisten Fällen verhindern und die Energie, welche bei einer elektrostatischen Entladung freigegeben wird, dämpfen.

Leitfähige Materialien

Deren Widerstand ist kleiner als 10^5 Ohm und führen deshalb zu einem schnellen Abfließen der Ladung. So gehören Metalle, Karbon und auch die Schweißschicht auf der Haut des Menschen zu solchen Oberflächen und Materialien.

Dissipative Materialien

Diese Materialien weisen meist einen Oberflächenwiderstand von 10^5 bis 10^{12} Ohm auf und können Potentialdifferenzen in relativ kurzer Zeit ausgleichen.

Isolierende Materialien

Ab einem Oberflächenwiderstand von 10^{12} Ohm werden diese Materialien als isolierende Materialien bezeichnet. Eine statische Ladung, welche sich an einer Stelle dieses Materials befindet, bleibt lange bestehen ohne abzufließen. Als Materialien werden hier Kunststoffe, Glas und Luft genannt.

(aus Lindemann u.a., 2007)

Die Störgröße (elektrisches, magnetisches oder elektromagnetisches Feld und seine Frequenz) bestimmt die Auswahl und Dimensionierung des Abschirmmaterials. In den folgenden Abschnitten werden die wesentlichen Grundlagen beschrieben:

Senkung elektrischer Felder

Bei stromdurchflossenen Leitungen zur Energieversorgung handelt es sich um elektrisch geladene Körper, die von einem elektrischen Feld umgeben sind. Die Stärke des Feldes ist in einfacher Form dargestellt, proportional zur Spannung und umgekehrt proportional zum Abstand der Leiter (siehe Kapitel 3.1.1). Die Feldlinien zeigen den Verlauf der Kraftwirkung von der positiven zur negativen Ladung. Die elektrischen Feldlinien beginnen und enden auf elektrischen Ladungen, wie sie auch in jedem Gebäude, z.B. als innenverlegte elektrische Leitungen, anzutreffen sind. Diese sogenannten Quellenfelder können durch einen rundum geschlossenen, metallischen Behälter oder mit Graphit oder kohlenstofffaserverstärkten Kunststoff (Carbon) für elektrische Gleichfelder als auch für nieder- und hochfrequente Wechselfelder feldfrei gemacht werden. Die dabei eingesetzten Materialien für die Umhüllung müssen hinreichend gut elektrisch leitend sein. Unbedingt zu beachten ist, dass die leitende Umhüllung mit der Erdung niederohmig verbunden wird, um zu verhindern, dass nicht geerdete Metallflächen ein gerade vorhandenes elektrisches Potential annehmen können.

Damit das Schutzsystem auch funktionieren kann, sind alle Bestandteile des Schutzsystems miteinander und mit Erdung zuverlässig zu verbinden. Ist dies nicht der Fall, können Wirkungen auftreten, die eine Verstärkung der elektrischen Niederfrequenz (NF)-Felder hervorrufen können (Aussage von Tappler).

Dämpfung magnetischer Felder

Die Abschirmung magnetischer Felder ist, im Vergleich zu elektrischen Feldern, verhältnismäßig schwierig bis kaum durchführbar. Ein stromdurchflossener Leiter ist von einem magnetischen Feld umgeben. Die Stärke des magnetischen Feldes ist direkt proportional zur Stromstärke und indirekt proportional zum Abstand zur Feldquelle. Die Wirkung einer magnetischen Abschirmung von magnetischen Gleichfeldern und niederfrequenten Wechselfeldern wird im Wesentlichen durch das Abschirmmaterial, in seiner Stärke und Permeabilität, und durch die geometrische Anordnung des zu schirmenden Materials bestimmt. Magnetische Feldlinien lassen keine Unterbrechung zu und müssen daher um den zu schirmenden Bereich gelenkt werden. Der Grad der Abschirmung lässt sich durch den magnetischen Widerstand als kürzeste Verbindung in der Luft, im Unterschied zur längeren Verbindung durch die Wand, beschreiben. Als Abschirmmaterialien sind grundsätzlich solche Materialien einzusetzen, die eine hohe relative Permeabilität ($\mu_r > 1$) aufweisen, denn diese Materialien leiten den magnetischen Fluss besonders gut weiter. Geläufige Baustoffe und Metallbleche, wie etwa Aluminium, Kupfer oder Messing, sind für diesen Abschirmungsfall nicht geeignet. Folgende Baustoffe bzw. Materialien können zu einer Schwächung des niederfrequenten, magnetischen Feldes beitragen:

- Eisenblech-Platten als Fassadenverkleidung; mit μ_r von ca. 100

- Metall-Legierungen, die magnetisch sehr gut leiten (z.B. Mumetall); $\mu_r > 30.000$

Dämpfung elektromagnetischer Felder

Bei hochfrequenten, magnetischen Wechselfeldern ab etwa 10 kHz können auch elektrisch gut leitende Metalle, wie Aluminium, Kupfer, Messing oder Carbonfasern, zur Abschirmung verwendet werden. An geschlossenen, metallischen Gehäusen oder gut leitenden, metallischen Oberflächen kommt es zur **Totalreflexion** von elektromagnetischen Wellen. Weisen diese Schirmmaterialien (z.B. Carbonfasern oder -partikel) jedoch nicht diese reflektierenden Eigenschaften auf, so kann es noch zu weiteren Prozessen kommen, welche als Reflexionsdämpfung und Absorptionsdämpfung bezeichnet werden.

Die **Reflexionsdämpfung** wird in dB angegeben, wenn die Frequenz in MHz bei der Berechnung eingesetzt wird. Die Reflexionsdämpfung S_{gesamt} setzt sich aus dem Produkt Schirmfaktor S_E und Austrittsfaktor S_A zusammen.

$$S_{gesamt} = S_E \times S_A$$

Der Schirmfaktor ergibt sich aus dem Verhältnis der auf den Schirm auftreffenden elektrischen Feldstärke E_1 zu der in das Schirmmedium eingetretenen Feldstärkenkomponente E_S.

$$S_E = E_1 / E_S$$

Der Austrittsfaktor wird aus dem Verhältnis der eingetretenen Feldstärkenkomponente E_S zu der austretenden Feldstärkenkomponente E_A errechnet.

$$S_A = E_S / E_A$$

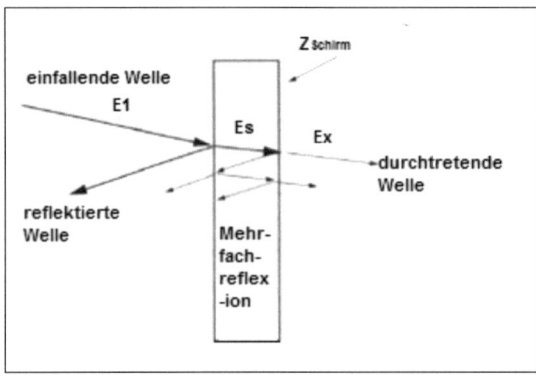

Abbildung 10: Vorgänge bei der Schirmung einer elektromagnetischen Welle (Lindemann u.a., 2007)

Neben der Reflexionsdämpfung kommt es beim Durchgang durch das Schirmmaterial (z.B. Wand) auch zu einer Dämpfung der Welle durch Absorption. Es bestehen folgende Möglichkeiten zur **Absorptionsdämpfung**:

- Es ist genügend elektrische Feldstärke vorhanden, sodass sich das Material „erwärmt" und dielektrische Verluste entstehen.

- Wenn das Material ein $\mu_r > 1$ besitzt, entstehen neben den „elektrischen" Verlusten auch „magnetische" Verluste.

- Befinden sich in einem Material Anteile von Ruß oder Graphit, so ist das Material nur bedingt leitfähig und es werden E- und H-Feldstärken-Ströme induziert. Eine Verlustleistung in Form von Wärme tritt auf.
- Dämpfung der Welle durch den Wasseranteil im Material. Die Wassermoleküle bewegen sich im Rhythmus der Frequenz des elektromagnetischen Wechselfeldes der Welle. Es entsteht durch die Bewegung „Reibungswärme" im Material.

Die Schirmdämpfung setzt sich grundsätzlich aus der Summe von Reflexionsdämpfung außen und Absorptions- und Reflexionsdämpfung innen zusammen.

5 Mögliche Wirkungen auf die Gesundheit

Ob und wie sich EMF auf den Menschen und seine Gesundheit auswirken scheint doch sehr umstritten und mahnt, wie aus den folgenden Zitaten und Erklärungen zu lesen ist, zur Vorsicht und Vorsorge mit deren Umgang und Exposition.

Kundi erklärt zur gesundheitlichen Wirkung hochfrequenter EMF in der Wohnumwelt: „Der einzig anerkannte Wirkmechanismus hochfrequenter EMF ist die Erwärmung des Körpers oder von Körperteilen durch Absorption elektromagnetischer Energie und bei Frequenzen unter 10 MHz die Reizung von Muskeln und Nerven. Diese Effekte treten nur bei sehr hohen Feldstärken auf, die normalerweise in der Umwelt nicht und an Arbeitsplätzen nur sehr selten vorkommen. Die Frage, ob es Effekte einer langfristigen Exposition gegenüber niedrigen Intensitäten hochfrequenter Felder gibt, kann derzeit nicht eindeutig beantwortet werden. Die Gesamtsicht der bisherigen Forschung deutet aber eher auf die Existenz langfristiger gesundheitlicher Folgen hin. Das Grundproblem bei der Risikobeurteilung ist das Fehlen eines für solche Effekte plausiblen Wirkmechanismus. Dadurch ist es auch nicht möglich, die Eigenschaften der Expositionssituation zu präzisieren, die für die Effekte verantwortlich sind. […] Aufgrund der bestehenden Unsicherheiten ist eine rationale Vorgangsweise beim Umgehen mit diesen möglichen Risiken an der Vorsorge orientiert. Da man nicht weiß, welche Aspekte der Exposition eventuell nachteilig sind, wird man versuchen müssen, alle Einwirkungen unter dem Primat der Minimierung zu behandeln." (Kundi, 2007)

Zudem schreibt Hutter schlussfolgernd über Mobilfunk und Gesundheit: „Jede einzelne erwähnte Studie für sich genommen lässt noch keinen Schluss auf eine gesundheitliche Gefährdung durch HF-Felder des modernen Mobilfunks zu. Die Untersuchungen belegen jedoch insgesamt biologische Wirkungen derartiger Felder, die kaum mit dem Erwärmungsansatz erklärt werden können. Obwohl zweifellos ein biologischer Effekt noch keinen Hinweis auf ein Gesundheitsrisiko bedeutet, kann kein Ausschluss einer gesundheitlichen Relevanz nur auf Basis des Wirkmechanismus erfolgen, der den Effekten zugrunde liegt. Gerade das derzeitige Fehlen eines umfassenden Verständnisses dieser biologischen Effekte macht einen vorsorgeorientierten Umgang mit der Mobilfunk-Technologie dringend notwendig." (Hutter, 2007)

Dazu bezieht sich Hutter in der Schlussfolgerung auf die Vorsorge wie folgt: „Aus Vorsorgegründen ist eine deutliche Absenkung des Richtwerts und/oder die Anwendung von Minimierungsstrategien für die tatsächlich auftretenden Belastungen zu fordern. Darüber hinaus ist bei „unfreiwilligen" Belastungen, wie bei der Einwirkung von Feldern aus Basisstationen, die bestmögliche Information und Einbindung von Anrainern zu fordern." (Hutter, 2007)

Der Oberste Sanitätsrat (OSR) erklärt in seiner Empfehlung über Gesichtspunkte zur aktuellen gesundheitlichen Bewertung des Mobilfunks (hier auszugweise und aufzählend angeführt): „Unter Berücksichtigung der aktuellen wissenschaftlichen Reviews, welche die derzeitigen Forschungsergebnisse zusammenfassen, ergibt sich folgende Bewertung aus gesundheitlicher Sicht bzw. können folgende Schlussfolgerungen und Empfehlungen getroffen werden:

1. Nach den aktuellen wissenschaftlichen Reviews zur Mobilfunktelefonie liegt unterhalb der aktuellen Grenz- bzw. Richtwerte derzeit kein gesicherter wissenschaftlicher Nachweis gesundheitlicher Schäden am Menschen vor (ICNIRP[1], SCENIHR[2], US National Cancer Institute[3]). Hinweise auf langfristige gesundheitliche Auswirkungen von Expositionen auch unterhalb der Richtwerte (Empfehlungen der ICNIRP 1998, EU Ratsempfehlung 1999, Standard C95.1 der IEEE, Vornorm ÖNORM E 8850) wurden in Untersuchungen gezeigt[4]; in anderen Untersuchungen konnten solche Effekte jedoch nicht gefunden werden[5]. Unter anderem besteht auch aus diesem Grund weiterhin weder hinsichtlich der anzulegenden Kriterien noch hinsichtlich der zu treffenden Maßnahmen Konsens."

„2. Weil die Untersuchungen im Fluss sind, fordert der OSR in regelmäßigen Abständen einen zusammenfassenden Bericht über die neuesten Ergebnisse möglicher biologischer Wirkungen der Mobilfunktelefonie, um auf dieser Basis seine Bewertungen vornehmen und daraus Empfehlungen ableiten zu können. [...] Diese Wissensbasis sollte, neben ihrer Funktion als wissenschaftliche Basis für die Schaffung und Vollziehung einschlägiger gesundheitsorientierter Vorschriften, in jeweils geeigneter (kommentierter, verständlicher) Form auch über das Internet der Öffentlichkeit, der Lehrer- und der Ärzteschaft zugänglich gemacht werden. Eine dazu eingerichtete Arbeitsgruppe hat ihre Arbeit aufgenommen und begonnen, entsprechendes Informationsmaterial für die genannten Zielgruppen zu verfassen.

3. Beim Mobilfunk sind hinsichtlich der gesundheitlichen Bewertung sowohl die Basisstationen als auch die Endgeräte (Handys) je nach ihren spezifischen Expositionsbedingungen (Dauer, Zeitmuster, Flussdichte etc.) zu berücksichtigen. Hinsichtlich der Höhe der Exposition sind bei üblichen Abständen weniger die Basisstationen, als vielmehr die Endgeräte zu beachten, weil die Leistungsdichte in der Regel mit dem Quadrat der Entfernung abnimmt; in konkreten Fällen sind Abweichungen durch Reflexion, Streuung und Überlagerung möglich. Da jedoch aufgrund der Expositionsdauer, der Einkopplung des Feldes in den Organismus etc. die Exposition gegenüber Basisstationen grundsätzlich verschieden von der eines Handys ist, vertritt der OSR die Auffassung, dass beide Arten von Expositionen je für sich wissenschaftlich untersucht und 10 Report bewertet werden müssen. Grundsätzlich ist immer die Gesamtheit der Expositionen zu berücksichtigen und daher müssen die Beiträge aller elektromagnetischen Quellen beachtet und es darf keine Einschränkung auf die Quellen des Mobilfunks vorgenommen werden. Andere Quellen, die relevante Beiträge zur Exposition liefern können, sind z.B. DECT Schnurlostelefone oder leistungsstarke Rundfunksender.

4. Die Industrie wird aufgefordert,

- die Endgeräte im Rahmen ihrer Funktionalität in der Leistungsabgabe zu minimieren,
- die Information über die Absorption elektromagnetischer Leistung im Kopf des Nutzers (SAR-Wert) in geeigneter Form dem Verbraucher zugänglich zu machen,
- beim Aufstellen von Sendemasten dafür Sorge zu tragen, dass niemand als passiver Konsument durch zu große Nähe zum Sender einer zu hohen Belas-

tung durch elektromagnetische Felder ausgesetzt wird. Das bedingt, dass die Verortung von der zuständigen Behörde nach klaren Richtlinien genehmigt und geprüft werden muss.

5. Aus den im Punkt 1 genannten Gründen wird festgehalten, dass die Faktenlage als nicht ausreichend angesehen wird, um die bestehenden Richt- bzw. Grenzwerte (wie sie in der ÖNORM E 8850 verankert sind) in Evidenz basierter Weise auf ein bestimmtes niedrigeres Niveau abzusenken. Da langfristige Effekte jedoch nicht mit ausreichender Sicherheit ausgeschlossen werden können, sollen Funkanlagen, die zu einer lang dauernden Exposition von Menschen führen, vorsorglich unter Anwendung eines Zielwertes eingerichtet werden. Dieser Zielwert sollte für Hochfrequenzeinwirkungen mindestens um den Faktor 100 unter dem Grenzwert für die Leistungsflussdichte der ÖNORM E 8850 angesetzt werden. Darüber hinaus sollen gesetzliche Maßnahmen gesetzt werden, dass

a) es bei verschiedenen gleichzeitig einwirkenden elektromagnetischen Feldern über alle relevanten Frequenzen unterschiedlicher Emittenten nicht zu einem Überschreiten der Grenzwerte kommt und

b) die Betreiber bei Planung und Betrieb auch unterhalb der Grenzwerte noch zu einer Minimierung der Exposition durch elektromagnetische Felder angehalten werden.

6. Im Hinblick auf die zahlreichen noch offenen Fragen sollte generell auf einen vernünftigen Umgang mit Handys geachtet werden, der auf eine sinnvolle Nutzung ab zielt und unnötige Exposition vermeidet. Dies gilt insbesondere für Kinder und Jugendliche, da diese über ihre Lebenszeit vorhersehbar länger exponiert sein werden und die organspezifische Exposition durch anatomische und entwicklungsphysiologische Unterschiede in bestimmten Geweben höher sein kann als beim Erwachsenen."
(Oberster Sanitätsrat, 2010)

Biologische Systeme können mit elektromagnetischen Feldern auf verschiedenste Weise in Wechselwirkung treten. Man unterscheidet hier zwei Arten von Strahlung: **ionisierende Strahlung**, wie UV-, Röntgen- und Gammastrahlung, und **nicht-ionisierende Strahlung**, wie z.B. Radio- und Mikrowellen. Mit der ionisierenden Strahlung können Bindungen zwischen Atomen und Molekülen im Körper aufgelöst werden, da hierbei die Strahlungsenergie größer ist als die Bindungsenergie. Ionisierende Strahlung wird in dieser Arbeit nicht weiter behandelt. Die nicht--ionisierende Strahlung hat nicht die Strahlungsenergie, welche zur Auflösung von Bindungen zwischen den Atomen und Molekülen erforderlich wäre. So beträgt die Strahlungsenergie im Frequenzbereich von 2 GHz (Mikrowelle) nur etwa ein Hunderttausendstel der Energie, die zur Auflösung von Kohlenstoffbindungen und Wasserstoffbrückenbindungen notwendig wäre. Eine Beeinflussung ist grundsätzlich denkbar, da im Stoffwechsel des menschlichen Körpers elektrische und elektrochemische Vorgänge ablaufen, deren Energiepotential zum Teil in der Größenordnung der Strahlungsenergie von nicht-ionisierenden Strahlen liegt. Eine direkte Einwirkung nicht-ionisierender Strahlung auf den menschlichen Körper kann z.B. durch Reizwirkungen auf die Nervenbahnen oder durch Erwärmung des Gewebes erfolgen. Indirekte Wirkung kann z.B. durch Störung eines Herzschrittmachers auf den Menschen ausgeübt werden. Ob die Wirkung sofort (akute Wirkung) oder erst nach einem längeren Zeitraum (Langzeitwirkung, chronische Wirkung) auftritt, ist von Fall zu Fall verschieden. Bei statischen elektrischen Feldern (Gleichfeldern) können akute Wirkungen durch Aufrichten der Haare, Elektrisieren und durch Entladung wahrgenommen werden. Starke magnetische Gleichfelder in Wechselwirkung mit bewegter Ladung (z.B. Ionen im Blut) können indirekte Wirkung auf magnetische Implantate zur Folge haben. Niederfrequente, elektrische und magnetische Felder können Reizungen an Sinnes-, Nerven- und Muskelzellen auslösen, die durch Ströme im Gewebe verursacht werden. Zu den Reizwirkungen kommen auch noch thermischen Wirkungen im Übergangsbereich von niederfrequenten zu hochfrequenten Feldern. Bei den hochfrequenten Feldern kommt es vor allem zu thermische Wirkungen. Der Körper als Ganzes (Ganzkörperexposition) oder bestimmte Körperteile (Teilkörperexposition) erwärmen sich durch Absorption elektromagnetischer Felder. (LUBW & LfU, 2010)

Erhöhte Sensibilität des Menschen gegenüber elektromagnetischen Einflüssen

Die Empfindlichkeit des Menschen gegenüber elektromagnetischen Feldern umfasst eine große Bandbreite, die auch wissenschaftlich bereits gut belegt ist. So reagieren bestimmte Menschen vermutlich bereits auf elektromagnetische Felder, deren Feldstärke die meisten Menschen noch gar nicht wahrnehmen. Nach Angabe und Schätzung der Weltgesundheitsorganisation (1993) ist die Wahrnehmungsschwelle bei etwa 5 % der Bevölkerung auf einem Drittel der Feldstärke, wie sie die „normale" Bevölkerung wahrnehmen kann. Des Weiteren wurde bei experimentellen Untersuchungen festgestellt, dass die Wahrnehmungsschwelle für elektromagnetische Felder bei Frauen um bis zu 30 % geringer ist als im Vergleich zu Männern. Nach Schätzungen fühlen sich ca. 2 % der Bevölkerung von elektromagnetischen Feldern beeinträchtigt, wobei hiervon ca. 10 % gravierende Probleme haben. Diese können vielfältiger Art sein, wie etwa Kopfschmerzen, Schwindelgefühle, Magen- und Atembeschwerden, Herzbeschwerden, Kreuz- und Rückenschmerzen, Müdigkeit oder sexuelle Funktionsstörungen. Das Auftreten der Probleme soll oft erst nach längerer Einwirkung der elektromagnetischen Felder vorkommen. Es können auch neben den elektromagnetischen Feldern Faktoren wie Krankheiten, Lärm, Stress, Chemikalien in Baustoffen und Einrichtungsgegenständen als Ursache von Problemen nicht ausgeschlossen werden. Es ist vermutlich eine tatsächliche Überempfindlichkeit als Reaktion auf verschiedene, gleichzeitig auftretende Umweltbelastungen zu werten. In einem Modell zur Charakterisierung von elektrosensiblen Menschen wurde festgestellt, dass es sich hierbei auch um „mediensensible" Menschen handeln kann. Diese Menschen weisen durch Verunsicherung und Beeinflussung diverser Medien Krankheitserscheinungen auf, wie sie oben beschrieben wurden. (Wölfle, 2011)

Im Kapitel 5.2 und 5.3 werden akute und chronische Wirkungen von nieder- und hochfrequenten Feldern, wie sie im Alltag vorkommen, beschrieben.

Elektrosensitivität und Elektrosensibilität

In der Fachwelt (somit auch in der Fachliteratur) und in der Öffentlichkeit werden die Begriffe „Elektrosensitivität" und „Elektrosensibilität" in unterschiedlicher Weise verschiedenen Bedeutungen zugeordnet, was die Möglichkeiten für Missverständnisse eröffnet. Im öffentlichen Sprachgebrauch wird unter „Elektrosensibilität" meist die persönliche Empfindung von gesundheitlichen Beschwerden durch schwache elektromagnetische Felder verstanden, von der WHO wurde für den internationalen Sprachgebrauch die Verwendung des Begriffs „Electromagnetic Hypersensitivity" (EHS) vorgeschlagen. (Wölfle, 2011)

Im Kapitel 5.4 sind Definitionen für Elektrosensitivität und Elektrosensibilität nach Prof. Leitgeb und Prof. Frentzel-Beyme angeführt.

5.1 Deutsches Mobilfunk-Forschungsprogramm
(aus LUBW & LfU, 2010)

5.1.1 Wissensstand vor Beginn des Deutschen Mobilfunk Forschungsprogramms

Aus nicht reproduzierten Studien lagen einzelne Hinweise vor, dass bei Feldintensitäten unterhalb der Grenzwerte durch hochfrequente, elektromagnetische Felder

- Schäden des Erbguts (DNS)
- Veränderung der Umsetzung der genetischen Information in Zellproteine (Genexpression)
- Veränderung im Zellstoffwechsel, der Zellfunktionen und der Stressreaktion in Zellen und
- für Zellen schädliche reaktive Sauerstoffspezies (ROS)

entstehen können. Des Weiteren wurde die Hypothese formuliert, dass das Hormon Melatonin durch Einwirken hochfrequenter Felder in geringerem Maße gebildet wird. Dies könnte wiederum einen begünstigenden Einfluss auf die Entstehung von Brustkrebs haben, bei der Melatonin einen begünstigenden Einfluss auszuüben scheint. Bei der Verwendung von Handys ist das höchst exponierte Organ das Ohr, was Einflüsse auf das Hörsystem haben könnte. Die hochfrequenten Felder als Verursacher von Tinnitus und Beeinflussung des gesamten, visuellen Systems (Auge). Eine weitere Hypothese wurde über das Zeitschlitzverfahren bei GSM-Standard aufgestellt, bei dem eine zusätzliche Frequenz von 217 Hz erzeugt wird, die spezifische Wirkungen im menschlichen Organismus hervorrufen könne (Demodulation).

5.1.2 Ergebnisse des Deutschen Mobilfunk Forschungsprogramms

Die wesentlichen Ziele und Ergebnisse der Forschungsarbeiten zu den Wirkmechanismen:

- Klärung von Hinweisen auf biologische Effekte von hochfrequenten Feldern auf Zellebene:

Wirkmechanismen und Zellbestandteile.

Es wurde bei Versuchen kein Einfluss auf das Überleben und die Vermehrungsfähigkeit der Zellen festgestellt, welche für das Immunsystem von Bedeutung sind. Des Weiteren wurden keine Einflüsse, wie etwa auf die Konzentration von reaktiver Sauerstoffspezies (ROS), auf den Zellzyklus und auf die Induktion von Stressproteinen, festgestellt.

- Klärung der möglichen Wirkung hochfrequenter Felder auf das Erbgut (DNS) und die Genexpression:

Wirkmechanismen DNS und Genexpression

Bei einer DMF-Studie wurde unter anderem ein Einfluss auf die Genexpression festgestellt. Die beobachteten Veränderungen können jedoch nicht als Hinweis über eine Funktionsbeeinträchtigung der Blut-Hirn-Schranke gewertet werden, da in weiteren Studien zur Funktion der Blut-Hirn-Schranke keine Effekte festzustellen waren. Weitere Abklärungen der Ergebnisse im Rahmen der Grundlagenforschung werden empfohlen.

Studien über die Umsetzung der DNA-Informationen in Zellproteine, in Abhängigkeit der Reaktion von Zellen auf äußere und innere Einflüsse, ist derzeit noch nicht abgeschlossen. Die Ergebnisse werden zur gegebenen Zeit mit einer entsprechenden Bewertung durch das BfS im Internet (http:// www.emf-forschungsprogramm.de) veröffentlicht.

- Klärung der möglichen Wirkung hochfrequenter Felder auf die Neurophysiologie des visuellen und des auditiven Systems:

  Wirkmechanismen Auge und Ohr

  Zur Feststellung möglicher Wirkmechanismen, hochfrequenter Felder im Bezug auf das Hören und Sehen, wurden neurophysiologische Studien durchgeführt. Dabei wurden kein Einfluss von GSM und UMTS-Signalen auf das Auge und das Ohr festgestellt.

- Überprüfung der „Melatonin-Hypothese":

  In den durch das DMF durchgeführten Studien wurde keine Verringerung der Melatoninsynthese festgestellt.

- Überprüfung der Hypothese bezüglich einer Demodulation von hochfrequenten Feldern:

  Hypothese „Demodulation hochfrequenter Felder"

  Die in Bezug auf die Hypothese angestellten Zellberechnungen zeigen, dass die durch diese Felder hervorgerufene Energieabsorption von der geschichteten Struktur der Zellmembran und von richtungsabhängigen Eigenschaften abhängt. Die Temperaturänderungen in der Zellmembran sind sehr gering, und es können keine Rückschlüsse auf gesundheitliche Risiken gemacht werden. Es wurden keine Hinweise auf eine nichtthermisch bedingte Demodulation gefunden.

5.1.3 Verbleibende offene Fragen

Aus Sicht des BfS wird zu den verbleibenden, offenen Fragen folgendes festgehalten:

„Soweit die Studien zu Wirkmechanismen hochfrequenter elektromagnetischer Felder des DMF abgeschlossen sind, gibt es aus Sicht des BfS derzeit keine Hinweise auf neue Ansatzpunkte bzw. weiteren Forschungsbedarf zu möglichen Wirkmechanismen. Die Arbeiten zur DNS-Schädigung und zur differenziellen Genexpression sind zum jetzigen Zeitpunkt noch nicht abgeschlossen. Hierüber wird gesondert berichtet."

5.2 Wirkung niederfrequenter Felder

(aus LUBW & LfU, 2010)

Niederfrequente Felder in elektrischer und magnetischer Form dringen mehr oder weniger in den Körper ein und treten in Wechselwirkung mit dem Gewebe. Es können auch Sinnesrezeptoren auf der Haut und im Auge angeregt werden, was von harmlosen Wahrnehmungen bis zu schmerzhaften Reaktionen führen kann. Befindet sich ein Körper in einem niederfrequenten elektrischen Feld, wird dieses verzerrt (siehe Kapitel „Elektrische und magnetische Felder", Seite 8). Beim menschlichen Körper handelt es sich im niederfrequenten Bereich um einen relativ guten Leiter. Je nach Größe und Form des Körpers können sich die Feldstärken beträchtlich unterscheiden, so kann als Beispiel die Feldstärke im Kopfbereich ein Vielfaches der Feldstärke im Fußbereich betragen. Elektrische Felder im niederfrequenten Bereich dringen wenig in den menschlichen Körper ein Dies zeigt sich darin, dass die Feldstärke im Körper nur ca. ein Millionstel der Stärke des Umfeldes beträgt. In der folgenden Tabelle 2 wurden die Werte eines mittleren, induzierten elektrischen Feldes in einem geerdeten Menschen, unter Einfluss eines äußeren elektrischen Feldes von 1 kV/m bei einer Frequenz von 50 Hz, abgebildet.

Körperregionen	elektrische Feldstärke [mV/m]
Knochen	5,72
Haut	2,74
Lunge	1,09
Augenlinse	0,211

Tabelle 2: Mittleres, induziertes elektrisches Feld in einem Körper bei einem äußeren elektrischen Feld von 1 KV/m und 50 Hz nach EHC 238 der WHO von 2007. (LUBW & LfU, 2010)

Im Vergleich zu den niederfrequenten elektrischen Feldern dringen die magnetischen niederfrequenten Felder eher ungehindert in den menschlichen Körper ein und induzieren in diesem elektrische Felder. Der elektrische Strom, der durch bestimmte Körper- und Organflächen fließt, wird mit Stromdichte bezeichnet und mit der Einheit Milliampere pro Quadratmeter (mA/m²) dargestellt. Die Größe der Stromdichte ist abhängig von mehreren Faktoren: Frequenz, magnetische Flussdichte, Ausdehnung des Feldes und der Fläche des durchdrungenen Feldes. In einem vereinfachten Wirbelstrommodell (Abbildung 11) wird die Wirkung eines magnetischen Wechselfeldes senkrecht zur Körperachse eines Menschen dargestellt.

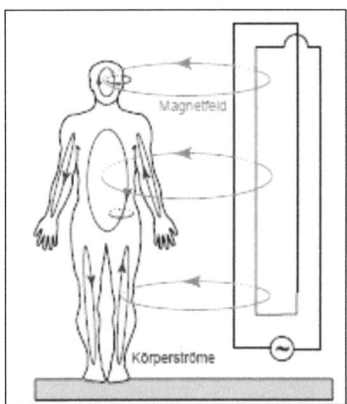

Abbildung 11: Wirkung eines niederfrequenten magnetischen Feldes auf den menschlichen Körper. (LUBW & LfU, 2010)

Im Inneren des Körpers werden Körperströme hervorgerufene, die dem äußeren Feld entgegengesetzte gerichtete Magnetfelder erzeugen. Die induzierte Stromdichte nimmt von der Körpermitte nach außen hin ab. In Tabelle 3 wurden die Werte eines mittleren, induzierten elektrischen Feldes in einem Menschen, unter Einfluss eines äußeren magnetischen Feldes von 1 mT bei einer Frequenz von 50 Hz, abgebildet.

Körperregionen	elektrische Feldstärke [mV/m]
Knochen	11,6
Haut	13,5
Lunge	8,22
Augenlinse	5,22

Tabelle 3: Mittleres, induziertes elektrisches Feld in einem Körper bei äußerem magnetischen Feld von 1 kV/m und 50 Hz nach EHC 238 der WHO von 2007. (LUBW & LfU, 2010)

5.2.1 Reizwirkungen

Die im Körper hervorgerufenen elektrischen Ströme bzw. Stromdichten, verursacht durch äußere Felder, können zu Reizungen an Muskeln und Nerven bei Überschreitung gewisser Schwellwerte führen. Eine Grenze ist bei etwa 10 mA/m², wo unterhalb nur subtile Effekte bekannt sind und darüber durch die Sinnesrezeptoren der Augen und der Haut unterschiedlich empfundene Effekte wahrgenommen werden. Allerdings können solche Einflüsse auch bewusst für medizinische Anwendungen, wie etwa für das Knochenwachstum, genutzt werden. Für die Gesundheit akut gefährlich wird es bei örtlichen Körperstromdichten von mehr als 100 mA/m². Die körpereigenen Erregungen liegen in etwa bis zu 10 mA/m², und es können lokal auch höhere Stromdichten, wie im Herzmuskel und in den Gehirnzellen, auftreten. Die Körperstromdichte wird auch zur Bestimmung von Basisgrenzwerten eingesetzt. Diese betragen im Frequenzbereich von 4 Hz bis 1 KHz für die allgemeine Bevölkerung 2 mA/m² und bei beruflicher Exposition 10 mA/m². Bei der überwachten medizinischen Exposition beträgt der Grenzwert 100 mA/m². Praktisch können die Basisgrenzwerte oft kaum bis schwierig nachgemessen werden, daher werden abgeleitete Grenzwerte für äußere elektrische und magnetische Felder zur Einhaltung der Basisgrenzwerte herangezogen (siehe Kapitel 6).

5.2.2 Indirekte Wirkungen

Durch starke elektrische Wechselfelder können an elektrisch leitenden Objekten Oberflächenladungen aufgebaut werden, die umso größer sind, je stärker das elektrische Feld und je größer das gegen Erde isolierte Objekt ist. Als Beispiel dient ein Auto mit Gummireifen. Hier kann es bei Annäherung an das Objekt zu Funkentladungen kommen. Bei der Berührung des Fahrzeuges kann der Strom über den Körper zur Erde abgeleitet werden. Nicht nur durch elektrische Felder, sondern auch durch statische Aufladung, wie z.B. durch Begehen von isolierten Bodenbelägen mit anschließendem Angreifen von Türgriffen, kann es zu Entladungsströmen kommen. Solche Entladungen können eine unwillkürliche Muskelkontraktion verursachen und bis zur Schädigung des Organismus führen. Die Wirkung ist von mehreren Faktoren abhängig, wie der Größe und Anordnung des Gegenstandes, dem Ableitwiderstand der Erde, der Stärke des elektrischen Feldes, der Größe des Kontaktstromes und der Dauer des Kontaktstromes. Bei Untersuchungen über die Wirkungen elektrischer Ströme konnte festgestellt werden, dass auch bei Hochfrequenzen bis ca. 100 MHz indirekte Wirkungen durch Ableitströme auftreten. Diese indirekten Wirkungen haben neben der gesundheitlichen Relevanz auch Auswirkungen auf unsere technische Umgebung. Damit wichtige technische Geräte und Einrichtungen nicht durch unerwünschte elektrische und magnetische Felder gestört werden, müssen sie einer bestimmten Störfestigkeit entsprechen.

Neben den indirekten Wirkungen wurden noch weitere mögliche Wechselwirkungen niederfrequenter Felder mit biologischer Materie geprüft. Es sind dies Einwirkungen auf freie Radikale im Gewebe, verschiedene Resonanzeffekte und Kraftwirkungen auf im Gewebe möglicherweise vorhandene magnetische Teilchen. Dabei werden eventuell mögliche Auswirkungen, wie auf das Immunsystem, die Fortpflanzung und Entwicklung, betrachtet.

5.3 Wirkungen hochfrequenter Felder
(aus LUBW & LfU, 2010)

5.3.1 Thermische Wirkung

Zur Beurteilung der Wirkung hochfrequenter Strahlung wird als Basisgröße die pro Zeiteinheit im Gewebe absorbierte Energie herangezogen. Sie wird als spezifische Absorptionsrate (SAR) bezeichnet und in Watt pro Kilogramm (W/kg) angegeben. Unterschieden wird zwischen Ganzkörper- und Teilkörper-SAR, je nach absorbierter Leistung über den ganzen Körper oder z.B. durch Exposition nur eines Teiles, wie dies beim Telefonieren vorkommt (Abbildung 12).

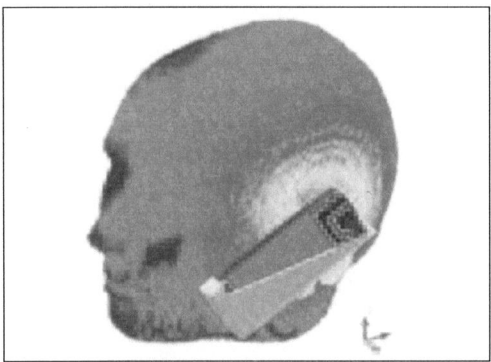

Abbildung 12: Exposition eines Menschen durch hochfrequente elektromagnetische Felder eines Handys. (BfS, 2008)

Die SAR-Werte werden in den meisten Fällen in einem Zeitintervall von 6 Minuten bestimmt. Dies ist darin begründet, da erst nach etwa 6 bis 10 Minuten die Wärmeableitmechanismen, wie Wärmeleitung und Blutzirkulation, in ein Gleichgewicht kommen. Der Ganzkörper-SAR-Wert ist für die Temperaturerhöhung in einem Körper ausschlaggebend. Bei einem erwachsenen Menschen bleibt die Temperaturerhöhung unter 1 °C bei einem Ganzkörper-SAR-Wert von 1 bis 4 W/kg. Im Ruhezustand beträgt der Energieumsatz eines Menschen ca. 1 W/kg. Bei sportlicher Betätigung bzw. bei körperlicher Arbeit steigt der Energieumsatz auf ungefähr 3 bis 5 W/kg, was eine Temperaturerhöhung von mehr als 2 °C bewirken kann, ohne dass die Gesundheit des Menschen beeinträchtigt wird. Zusätzliche Wärmeeinträge, wie sie etwa aufgrund der Lufttemperatur und der Luftfeuchte verursacht werden, hängen auch von der körpereigenen Thermoregulation ab. Wie es für die niederfrequente Strahlung Basisgrenzwerte gibt, werden auch für die Bewertung von hochfrequenten Strahlen Basisgrenzwerte zum Schutz des Menschen vor gesundheitlicher Beeinträchtigung festgelegt. Der Basisgrenzwert für Ganzköper-SAR liegt bei 0,08 W/kg. Es erfolgt hier ebenfalls die Umrechnung auf elektrische und magnetische Feldstärken außerhalb des Körpers. Diese

Grenzwerte sind sehr stark frequenzabhängig, da es je nach Körpergröße verschiedene Resonanzfrequenzen gibt. Die Grenzwerte für Ganzköper-SAR-Werte gelten auch für Teilkörper-SAR-Werte. Einige Organe und Gewebe können jedoch die eingetragene Wärme schlechter ableiten. Um diese Körperteile (z.b. Augen) vor übermäßiger Erwärmung zu schützen, ist die Einführung von Teilkörper-SAR-Werten erforderlich. Bleibt aufgrund der Absorption die Erwärmung auch von einzelnen Körperstellen unter 1 °C, so wird es kaum zu einer bedeutenden Erwärmung kommen. Bei einem Teilkörper-SAR-Wert von bis zu 10 W/kg ist dies gegeben.

5.3.2 Hochfrequenztherapie

Neben den unerwünschten Wirkungen von Hochfrequenzen gibt es auch gezielte Anwendungen von Hochfrequenzen in der Medizin für Therapien. Im Vergleich zur Rotlichtbehandlung (Infrarotbehandlung), wo hauptsächlich nur die Hautoberfläche erwärmt wird, wirkt hier die Behandlung auch in der Gewebetiefe. Durch gezielte, lokale Temperaturerhöhungen können therapeutische Effekte erzielt werden, wie etwa die Verbesserung der Durchblutung, Anregung des Stoffwechsels und Schmerzreduktionen. Bei diesen Behandlungen werden Teilköper-SAR-Werte von 10 bis 50 W/kg erreicht, denen bestimmte Gewebe ausgesetzt werden.

5.3.3 Absorption hochfrequenter Strahlung

Nach dem Eindringen von hochfrequenter Strahlung in biologisches Gewebe kommt es zur Umwandlung der Strahlungsenergie in Abhängigkeit verschiedener physikalischer Eigenschaften, wie der Frequenz des elektromagnetischen Feldes, der Größe vorhandener Moleküle, der Größe der Ladung von Ionen und der Leitfähigkeit des Gewebes. Es kann hier zu verschiedenen Vorgängen kommen, bei denen durch Reibungsverluste im Gewebe Temperaturerhöhungen einzelner Körperteile oder am ganzen Körper verursacht werden. Diese Vorgänge können Schwingungs- und Rotationsbewegungen innerhalb von Molekülen sein, es kommt zur Verschiebung von freien Ladungsträgern, es treten Polarisationseffekte auf oder es entstehen Orientierungsschwingungen von permanenten Dipolen (wie z.B. Wasser). Das Absorptionsverhalten des menschlichen Körpers in Bezug auf hochfrequente Strahlung hängt wesentlich von der Frequenz ab, so ist die Eindringtiefe mit steigender Frequenz der Strahlung geringer. Dies bedeutet auch, dass bei höheren Frequenzen die Strahlungsenergie auf kürzerem Wege aufgenommen wird. Bei einer Frequenz von 0,5 GHz beträgt die mittlere Eindringtiefe im Muskelgewebe in etwa 17 mm und bei einer Frequenz von 2,45 GHz (Mikrowelle) noch 6 mm und reduziert sich bei Frequenzen von 10 GHz und darüber auf 0,2 mm und darunter. Einen wesentlichen Faktor für das Eindringen der hochfrequenten Strahlung in den Körper bzw. für die Eindringtiefe stellt der Wassergehalt des betroffenen Gewebes dar. So unterscheidet sich die Eindringtiefe von einem Knochengewebe, das einen geringen Wasseranteil hat, wesentlich im Vergleich zu Muskelgewebe oder Nieren, die einen hohen Wassergehalt haben.

In Abbildung 13 wird das Absorptionsverhalten in Abhängigkeit der Frequenz dargestellt. Bei einer Frequenz bis etwa 30 MHz, bezeichnet als Subresonanzbereich, ist die Wellenlänge viel größer im Vergleich zu den Körperabmessungen. Die maximale Absorption im Körper eines erwachsenen Menschen erfolgt in einem Frequenzbereich von etwa 70 bis 100 MHz. Darüber hinaus kommen die Wellenlängen der Felder und der Körperabmessungen in einen ähnlichen Größenbereich, und man spricht in weiterer Folge vom „Antenneneffekt", wenn die Körpergröße in etwa der halbe Wellenlänge der elektromagnetischen Strahlung erreicht.

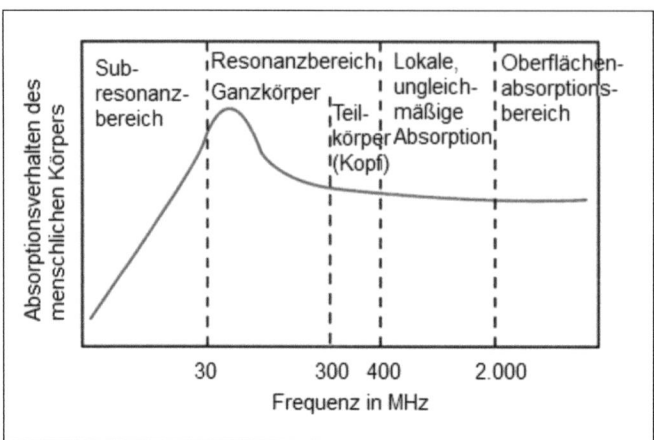

Abbildung 13: Absorptionsverhalten des menschlichen Körpers (Erwachsener) in Abhängigkeit der Frequenz. (LUBW & LfU, 2010)

Bei Kindern liegt die Resonanzfrequenz aufgrund der kleineren Körperabmessungen höher als bei Erwachsenen. Die Körperhaltung verändert auch das Absorptionsverhalten, so unterscheidet sich dieses zwischen einem sitzenden und einem stehenden Menschen. Ab einer Frequenz von 300 MHz wird die Wellenlänge der hochfrequenten Strahlung im Vergleich zu den menschlichen Körperabmessungen klein, und das Absorptionsverhalten ändert sich mit steigender Frequenz von einer Teilkörperabsorption in eine reine Oberflächenabsorption.

5.3.4 Athermische Wirkung

Neben der thermischen Wirkung treten akute Wirkungen hochfrequenter Strahlung auf, die oft als athermische Wirkungen bezeichnet werden. Wie bereits im Kapitel „Absorption hochfrequenter Strahlung" (Seite 35) beschrieben, wird eine in das Gewebe eindringende, hochfrequente Strahlung durch Wechselwirkungsprozesse in verschiedene Energieformen gewandelt.

Mit der Einführung neuer Technologien erfolgen laufend Überprüfungen der Grenzwerte auf nationaler und internationaler Ebene. Bei einigen wissenschaftlichen Studien wurden dabei biologische Effekte bei Strahlung unterhalb der Grenzwerte festgestellt. Im Rahmen des Deutschen Mobilfunk Forschungsprogramms (DMF) wird versucht, die gesundheitliche Relevanz dieser Effekte zu klären. Hierbei haben sich u.a. folgende Fragen über mögliche Beeinflussungen gestellt: Nutzung des Handys und Gehirnleistung, Blut-Hirn-Schranke, Sinnesorgane (Augen und Ohren) und das Wohlbefinden (z.B. den Schlaf negativ beeinflusst). (BfS, 2008)

Näheres über den Wissenstand vor Beginn des Forschungsprogramms und dessen Ergebnisse mit verbliebenen, offenen Fragen siehe Kapitel 5.1.

5.4 Definitionen von Elektrosensitivität und Elektrosensibilität

(aus Wölfle, 2011)

Im Einzelnen verbinden sich mit "Elektrosensitivität" und "Elektrosensibilität" folgende unterschiedliche Bedeutungen (nach Prof. Leitgeb):

- Die individuelle Fähigkeit zur verbesserten Wahrnehmung elektrischer Vorgänge und elektromagnetischer Felder, ohne dass damit bereits die Entwicklung von Krankheitssymptomen verbunden ist.
- Die subjektive Überzeugung von Betroffenen, dass vorhandene, unspezifische Krankheitssymptome von einwirkenden elektromagnetischen Feldern verursacht werden, nachdem andere Erklärungsversuche gescheitert sind.
- Medizinischer Begriff für Patienten, die unter unspezifischen Krankheitssymptomen ungeklärter Genese (Ursache) leiden.
- Eine erniedrigte Reaktionsschwelle auf einwirkende elektrische Vorgänge und elektromagnetischer Felder als kausale Ursache für die Entwicklung von (unspezifischen) Krankheitssymptomen.

Dabei werden die Begriffe "Elektrosensitivität" und "Elektrosensibilität" sowohl in der Öffentlichkeit als auch in der Fachliteratur in unterschiedlicher Weise diesen verschiedenen Bedeutungen zugeordnet, was die Gefahr von Missverständnissen erhöht.

So schlägt z.B. Prof. Leitgeb folgende Zuordnung vor:

- Elektrosensibilität im Sinne der Wahrnehmungsfähigkeit für elektrische Vorgänge und elektromagnetische Felder zu verwenden und
- Elektrosensitivität im Sinne der Entwicklung von Krankheitssymptomen als Folge der Einwirkung elektromagnetischer Felder zu sehen.

Wogegen Prof. Frentzel-Beyme so definiert:

- Elektrosensibilität ist die unbewiesene subjektive Überzeugung, dass die festgestellten Symptome und Beschwerden auf elektrische und magnetische Felder zurückzuführen sind, und dass man selber sehr empfindlich dafür sei.
- Bei der Elektrosensitivität wird zwischen spezifischer ES = nachweisbare direkte Wahrnehmung elektrischer und/oder magnetischer Felder und unspezifischer ES = nachweisbare indirekte Wahrnehmung elektrischer und/oder magnetischer Felder, z.B. in Form von Beschwerden, unterschieden.

Im öffentlichen Sprachgebrauch wird mit "Elektrosensibilität" überwiegend die persönliche Empfindung gesundheitlicher Beschwerden durch schwache elektromagnetische Felder verstanden. Für den internationalen Sprachgebrauch wurde von der WHO die Verwendung des Begriffs "Electromagnetic Hypersensitivity" (EHS) vorgeschlagen.

6 Richtwerte, Grenzwerte und Normen

Verschiedene nationale und internationale Gremien erstellen Grenzwertempfehlungen für den Aufenthalt in elektrischen, magnetischen und elektromagnetischen Feldern. Von internationaler Bedeutung ist die Internationale Kommission zum Schutz vor nicht-ionisierender Strahlung (International Commission on Non-Ionizing Radiation Protection, ICNIRP), die mit der Weltgesundheitsorganisation (WHO) und weiteren Gremien zusammenarbeitet. Diese Grenzwertempfehlungen gelten zum Schutz der Bevölkerung und auch der Arbeitnehmer vor der Einwirkung nicht-ionisierender Strahlung. Auf nationaler und internationaler Ebene werden diese Vorschläge von den Gesetzgebern aufgegriffen und in deren Geltungsbereich mit geringen Abweichungen aufgenommen und umgesetzt. In Deutschland wurde die Empfehlung des Rates der Europäischen Union zur Begrenzung der Exposition der Bevölkerung durch elektromagnetische Felder (1999) in der Verordnung über elektromagnetische Felder (26. BImSchV) umgesetzt. Des Weiteren werden durch eine Strahlenschutzkommission (SSK) regelmäßige Neubewertungen der Literatur einer Prüfung unterzogen. (LUBW & LfU, 2010)

Im Januar 2011 wurde durch das Bundesamt für Strahlenschutz (BfS) der bis Dato letzte Ergebnisbericht mit dem Titel „Systematische Erfassung aller Quellen nicht-ionisierender Strahlung, die einen relevanten Beitrag zur Exposition der Bevölkerung liefern können" veröffentlicht (Bornkessel u.a., 2011).

In Österreich wurde durch den Fachnormenausschuss FNA 186 zum Schutz gegen nichtionisierende Strahlen eine VORNORM ÖVE/ÖNORM E 8850 (2006) erstellt. Diese basiert auf der EU-Ratsempfehlung (1999/519/EG – Council Recommendation on the Limitation of Exposure of the General Public to Electromagnetic Fields – 0 Hz to 300 GHz) und der ICNIRP (1998) sowie der Richtlinie 2004/40/EG des Europäischen Parlaments und des Rates vom 29. April 2004 über Mindestvorschriften zum Schutz von Sicherheit und Gesundheit der Arbeitnehmer vor der Gefährdung durch physikalische Einwirkungen (elektromagnetische Felder). Der NORM-Titel lautet: Elektrische, magnetische und elektromagnetische Felder im Frequenzbereich von 0 Hz bis 300 GHz – Beschränkung der Exposition von Personen. In den Vorbemerkungen zu dieser Norm wurde festgehalten, dass diese Norm als VORNORM herausgegeben wurde, da die Entwicklungen auf diesem Fachgebiet noch im Fluss sind und noch weitere, praktische Erfahrungen abgewartet werden sollen.

In den folgenden Tabellen sind internationale Grenz-, Richt- und Orientierungswerte bezogen auf die Exposition am Arbeitsplatz angegeben.

Beschreibung	Magnetische Flussdichte [µT]	Anmerkung für die Frequenz [Hz]
VORNORM ÖVE/ÖNORM E 8850 (2006), RW; ICNIRP (1998), RW	300	16,7
BRD-Bundesimmissionsschutzgesetz (1996), GW	100	50

Tabelle 4: Internationale Grenz-, Richt- und Orientierungswerte für magnetische Felder im Niederfrequenzbereich für die Exposition am Arbeitsplatz (Auszug aus Innenraum Mess- und Beratungsservice, 2007)

Beschreibung	Feldstärke [V/m]	Anmerkung für die Frequenz [Hz]
VORNORM ÖVE/ÖNORM E 8850 (2006), RW; ICNIRP (1998), RW	10.000	50
BRD-Bundesimmissionsschutzgesetz (1996), GW	10.000	16,7
BRD-Bundesimmissionsschutzgesetz (1996), GW	5.000	50

Tabelle 5: Internationale Grenz-, Richt- und Orientierungswerte für elektrische Felder im Niederfrequenzbereich für die Exposition am Arbeitsplatz (Autor, 2012)

In der folgenden Tabelle 6 sind aus der Spalte über die Leistungsflussdichte die extremen Unterschiede zwischen Richtwerten und Empfehlungen in Größenordnungen abzulesen:

Beschreibung	Leistungsflussdichte [mW/m²]	Anmerkung für die Frequenz [MHz]
VORNORM ÖVE/ÖNORM E 8850 (2006) – Expositionsbegrenzungen der Allgemeinbevölkerung	4.500	900 (GSM)
für Personen (2006), RW; ICNIRP (1998), RW; EU-Rats-	9.000	1.800 (GSM)
Empfehlung (1999), RW; 26. BImSchV Deutschland (1996), GW	10.000	<2.000 (UMTS)
NIS-Verordnung, Schweiz (1999), GW pro Sendeanlage	42	900
	95	1.800
Empfehlung Oberster Sanitätsrat, Österreich (2010), RW	45	900 (GSM)
	90	1.800 (GSM)
"Wiener Wohnen", Magistrat Wien, Vereinbarung für Gemeindebauten, RW	10	∑ Mobilfunk
Ecolog Institut, Deutschland (2003), RW	3	∑ Mobilfunk
Leitfaden Senderbau (Brezansky u.a., 2012), Planungszielwert	1	>0,1
EP-STOA Empfehlung (Hyland G, 2001), RW	0,1	900 - 2.000
Empfehlung Landessanitätsdirektion Salzburg für Innenräume (2003)	0,001	GSM-Sendeanlagen (Downlink)

Tabelle 6: Internationale Grenz-, Richt- und Orientierungswerte für die Leistungsflussdichte hochfrequenter elektromagnetischer Felder (Auszug aus Innenraum Mess- und Beratungsservice, 2007 und Ergänzung durch Autor, 2013)

Bei den Grenzwerten für elektromagnetische Felder wird zwischen Basisgrenzwerten und abgeleiteten Grenzwerten (Referenzwerten) unterschieden. **Basisgrenzwerte** basieren auf Schwellwerten, die auf unmittelbar im Gewebe wirksame, frequenzabhängige Einflüsse beruhen. Die wirksame Einflussgröße im niederfrequenten Bereich ist die Stromdichte in mA/m² und im hochfrequenten Bereich die spezifische Absorptionsrate SAR in W/kg. Bei den Schwellwerten sind Sicherheitsfaktoren berücksichtigt. In den meisten Fällen ist jedoch eine messtechnische Überprüfung der Basisgrenzwerte nicht möglich, da nur die Feldstärke und die Leistungsflussdichte außerhalb des Körpers bestimmt werden können. Deshalb werden **abgeleitete Grenzwerte** (Referenzwerte) festgelegt, welche in der Umgebung des Menschen mit Hilfe der Messtechnik auch zu messen sind. Bei diesen messbaren Größen handelt es sich um die elektrische Feldstärke in V/m, die magnetische Feldstärke in µT und die Leistungsflussdichte in mW/m². Die Referenzwerte wurden so festgelegt, dass die Basisgrenzwerte auch eingehalten werden. Als Basisgröße für die Wirkung niederfrequenter elektrischer und magnetischer Felder dient die im Körper hervorgerufene Stromdichte in A/m². Von der deutschen Strahlenschutzkommission und der ICNIRP werden für beruflich exponierte Personen 10 mA/m² und für die Allgemeinbevölkerung 2 mA/m² als Basisgrenzwerte empfohlen, bei einer gemittelten Stromdichte über eine Fläche von 1 cm². Als Basisgröße für die Wirkung hochfrequenter elektromagnetischer Felder dient die auf den Körper wirkende Spezifische Absorptionsrate (SAR) in W/kg. Hier werden von der deutschen Strahlenschutzkommission und der ICNIRP für beruflich exponierte Personen Ganzkörper-SAR-Werte von 0,4 W/kg und für die Allgemeinbevölkerung 0,08 W/kg empfohlen. Bei den Teilkörper-SAR-Werten liegt die Empfehlung bei 2 W/kg für Kopf und Rumpf und bei 4 W/kg bei den Gliedmaßen.

Bei den höheren Grenzwerten für die Exposition am Arbeitsplatz geht man von Erwachsenen aus, die unter weitgehend kontrollierbaren Bedingungen für die maximale Dauer des Arbeitstages elektromagnetischen Feldern ausgesetzt sind. Unter der allgemeinen Bevölkerung sind Menschen unterschiedlichen Alters und Gesundheitszustands gemeint, die den ganzen Tag (24 Stunden) exponiert sein können. Die Basisgrenzwerte wurden um einen Sicherheitsfaktor 50 unter den Schwellwerten angesetzt, bei denen akute Wirkungen bereits nachgewiesen werden konnten. Die Referenzwerte zur Expositionsbegrenzung werden aus den Basisgrenzwerten, bezogen auf die maximale Kopplung des Feldes im exponierten menschlichen Körper, bestimmt. (LUBW & LfU, 2010)

Im Kapitel 6.1 Referenzwerte für die berufliche Exposition, befindet sich eine Tabelle, die Referenzwerte für die berufliche Exposition durch statische und zeitlich veränderliche elektrische und magnetische Felder für den Frequenzbereich von 0 Hz bis 300 GHz als ungestörte Effektivwerte zeigt, wobei sich die Referenzwerte in bestimmten Frequenzbereichen mit der Frequenz ändern (entnommen aus der VORNORM ÖVE/ÖNORM E 8850, 2006).

In der Richtlinie 2004/40/EG des Europäischen Parlaments und des Rates vom 29. April 2004 über Mindestvorschriften zum Schutz von Sicherheit und Gesundheit der Arbeitnehmer vor der Gefährdung durch physikalische Einwirkungen (elektromagnetische Felder) wurden „Expositionsgrenzwerte" angegeben und wie folgt beschrieben (inhaltliche Wiedergabe): Diese „Expositionsgrenzwerte" beruhen auf nachgewiesene Auswirkungen auf die Gesundheit und biologische Erwägungen in Bezug auf elektromagnetische Felder. Durch die Einhaltung dieser Grenzwerte wird gewährleistet, dass Arbeitnehmer, die elektromagnetischen Feldern ausgesetzt sind, gegen alle bekannten gesundheitsschädlichen Auswirkungen geschützt sind. Mit der Richtlinie 2008/46/EG war die Umsetzung der Mindestvorschriften entsprechend der Richtlinie 2004/40/EG mit 30. April 2012 geplant. Mit der Richtlinie 2012/11/EU vom 19. April 2012 zur Änderung der Richtlinie 2004/40/EG, Artikel 13 Absatz 1, wurde das Datum „30. April 2012" durch das Datum „31. Oktober 2013" ersetzt. Somit ist der neue Umsetzungstermin für die Richtlinie 2004/40/EG der 31. Oktober 2013.

Ein international anerkanntes Prüfsiegel wird durch den Dachverband der schwedischen Angestellten- und Beamtengewerkschaft vergeben, der Tjänstemännens Centralorganisation (TCO). Die TCO-Zertifizierung bestimmt maßgeblich die Qualität von Computern, Bildschirmen und Peripherie-Geräten. Die TCO-Normen enthalten Vorschriften über technische Eigenschaften der Geräte, zur Sicherheit, zur Umweltfreundlichkeit und zum Schutz der Gesundheit der Nutzer. Geräte, die der jeweiligen Norm entsprechen, werden mit einem Aufkleber gekennzeichnet. So sind laut TCO Development etwa 50 % der Monitore weltweit mit dem TCO-Gütesiegel ausgezeichnet. (TCO, 2011)

6.1 Referenzwerte für die berufliche Exposition

Die folgende Tabelle 7 zeigt die Referenzwerte für die berufliche Exposition durch statische und zeitlich veränderliche elektrische und magnetische Felder für den Frequenzbereich von 0 Hz bis 300 GHz als ungestörte Effektivwerte an. Die Referenzwerte ändern sich in bestimmten Frequenzbereichen mit der Frequenz.

Frequenz Bereich	elektrische Feldstärke [V/m]	magnetische Feldstärke [A/m]	magnetische Flussdichte [µT]	Seq Äquivalente Leistungsflussdichte bei ebenen Wellen [W/m²]
0 Hz	-	163×10^3	200×10^3	-
bis 1 Hz	20×10^3	163×10^3	200×10^3	-
> 1 bis 8 Hz	20×10^3	$163 \times 10^3 / f^2$	$200 \times 10^3 / f^2$	-
> 8 bis 25 Hz	20×10^3	$20 \times 10^3 / f$	$25 \times 10^3 / f$	-
> 0,025 bis 0,82 kHz	500 / f	20 / f	25 / f	-
> 0,82 bis 65 kHz	610	24,4	30,7	-
> 0,065 bis 1 MHz	610	1,6 / f	2,0 / f	-
> 1 bis 10 MHz	610 / f	1,6 / f	2,0 / f	-
> 10 bis 400 MHz	61	0,16	0,2	10
> 400 bis 2000 MHz	$3 f^{1/2}$	$0,008 f^{1/2}$	$0,01 f^{1/2}$	f / 40
> 2 bis 300 GHz	137	0,36	0,45	50
f wie in der Frequenzbereichs-Spalte angegeben				

Tabelle 7: Referenzwerte für die berufliche Exposition durch statische und zeitlich veränderliche elektrische und magnetische Felder (0 Hz bis 300 GHz). (Vgl. aus VORNORM ÖVE/ÖNORM E 8850, 2006)

Anmerkungen zu Tabelle 7:

(entnommen aus VORNORM ÖVE/ÖNORM E 8850, 2006)

- Der für statische magnetische Felder in der Tabelle angeführte Referenzwert ist als zeitlicher Mittelwert über den Arbeitstag zu verstehen. Als maximal zulässiger Wert für Kopf und Rumpf gelten 2 Tesla, für die Extremitäten ist ein maximaler Wert von 5 Tesla zulässig.
- Zwischen 100 kHz und 10 GHz sind S_{eq}, E^2, H^2 und B^2 über einen beliebigen Zeitraum von 6 Minuten zu mitteln.
- Zwischen 100 kHz und 10 MHz werden die Grenzwerte der Spitzenwerte der elektrischen und magnetischen Feldstärke sowie der magnetischen Flussdichte durch Multiplikation der Referenzwerte (Effektivwerte) aus der Tabelle mit 10^a ermittelt, wobei gilt:

    $a = (0,665 \log(f/10^5) + 0,176)$; die Frequenz ist in Hz einzusetzen.

- Für Frequenzen über 10 MHz darf der zeitliche Spitzenwert der äquivalenten Leistungsflussdichte, gemittelt über die Pulsdauer, das 1000fache der S_{eq}-Grenzwerte nicht überschreiten bzw. darf die Feldstärke das 32fache der in der Tabelle angegebenen Feldstärken-Expositionswerte nicht überschreiten.
- Für Frequenzen über 10 GHz sind S_{eq}, E^2, H^2 und B^2 über einen beliebigen Zeitraum von $(68xf^{-1,05})$ Minuten zu mitteln, wobei f in GHz eingesetzt wird.
- Für die Exposition von Extremitäten beruflich exponierter Personen sind im Frequenzbereich von 0 Hz bis 100 kHz zusätzliche Referenzwerte der magnetischen Flussdichte einzuhalten, die um einen Faktor 50 größer als die in der Tabelle angegebenen Werte sind. Die in der Tabelle 5 (der oben angeführten Norm) über Basisgrenzwerte für zeitlich veränderliche elektrische und magnetische Felder bei Frequenzen bis zu 10 GHz angegebenen Werte für Kopf und Rumpf sind jedoch in jedem Fall einzuhalten.

6.2 Tabelle für Schirmdämpfung

Umrechnungstabelle zwischen der Dämpfung in dB auf Dämpfung in % der Schirmdämpfung.

Dämpfung		Leistungs-durchlass	Dämpfung		Leistungs-durchlass
dB	%	%	dB	%	%
0	0,00	100,00	30	99,90	0,10
1	19,00	81,00	31	99,92	0,08
2	37,20	62,80	32	99,94	0,06
3	50,00	50,00	33	99,95	0,05
4	60,00	40,00	34	99,96	0,04
5	68,40	31,60	35	99,97	0,03
6	75,00	25,00	36	99,98	0,02
7	80,00	20,00	37	99,98	0,02
8	84,00	16,00	38	99,98	0,02
9	87,50	12,50	39	99,98	0,02
10	90,00	10,00	40	99,99	0,01
11	92,10	7,90	41	99,992	0,008
12	93,75	6,25	42	99,994	0,006
13	95,00	5,00	43	99,995	0,005
14	96,00	4,00	44	99,996	0,004
15	96,87	3,13	45	99,997	0,003
16	97,50	2,50	46	99,998	0,003
17	98,00	2,00	47	99,998	0,002
18	98,44	1,56	48	99,998	0,002
19	98,80	1,20	49	99,999	0,001
20	99,00	1,00	50	99,999	0,001
21	99,22	0,78	51	99,9992	0,0008
22	99,37	0,63	52	99,9994	0,0006
23	99,50	0,50	53	99,9995	0,0005
24	99,61	0,39	54	99,9996	0,0004
25	99,69	0,31	55	99,9997	0,0003
26	99,75	0,25	56	99,9998	0,0003
27	99,80	0,20	57	99,9998	0,0002
28	99,82	0,18	58	99,9998	0,0002
29	99,88	0,12	59	99,9999	0,0001
30	99,90	0,10	60	99,9999	0,0001

Tabelle 8: Tabelle für Schirmdämpfung (Grabmann, 2012)

7 Methoden zur Messung elektrischer, magnetischer und elektromagnetischer Felder

7.1 Messungen im Hochfrequenzbereich

(aus Schmid u.a., 2005)

In diesem Abschnitt werden die gegenwärtig verfügbaren bzw. meistverwendeten Messmethoden im Hochfrequenzbereich beschrieben.

7.1.1 Feldmessung

Zur Bestimmung der elektromagnetischen Feldgrößen im Hochfrequenzbereich gibt es eine Vielzahl unterschiedlicher Messgeräte und Messsysteme. Die Basis für die Entscheidung, welche Geräte eingesetzt werden, liegt in der Signalform der Feldquelle. Diese hat wesentlichen Einfluss auf die Auswahl des Messverfahrens und gibt auch die Messgenauigkeit vor. Die vergleichsweise komplexen Signalformen der modernen, drahtlosen, digitalen Kommunikationstechnik erzwingen daher auch vergleichsweise komplizierte Messmethoden, um die damit verbundenen elektromagnetischen Immissionen genau erfassen zu können.

Im Folgenden werden die breitbandige, die frequenzselektive und die codeselektive Messmethode in ihrer prinzipiellen Funktionsweise, ihren Unsicherheiten und Einsatzmöglichkeiten beschrieben:

Breitbandmessung

(aus Schmid u.a., 2005)

Für die Breitbandmessungen werden üblicherweise sogenannte Feldsonden eingesetzt. Diese sind relativ einfach aufgebaut und werden in elektrische und magnetische Feldsonden unterschieden.

Elektrische Feldsonden

Bei einer isotropen elektrischen Feldsonde erfolgte die räumliche Felderfassung üblicherweise über drei Dipole. Jene über die Dipole gelangende HF-Leistung wird in HF-Dektordioden in einen annähernd proportionalen Dioden(gleich)strom umgesetzt und schließlich über hochohmige Leitungen einem dreikanaligen Summierverstärker zugeführt. Das hieraus resultierende Gesamtsignal entspricht der quadratischen Summe der elektrischen Feldstärke der Raumkomponenten. Die angezeigte elektrische Feldstärke wird elektrische Ersatzfeldstärke genannt und durch die Vektorsumme der drei Feldstärkebeträge gebildet, ohne die Phasenverschiebungen zwischen den drei räumlichen Komponenten zu berücksichtigen. Des Weiteren können auch keine Rückschlüsse mehr auf die Frequenzzusammensetzung des anliegenden elektromagnetischen Feldes gezogen werden. Die äquivalente Strahlungsdichte S kann auch neben der elektrischen Feldstärke zur Anzeige gebracht werden. Elektrische Feldsonden sind heute in verschiedenen Ausführungen erhältlich und unterscheiden sich in der Breite verschiedener Frequenzbereiche (bis 40 GHz erhältlich). Viele Produkte erlauben auch die Anzeige der Einzel-Raumkomponenten neben der resultierenden Ersatzfeldstärke. Auch die Anzeige von magnetischer Feldstärke und Leistungsflussdichte ist bei vielen Produkten möglich.

Magnetische Feldsonden

In der grundsätzlichen Funktionsweise gilt das gleiche für die Magnetfeldsonden im Hochfrequenzbereich wie für die elektrischen Feldsonden. Im Wesentlichen unterscheiden sich die Magnetfeldsonden durch die Anordnung von Spulen anstelle von Dipolen. Der Einsatz von magnetischen Feldsonden ist heute für Bandbreiten im Frequenzbereich bis 1 GHz möglich.

In Abbildung 14 sind die zwei häufigsten Bauformen von Breitband-Feldsonden schematisch dargestellt. Diese Feldsonden werden aufgrund ihrer geringen Kosten und der relativ einfachen Bedienbarkeit sehr häufig für die Beurteilung von Expositionssituationen eingesetzt.

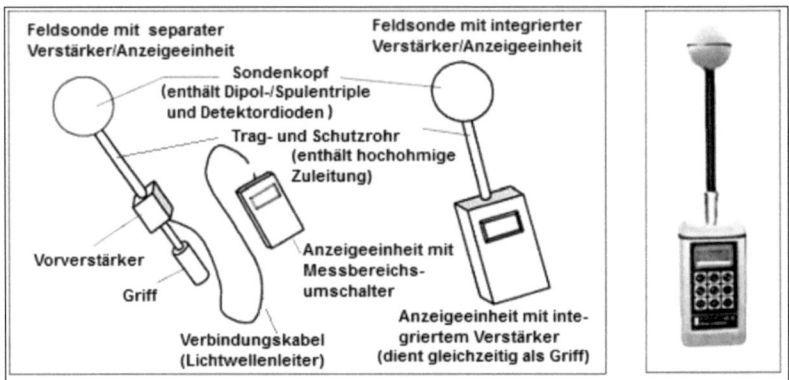

Abbildung 14: Schematische Darstellung der zwei häufigsten Bauformen von Breitband-Feldsonden für den HF-Bereich und Foto einer typischen Breitbandfeldsonde für den HF-Bereich (Schmid u.a., 2005)

Für die Durchführung von Messungen mit Breitband-Feldsonden ist ein Detailwissen über die Spezifikation der Feldsonde als auch über die Charakteristik des zu untersuchenden elektromagnetischen Feldes erforderlich. In der Praxis ist jedoch oft die Charakteristik des Feldes nur schwer verfügbar, und somit besteht die große Gefahr, grobe Fehlmessungen zu machen und die Messergebnisse falsch zu interpretieren.

Es kann grundsätzlich nur eine Gesamtbeurteilung aller im Frequenzbereich der Sonde vorhandenen Immissionen erfolgen.

Frequenzselektive Messung

(aus Schmid u.a., 2005)

Die frequenzselektive Messung hochfrequenter elektromagnetischer Felder ist im Vergleich zu den im vorangegangen Abschnitt beschriebenen Breitbandmessungen komplexer und kostenintensiver hinsichtlich der Gerätetechnik. Frequenzselektive Messungen werden mittels Spektrumanalysator und (kalibrierter) Messantenne durchgeführt. Abbildung 15 zeigt das Grundprinzip eines solchen Messaufbaus für frequenzselektive Immissionserfassung.

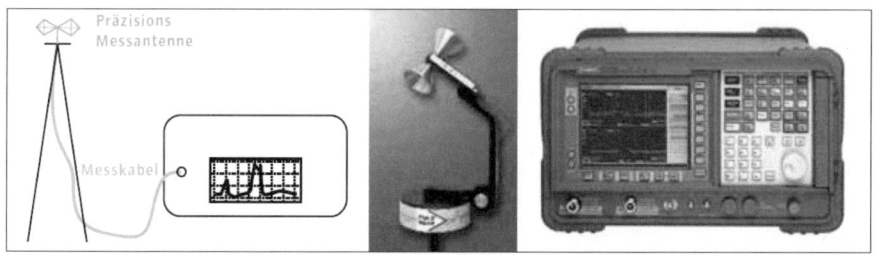

Abbildung 15: Schematische Darstellung einer frequenzselektiven Messung elektromagnetischer Felder und Fotos einer Präzisions-Messantenne und eines Spektrumanalysators (Schmid u.a., 2005)

Die (Präzisions-) Messantenne wirkt als Messwandler, welcher die Feldgrößen (z.B. elektrische Feldstärke) frequenzrichtig in eine elektrische Spannung überführt. Die vom Antennenausgang gelieferte elektrische Spannung wird über ein Messkabel dem Spektrumanalysator zugeführt. Mit diesem Spekrumanalysator ist nun eine frequenzselektive Auswertung des anliegenden Signals unter Berücksichtigung aller in der Messkette vorkommenden Komponenten (Antennenfaktor, Dämpfungsglieder, Kabeldämpfung) möglich. D.h. es kann die Intensität der einzelnen Spektralanteile über der Frequenz dargestellt und quantifiziert werden. Neben der Spezifikation des Spektrumanalysators ist für die Durchführung von praktischen Messungen auch die Spezifikation des Messantennensystems bedeutend. Durch die verwendeten Antennen wird vor allem die zu erreichende Empfindlichkeit (Antennenfaktor) als auch die praktische Durchführbarkeit der Messung stark beeinflusst. Diese Antennen sollten breitbandige und isotrope Aufzeichnungen ermöglichen. Breitbandige Messungen lassen sich durch den Einsatz von Logarithmisch-Periodische (LogPer) Antennen und Horn-Antennen bewerkstelligen. Um eine isotrope Erfassung der Immissionen zu erhalten, sind zeitlich hintereinander mehrere Einzelmessungen durchzuführen, bei denen die Antennenausrichtung ständig geändert wird. In weiterer Folge werden die räumlichen Einzelmessungen geometrisch zur resultierenden Gesamtfeldstärke addiert.

Codeselektives Messverfahren

(aus Bornkessel u.a., 2006)

Mit codeselektiven Messsystemen ist es möglich, Live-Messungen an einer UMTS-Station durchzuführen und auf die höchste betriebliche Auslastung hochzurechnen. Es handelt sich hier um permanent schwankende Immissionen bei nicht konstanter Verkehrslast. Zwei Arten von codeselektiven Messgeräten werden derzeit eingesetzt. Als eine Möglichkeit werden Spektrumanalysatoren mit einer speziellen Dekodierungssoftware ausgerüstet, oder als zweite Möglichkeit gibt es separate Messgeräte, sogenannte Drivetester, die üblicherweise bei Versorgungsmessungen verwendet werden. Bei der Bestimmung der maximalen räumlichen Immission mit der Schwenkmethode ist auf die ausreichend schnelle Dekodierung der gemessenen Signale zu achten. Dies ist bereits bei der Geräteauswahl zu berücksichtigen. Codeselektive Messsysteme sind aufgrund ihrer Neuartigkeit als auch der Neuartigkeit von UMTS noch nicht so ausgetestet und verifiziert als z.B. Breitbandmessgeräte und Spektrumanalysatoren.

7.1.2 SAR - Messungen für körpernahe Anwendungen
(aus Schmid u.a., 2005)

Im vorhergehenden Kapitel 7.1.1 wurden Messverfahren beschrieben, die sich grundsätzlich für Immissionsmessungen im Fernfeld und strahlenden Nahfeld von Strahlungsquellen eignen. Sie werden also auch eingesetzt, wenn zwischen Strahlungsquelle und exponierter Person ausreichend Distanz besteht.

Nicht zu verwenden sind diese Messverfahren, wenn sich die Strahlungsquelle direkt am Körper befindet, wie dies z.b. mit dem Mobiltelefon der Fall ist. Aufgrund der räumlichen Nähe zwischen der Strahlungsquelle und dem exponierten Objekt besteht eine starke elektromagnetische Kopplung und damit wirken die elektromagnetischen Eigenschaften des exponierten Objektes auf die Abstrahleigenschaften der Strahlungsquelle zurück. Dies ist vor allem gültig für biologische Medien, wie z.b. für menschliche Körpergewebe, da diese ausgeprägte elektromagnetische Eigenschaften besitzen. Für die Darstellung der tatsächlichen Immissionen im menschlichen Körper werden vereinfachte, künstliche und flüssigkeitsgefüllte Nachbildungen (Phantome) angefertigt. In den Phantomen werden die relevanten Immissionsgrößen direkt gemessen. Dargestellt wird diese Immissionsgröße als spezifische Absorptionsrate (SAR) in Watt pro Kilogramm (W/kg). In der zu untersuchenden Situation wird die Strahlungsquelle (z.B. Mobil- oder WLAN-Gerät) realitätsgetreu am Phantom angebracht und mit definierter Sendeleistung betrieben. Im flüssigkeitsgefüllten Inneren des Phantoms wird mit speziellen Miniaturfeldsonden die räumliche Verteilung der SAR gemessen. Nicht zuletzt ist bei der Interpretation der SAR-Messergebnisse zu berücksichtigen, dass es sich um Messungen in einer sehr einfachen, homogenen Körpernachbildung handelt. Für die detaillierte Bestimmung einer im menschlichen Körper unter bestimmter Expositionssituation auftretenden SAR kann die SAR-Messung wegen des vereinfachten Phantoms nur eingeschränkt bis gar nicht herangezogen werden. Genauere Untersuchungen sind derzeit nur auf numerischem Wege (Computersimulation) möglich.

7.2 Messungen im Niederfrequenzbereich

Im NF-Bereich sind die elektrischen und magnetischen Felder getrennt zu betrachten. Elektrische Felder entstehen überall dort, wo Spannungsdifferenzen zwischen zwei Leitern herrschen. Dies bedeutet, dass jede unter Spannung stehende Leitung von einem elektrischen Feld umgeben ist. Ein magnetisches Feld entsteht um einen Leiter, in welchem Strom fließt. (siehe Kapitel 3.1.1)

7.2.1 Messung des niederfrequenten elektrischen Feldes
(aus Tandler, 1995)

Die Messung elektrischer Felder erfolgt meistens als Kapazitätsmessung. Hierzu werden zwei Elektroden (Dipol, Antennen) in das zu bestimmende Feld eingebracht und der Verschiebungsstrom gemessen. Dieser Strom ist direkt proportional zur anstehenden Feldstärke und Frequenz. Frequenzunabhängige Feldstärken-Messergebnisse werden durch elektronische Schaltungen (Integrator) ermöglicht. Die Größe des Sensors hat bei niederfrequenten Messungen wenig Bedeutung – Sensoren sind, je kleiner sie sind, für hohe Frequenzen besser geeignet. Feldverzerrungen werden durch Gegenstände und Personen im elektrischen Feld verursacht, daher müssen Maßnahmen getroffen werden, um einwandfreie Messergebnisse zu erhalten. Durch Isolierung des Sensors vom Basisgerät mit Anbindung durch einen Lichtwellenleiter über einige Meter kann dies erfolgen. Des Weiteren dürfen sich bei der Messung keine Personen im Messfeld aufhalten.

Die Umsetzung dieses Messsystems wird an Hand eines Sensors beschrieben, welcher das elektrische Feld dreidimensional und selektiv erfasst – isotrope Erfassung (dies bedeutet, dass der Sensor in jeder Position zum Feld immer den gleichen Wert der Ersatzfeldstärke liefert).

Die kapazitive Messwertaufnahme wird hier in drei Dimensionen durchgeführt. Bei dieser stehen drei Platten senkrecht zueinander (siehe folgende Abbildung 16) und bilden gegenüber der Würfelmitte je eine Kapazität. Die restlichen drei Flächen des Würfels werden mit Platten verkleidet, die zur Messung nichts beitragen.

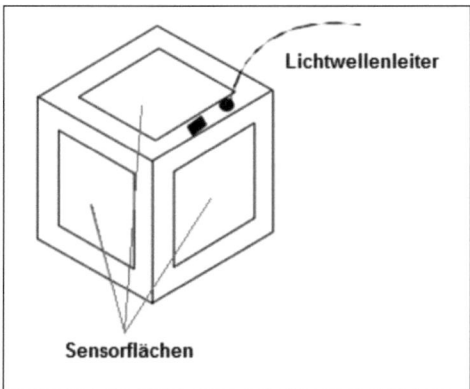

Abbildung 16: Dreidimensionaler isotroper Sensor zur Messung der elektrischen Feldstärke (Tandler, 1995)

Mit der Messung des Verschiebungsstromes der einzelnen Platten erhält man die drei Feldkomponenten. Die Signale gelangen über drei Eingangsverstärker und Multiplexerstufen zum Signalprozessor, wo sie weiterverarbeitet werden. Die gesamte Signalverarbeitung erfolgt im Sensor, zum Basisgerät werden nur mehr berechnete Komponenten übertragen. Dies hat den Vorteil, dass der Datenstrom auf ein Minimum reduziert wird.

7.2.2 Messung des niederfrequenten magnetischen Feldes

(aus Tandler, 1995)

Eine vielfach verwendete Messmethode zur Bestimmung des magnetischen Feldes ist die Anwendung des Induktionsgesetzes. Hier wird die Eigenschaft des magnetischen Wechselfeldes genutzt, welche eine Spannung in einer Spule induziert, die proportional zur Feldgröße und Frequenz ist. Um den Frequenzgang, welcher zur Verfälschung des Messergebnisses (Messgenauigkeit) beiträgt, zu kompensieren, wird ein Integrationsglied in den Messaufbau eingebracht. Darüber hinaus ist die Messgenauigkeit abhängig vom senkrechten Verlauf des Magnetfeldes zur Spule bei dessen Eintritt. Um ein richtiges Messergebnis zu bekommen, muss die Spule solange gedreht werden, bis ein Maximalwert angezeigt wird, dem die Feldgröße an dieser Stelle entspricht. Zudem ist für eine qualitativ gute Sonde eine gute Abschirmung des Magnetfeld-Sensors (und des Basisgerätes) gegen elektrische Felder erforderlich. Bei kleineren Bauformen der Sensoren (auf Grund des gewünschten Einsatzes z.B. als Schnüffelsensoren) muss bei gleicher Empfindlichkeit die Windungszahl erhöht werden. Das wiederum bewirkt eine Erhöhung des kapazitiven Einflusses, welcher den Sensor empfindlicher auf elektrische Felder reagieren lässt. Mit dem Einsatz von isotropen Feldsonden, bei denen drei Spulen senkrecht zueinander angeordnet sind, werden unabhängig von der Lage des Sensors immer die gleichen Werte der Ersatzfeldstärke geliefert (siehe folgende Abbildung 17).

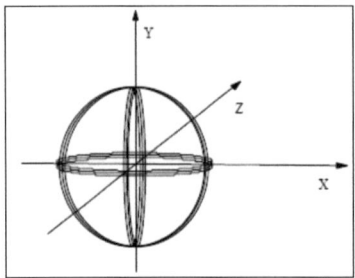

Abbildung 17: Dreidimensionale isotrope Spulenanordnung (Tandler, 1995)

7.3 Messung statischer Felder

7.3.1 Messung elektrostatischer Aufladung und Oberflächenspannung

Die Messung elektrostatischer Aufladung erfolgt über Elektrofeldmeter; angezeigt wird in Volt über Digitalanzeigen. Das für die eigene Arbeitsplatzmessung eingesetzte Messgerät arbeitet nach dem Feldmühlen-Influenz-Prinzip.

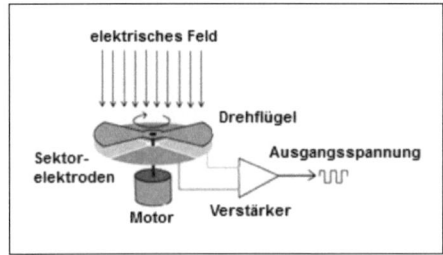

Abbildung 18: Aufbauskizze einer E-Feldmühle (Wiese u.a., 2009)

Wie aus der Abbildung 18: Aufbauskizze einer E-Feldmühle zu entnehmen ist, sind sogenannte Sektorelektroden (in vier Viertel unterteilt) kreisförmig angeordnet. Hierbei sind jeweils die gegenüberliegenden Sektorelektroden miteinander verbunden. Darüber ist ein rotierender Drehflügel positioniert, der über einen Motor angetrieben wird und jeweils zwei Sektorelektroden periodisch verdeckt. Das zu messende E-Feld verursacht eine sich periodisch ändernde Kapazität, die eine periodische Influenz auf die Sektorelektroden bewirkt. Durch Erdung der Sektorelektroden über einen Widerstand kann ein Strom proportional zum E-Feld und zur Kapazitätsänderung gemessen werden. Um das Signal messbar zu machen, wird ein entsprechender Instrumenten-Verstärker nachgeschaltet. (Wiese u.a., 2009)

Bei den Messungen mit Elektrofeldmetern ist auf die Erdung des Messgerätes zu achten, da sonst die Ladungsdifferenz zwischen der Person und dem Messobjekt angezeigt wird – viele Gerätehersteller verweisen auf die Erdung des Gerätes in den beigefügten Geräteunterlagen.

7.3.2 Messung statischer Magnetfelder – magnetischer Gleichfelder

Statische Magnetfelder kommen in der Natur vor (siehe Magnetfeld der Erde, Kapitel 3.2.1).

Das Erdmagnetfeld liegt in unseren Breiten bei ca. 47.000 nT und ist nach Nord/Süd ausgerichtet.

Weitere magnetische Gleichfelder findet man bei Permanentmagneten (z.B. in Lautsprechern) in Eisen- und Stahlteilen, wie Baustahl, Stahlteile in Möbeln und Geräten, Baumassen oder bei gleichstromdurchflossenen Leitern und Spulen (Straßenbahn, Elektromagnete).

Für die eigene Arbeitsplatzmessung wurde unter anderem ein 3D-Magnetostatik-Sensor eingesetzt, der nach dem FluxGate-Prinzip funktioniert. FluxGate-Manometer bestehen aus antiparallel gewickelten Spulen, jeweils mit einem Kern aus µ-Metall. Bei diesem Sensor wird ein Referenzfeld mit einem externen Feld verglichen. FluxGate-Sensoren werden zur Messung von Feldstärken im Bereich von 0,1 nT bis 10^6 nT eingesetzt. (Fidler, 2006)

8 Feldquellen im Bereich von Arbeitsplätzen

8.1 Elektrische und magnetische Gleichfelder

In Gebäuden und Räumen können sich bei trockener Luft **elektrische Gleichfelder** ebenso aufbauen, wie sie zwischen der Erdoberfläche und den geladenen Teilchen der Atmosphäre bestehen (im Kapitel 3.2.2 beschrieben). Diese elektrischen Gleichfelder in Büroräumen können durch Reibung von schlecht leitenden Materialien, wie etwa durch Gehen mit Kunststoffsohlen auf Kunststoffbelägen, Reiben von Wollkleidung auf Kunststoffbezügen an den Bürostühlen, Drehen der Kunststoffrollen auf Kunststoffbelägen oder auch durch den Luftstrom über den Heizkörper und die Kunststoffgardinen, verursacht werden. Im Bürobereich des Autors wurden Arbeitsplatzmessungen durchgeführt, dabei wurden elektrische Gleichfelder erhoben und in der folgenden Tabelle 9 dargestellt.

Quelle	Frequenz [Hz]	Distanz zur Quelle [m]	Elektrische Spannung [V]
TCO-Richtwert	0	0	±500
Tischkante Kunststoff	0	0	2.000
Rollkontainer Deckel	0	0	700
Rollkontainer Laden	0	0	-600
Drehstuhl Sitzfläche	0	0	-4.000
Drehstuhl Lehne	0	0	-3.000
Bodenbelag	0	0	10
Bildschirm (LCD)	0	0	10
Tischleuchte Kunststoff	0	0	-300

Tabelle 9: Gemessene Oberflächenspannungen im Bereich des Büro-Arbeitsplatzes des Autors im Vergleich zum TCO-Richtwert (Grabmann, 2012)

Besonders auffällig sind die sehr hohen Werte an der Tischkante und am Drehstuhl, wobei am Boden und am Bildschirm sehr niedere Werte gemessen werden konnten. Dem Autor ist in den letzten fünf Monaten auf diesem Arbeitsplatz keine elektrostatische Entladung aufgefallen.

Wie bereits im Kapitel 3.3.1 über magnetische Gleichfelder beschrieben, werden magnetische Gleichfelder durch Dauermagnete und Elektromagnete hervorgerufen. Im Bürobereich treten sie durch Stahlteile an Geräten, Möbeln, durch Elektromotore in verschiedenen Geräten, Kopfhörern und Lautsprechern auf. Bei der Arbeitsplatzmessung des Autors konnten solche Felder an verschiedenen Quellen, wie aus der folgenden Tabelle 10 ersichtlich ist, nachgewiesen werden.

Quelle	Frequenz [Hz]	Distanz zur Quelle [m]	magnetische Flussdichte [µT]
Grenzwert EU-Richtlinie 2008/40/EG 0 - 1 Hz	0	0	200.000
Grenzwert VORNORM ÖVE/ÖNORM E 8850/ 0 Hz	0	0	40.000
Erdmagnetfeld Mitteleuropa	0	0	47
Mousepad vom Laptop ohne Dockingstation	0	0	242
Mousepad vom Laptop mit Dockingstation	0	0	119
Tischrechner	0	0	107
Handy 1	0	0	239
Handy 2	0	0	158

Tabelle 10: vom Autor gemessene statische Magnetfelder und Vergleich mit Erdmagnetfeld in Mitteleuropa und Grenzwerte (zusammengefasst aus Grabmann, 2012)

Die Grenzwerte, wie hier im Vergleich zwischen EU-Richtlinie 2008/40/EG 0 - 1 Hz und der VORNORM ÖVE/ÖNORM E 8850 0 Hz weisen erhebliche Unterschiede auf. Die nachgewiesenen Werte bei der Arbeitsplatzmessung des Autors waren erheblich unter den angeführten Grenzwerten, aber jedoch erheblich über dem Wert des Erdmagnetfeldes in Mitteleuropa. Die gemessenen Geräte stellen nur einen Auszug an Quellen am Büro-Arbeitsplatz dar.

8.2 Elektrische und magnetische Wechselfelder

Die Quellen **elektrischer Wechselfelder** können sehr vielfältig und oft auf den ersten Blick nicht erkennbar sein (z.B. verkleidet oder als Unterputzinstallation ausgeführt). Es kann sich hier um nicht geschirmte Elektroinstallationen handeln, die etwa als Steigleitung ausgeführt oder in Fußboden- und in Fensterbankkanälen verlegt sind. Zudem können sie in Schalt- und Steuerschränken im Büro bzw. im angrenzenden Raum direkt hinter der Wand, bei Trafos- und Energieverteilungsräume über, unter und neben dem Büroraum, auftreten. Darüber hinaus sind Gerätezuleitungen und Verlängerungskabel in Kabelkanälen unter oder am Schreibtisch montiert oder frei verlegte Zuleitungen für elektrisch betriebene Geräte, wie Computer, Bildschirm, Laptop, Schreibmaschine, Rechenmaschine, Schreibtischlampe und Heizdecken Quellen elektrischer Wechselfelder. Des Weiteren können auch Feldverschleppungen über Wände, Böden und diverse Rohrleitungsinstallationen, ausgehend von Elektroinstallationen, verursacht werden. Nicht zu unterschätzen sind die Einflüsse elektrischer Wechselfelder im Kilohertzbereich, verursacht durch Energiesparlampen, Dimmer und elektronische Steuerungen.

Bei **magnetischen Wechselfeldern** ist zu unterscheiden zwischen kleinräumigen Feldern (bis zu einigen Dezimetern) und Felder, die sich auf Entfernungen bis zu einigen hundert Meter auswirken. So verursachen in etwa die Kleinlautsprecher in Kopf- und Telefonhörern und Trafos in Radios, CD-Player, Schreib- und Rechenmaschinen, Computer, Laptops, Beamer und Overheadprojektoren magnetische Wechselfelder. Obendrein werden durch Trafos bei Niedervoltinstallationen für Beleuchtung mit Seilsystemen und auch durch Trafos für Tisch- und Stehlampen magnetische Wechselfelder erzeugt. Ebenso entstehen diese Felder an Zu- und Steigleitungen bei Gebäudeinstallationen, Erdkabel, elektrifizierten Bahnlinien und Hochspannungsleitungen. Zu beachten sind auch Ausgleichsströme auf leitfähigen Installationen, wie sie in etwa an Heizungs- und Wasserleitungsrohren, Fernwärme- und Gasleitungen und Schutzleitern auftreten können. Fehlströme bei Leitungen mit/ohne Ringbildung und bei Computernetzwerkkabel mit beidseitig geerdetem Schirm vorkommen.

Tabelle 11 gibt die Größenordnung von Magnetfeldemissionen in Innenräumen an, wie sie durch äußere Quellen verursacht bzw. erwartet werden können. Die Referenzwerte für die Allgemeinbevölkerung nach EU-Ratsempfehlung 1999/519/EG für Frequenzen von 16 2/3 Hz und 50 Hz liegen bei 300 µT und 100 µT. (Schmid, 2007)

Quelle	Frequenz [Hz]	Distanz zur Quelle [m]	magnetische Flussdichte [nT]
Bahnstromleitung 15 kV / 100 A (1 kA Anfahrstrom)	16,7	30	300 – 5.000
Niederspanungsfreileitung 400 V / 70 A, 95 A, 75 A mit Ausgleichsstrom über Erder	50	direkt unter Trasse	500 – 2.000
Mittelspannungsfreileitung 20 kV / 3 x 100 A	50	5 / 10 / 20	500 - 1.000 / 200 - 500 / 100 -200
Hochspannungsfreileitungen 380 kV / 1.300 A	50	10 / 20 / 50	20.000 / 15.000 / 2.000 - 5.000
Hochspannungsfreileitungen 220 kV / 740 A	50	10 / 20 / 50	10.000 / 5.000 / 1.000 - 2.000
Hochspannungsfreileitungen 110 kV / 380 A	50	10 / 20 / 50	3.000 / 1.500 / 500 - 1.000
Niederspannungs-Hauszuleitung bzw. Verteilerkabel 400 V / 90 A mit typischer Schieflast	50	0,5 / 1 / 3	2.000 / 500 - 1.000 / 50 - 100

Tabelle 11: Größenordnung von Magnetfeldimmissionen in Innenräumen, verursacht durch äußere Quellen (Vgl. aus Schmid, 2007)

8.3 Innere Quellen für niederfrequente Felder im Bürobereich

Im Bürobereich des Autors wurden Arbeitsplatzmessungen durchgeführt, dabei wurden innere Quellen für niederfrequente Felder erhoben und in der folgenden Tabelle 12 und Tabelle 13 zusammengefasst.

Als innere Quellen werden in diesem Zusammenhang Geräte und Anlagen, welche elektromagnetische Felder verursachen, definiert.

Quelle	Frequenz [Hz]	Distanz zur Quelle [m]	Magnetische Flussdichte [nT]
Stand-PC, Tastatur	50	0	1.400
Laptop mit Dockingstation, Tastatur und Mousepad	50	0	540
Laptop ohne Dockingstation, Tastatur	50	0	2.000
Laptop ohne Dockingstation, Mousepad (aus- und eingeschaltet)	50	0	4.600 - 6.400
Maus 1 drahtgebunden	50	0	110
Maus 2 drahtlos	50	0	132
Maus 3 drahtgebunden	50	0	98
Maus 4 drahtlos	50	0	116

Tabelle 12: Systematische Erfassung nichtionisierender Quellen am Büroarbeitsplatz im NF-Bereich: Computer, Laptops und Mäuse (zusammengefasst aus Grabmann, 2012)

Quelle	Frequenz [kHz]	Abstand zum Gerät [m]	Magnetische Flussdichte [nT]	elektrische Feldstärke, Ersatzfeldstärke [V/m]
Netzteil des Laptops mit Dockingstation	<2	0,1 / 0,5 / 1	440 / 110 / 75	n.g.
Schreibtischlampe	<2	0,1 / 0,5 / 1	36.000 / >1.000 / n.m.	60 / 20 / 5
Netzteil der Schreibtischlampe	<2	0,01	76.000	n.g.
Drucker	<2	0,1 / 0,5 / 1	n.g.	7 / 7 / 3
Drucker mit abgeschirmtem Anschlusskabel	<2	0,1 / 0,5 / 1	580 / <200 / 60	3,5 / <4 / <4
elektrische Schreibmaschine	<2	0,1 / 0,5 / 1	72.000 / >1.000 / n.m.	250 / 80 / <20
elektrische Schreibmaschine, Tastatur	<2	0	106.200	n.g.
Lichtband	<2	0,1 / 0,5 / 1	4.600 / 200 / <1,5	1,2 / 0,8 / 0,7
Einzelrasterlampe	<2	0,1 / 0,5 / 1	n.g.	4 / 3 / <2

n.g. nicht gemessen   n.m. nicht messbar

Tabelle 13: Systematische Erfassung nichtionisierender Quellen im NF-Bereich: Sonstige Geräte im Bürobereich (zusammengefasst aus Grabmann, 2012)

Tischtelefon

Bei der Nutzung gängiger Tischtelefone entstehen auf Grund der Verwendung dynamischer Hörkapseln niederfrequente elektrische und magnetische Felder direkt am Ohr des Anwenders. Mit dem Einsatz der Piezo-Technologie für Hörkapseln kann nach Angabe des Herstellers die Feldbelastung am Kopf des Anwenders stark reduziert werden. (Pure Nature, 2011)

8.4 Innere Quellen für hochfrequente Strahlung im Bürobereich

Wie bereits im Kapitel 3.1.3 beschrieben, sind bei hochfrequenten Anwendungen elektrische und magnetische Felder gemeinsam zu betrachten. So haben sich die Anwendungsmöglichkeiten für hochfrequente Signalübertragung im letzten Jahrzehnt erheblich entwickelt und gesteigert. Sie finden Verwendung am Büroarbeitsplatz in der Mobiltelefonie mit Handy und Schnurlostelefon (DECT), für Datenübertragung im Funknetzwerk (WLAN), als Bluetooth zwischen Computer und drahtlosen Peripheriegeräten, Headset und Handy. In der folgenden Tabelle 14 sind elektromagnetische Immissionen in Innenräumen, gemessen am Arbeitsplatz des Autors, angegeben.

Quelle	Frequenz [MHz]	Distanz zur Quelle [m]	Leistungsflussdichte [µW/m²]
Breitbandmessung (Dominante Frequenz: DECT)	bis 6.000	k.A.	1.800,00
Radio	100	k.A.	0,50
DVB-T	650	k.A.	0,30
LTE hochgerechnet	k.A.	k.A.	0,00
Zugfunk	500	k.A.	0,07
GSM 900 minimal	900	k.A.	2,40
GSM 900 hochgerechnet	900	k.A.	7,20
GSM 1800 minimal	1.800	k.A.	0,40
GSM 1800 hochgerechnet	1.800	k.A.	0,80
Frequenzhopping bei DECT-Schnurlostelefone	1.890	4	5.777,00
UMTS Aktuell via RMS	2.450	k.A.	1,20
WLAN Channel 1 - 2,4 GHz Max Peak / Max Hold	2.450	6	230,00
WLAN 5,2 GHz Peak-Detektor	5.200	6	348,00
Bluetooth (Channelpowermessung Max Peak, Max Hold)	2.450	1	3.000,00
Bluetooth RMS / average	2.450	1	0,01

k.A.   keine Angaben

Tabelle 14: Größenordnungen von elektromagnetischen Immissionen in Innenräumen, verursacht durch diverse Funkanwendungen am Arbeitsplatz des Autors (entnommen aus Grabmann, 2012)

Lokale Funknetzwerke - Wireless LAN (WLAN)

Bei einem WLAN (Wireless Local Area Network) handelt es sich um ein drahtloses lokales Netzwerk für den Einsatz in 20 bis 100 m Entfernung. Mit dieser Technologie können mehrere Computer drahtlos miteinander vernetzt werden, und die Internetkommunikation ist auch drahtlos möglich. Über einen zentralen Zugriffspunkt, dem WLAN-Router, der meist über ein

DSL-Modem mit dem Internet verbunden ist, erfolgt die Kommunikation zwischen den Computern. WLANs senden mit einer maximalen Leistung von 100 mW und einem Frequenzband von 2,4 GHz. WLAN-Mobilteile senden im Ruhemodus gar nicht und bei Volllast mit bis zu 100 mW. Die Basisstationen senden im Ruhebetrieb mit 0,5 bis zu 100 mW im Volllastbetrieb. Im Regelfall liegt die mittlere Sendeleistung für den Mobilteil als auch für den Basisteil im normalen Betrieb unter 10 mW und ist damit in etwa auf dem Wert der DECT-Telefonie. Nach neuesten Entwicklungen beim WLAN können sehr viel höhere Datendurchsatzraten erreicht werden. So kann das neue WLAN zusätzlich im 5-GHz-Band mit einer verfügbaren Bandbreite von 455 MHz und einer automatisch regulierbaren Sendeleistung von bis zu 1 W arbeiten. Des Weiteren können größere Reichweiten erzielt und durch den Einsatz von mehreren Antennen pro Gerät auch Richtwirkungen erzeugt werden. Mit diesem Verfahren können mehrere Empfänger angepeilt werden, was als Beamforming bezeichnet wird. Ein spezielles Stromsparprotokoll führt bei mobilen Geräten zu einer bedeutenden Verlängerung der Akkubetriebszeit und zu einer Reduktion der Hochfrequenz-Immissionen. (LUBW & LfU, 2010)

Kleinräumige lokale Funknetzwerke – Wireless Personal Area Networks (WPAN)

Im Unterschied zu WLAN-Systemen, welche große Reichweiten und hohe Daten-Übertragungsraten haben können, gibt es auch Systeme zum Betrieb kleinräumiger Netzwerke. Diese Systeme werden Wireless Personal Area Networks (WPANs) genannt und haben eine wesentlich geringere räumliche Abstrahlung als auch wesentlich geringere maximale Daten-Übertragungsraten. Diese WPANs finden vor allem Anwendung in Bürobereichen für die Vernetzung von Geräten am Arbeitsplatz und räumlich eng benachbarter Datenkommunikations-Endgeräte. (Schmid u.a., 2005)

Bluetooth™

Bluetooth™ ermöglicht eine drahtlose Kommunikation zwischen räumlich eng benachbarten Geräten unter einem definierten Standard, welche je nach Sendeleistung auf einen Abstand von einigen Metern bis etwa 100 m beschränkt wird. Diese Kommunikation kann beispielsweise zwischen Computern, Digital-Kamera und Computer, Tastatur („Funktastatur") und Computer, Maus („Funkmaus") und Computer, Computer und Drucker und zwischen Mobiltelefon und Headset usw. erfolgen. Des Weiteren kann von einer Verbindung von zwei Geräten auf gleichzeitig maximal acht Geräte, zu einem sogenannten „Piconetz", erweitert werden. (Schmid u.a., 2005)

Bluetooth arbeitet wie das WLAN im 2,4-GHz-Band. In den Bluetooth™-Spezifikationen werden entsprechend der maximalen Sendeleistung drei Geräteklassen, wie in Tabelle 15 dargestellt, definiert. Bei der Geräteklasse I ist eine Leistungsregelung vorgesehen, die bei den Klassen II und III nur optional zur Anwendung kommt.

Geräteklasse	max. Sendeleistung [mW]	Leistungsregelung
I	100	Ja, in Stufen zw. 2 und 8 dB
II	2,5	Optional
III	1	Optional

Tabelle 15: Leistungsklassen von Bluetooth™-Geräten (Schmid u.a., 2005)

Schnurlostelefone

Die heute in Verkehr gebrachten Schnurlostelefone funktionieren fast nur mehr mit digitalem DECT-Standard. Diese Geräte senden mit einer Leistung von 250 mW im Bereich von 1.900 MHz. Die Daten werden gepulst übertragen, und somit reduziert sich die mittlere Sendeleistung der Basisstation und des Mobilteiles auf ca. 10 mW. Das Mobilteil sendet im Vergleich zur Basisstation im Ruhebetrieb nicht; die Basisstation sendet 100mal pro Sekunde Systeminformationen mit einer mittleren Sendeleistung von 2,1 mW an das Mobilteil. (LUBW & LfU, 2010)

Eine Weiterentwicklung bieten die ECO-DECT-Telefone, welche mit reduzierter Strahlungsleistung im Ruhebetrieb funktionieren, bei denen der Mobilteil in der Basisstation steht.

Seit 2008 gibt es auch Geräte mit einem verbesserten Modus, bei dem die Mobilteile auch außerhalb der Basisstation verbleiben können und im Standby-Betrieb die Sendeleistung abgeschaltet wird. (BfS, 2009)

Es gibt auch bereits Geräte mit einer Sendeleistungsregelung für Mobilteile und Basisstationen. Die Strahlung reduziert sich automatisch, je näher sich das Mobilteil an der Basis befindet. Durch Einstellung dieses Modus wird die Strahlung, unabhängig ob telefoniert wird oder nicht, um 80 % reduziert, wobei sich die Reichweite um 50 % verringert. Des Weiteren wird die Strahlung (DECT-Sendeleistung) von Mobilteil und Basis im Ruhezustand ausgeschaltet. Diese Funktionen sind jedoch nur dann möglich, wenn kein Repeater verwendet wird. Diese Telefone mit reduzierter Strahlungsleistung können derzeit nur mit einer Basisstation und 8 Mobilteile genutzt werden.

Handys (GSM und UMTS)

Neben den drahtgebunden Tischtelefonen werden in vielen Betrieben die Mitarbeiter aufgrund ihrer ortsflexiblen Arbeitssituation oft nur mit Handy ausgestattet. Der weltweit vorherrschende Standard am Mobilfunknetz wird derzeit noch durch GSM bestimmt. GSM wird jedoch bereits vielerorts durch UMTS (Universal Mobile Telecommunications Systems) ersetzt. Dieses System kann neben dem normalen Telefonieren, aufgrund seiner schnellen und hohen Übertragungsraten, für diverse Multimediadienste eingesetzt werden. Überall dort, wo ein UMTS-Netz vorhanden ist, kann mit dem Handy eine Internetverbindung aufgebaut werden. Mit dem UMTS-System können auch Laptops und PCs ohne WLAN-Verbindung das Internet zum Datenverkehr nutzen. Die Abrechnung erfolgt hier über die Handy-Abrechnung. Für die Sendeleistung der heutigen Handys ist der SAR-Wert von Bedeutung (siehe Kapitel 7.1.2).

Vom Bundesamt für Strahlenschutz wurde eine Erhebung über die in Deutschland verfügbaren Handy-Modelle (Stand: Dezember 2010) durchgeführt, bei der mehr als 1.400 Geräte von 49 Herstellern geprüft wurden. Nach dieser Erhebung bewegen sich die SAR-Werte der auf dem Markt befindlichen Handys zwischen 0,10 und 1,94 W/kg (Kopf), bei erlaubten 2 W/kg. (BfS, 2011)

Headsets

Über „strahlungsarmes" Telefonieren mit Headsets gibt es seitens eines Herstellers eine Erklärung, wonach bei unabhängigen Tests der SAR-Wert eines DECT-Headsets bei 0,0006 W/kg und bei einem Bluetooth-Headset bei 0,03 W/kg festgestellt wurde. (Imtratex, 2011)

Des Weiteren wird bei einigen Headsets das Funktionsprinzip des Stethoskops aus der Medizintechnik angewendet. Die verwendeten Ohr-Hörer sind nach Aussage des Herstellers zu 100 % niederfrequenz-feldfrei durch die Verwendung eines Akustikkopplers ohne elektronischen Lautsprecher. (Gigahertz, 2011)

9 Bau-Produkte zur Abschirmung und Dämpfung von hoch- und niederfrequenten Feldern

In der Bauwirtschaft sind Produkte verfügbar, die zur Dämpfung elektromagnetischer Felder geeignet sind. Die Verwendung verschiedenster Produkte ist bezüglich der Einbausituation entsprechend zu prüfen. Um eine wirksame Dämpfung zu erreichen, ist eine ganzheitliche Betrachtung erforderlich. Hierzu sind kompetente Fachleute gefordert, die ein Gesamtkonzept erarbeiten können. Bei ganzen Gebäuden kann der Einfluss der EMF nur dann vermindert werden, wenn auch Elektro-, Sanitärinstallationen und Mauerdurchbrüche, wie sie bei Fenstern und Türen bestehen, berücksichtigt werden. (Pauli & Moldan, 2000)

In den folgenden Kapiteln 9.1 bis 9.11 werden Dämpfungswerte verschiedener Produkte und Produktgruppen in Abhängigkeit von drei ausgewählten Frequenzen (900 MHz, 1.900 MHz und 2.450 MHz) in Diagrammen dargestellt. (aus Pauli & Moldan, 2003)

Im Kapitel 9.12 werden Abschirmplatten und im Kapitel 9.13 Elektroinstallations-Produkte behandelt; für die verschiedenen Produkte und deren Hersteller und Händler befinden sich aktuelle Verweise im Quellenverzeichnis.

9.1 Massive Baustoffe

Die Baustoffe wurden im unverputzten Zustand geprüft. Grundsätzlich wurde bei allen Baustoffen mit steigender Frequenz eine erhebliche Zunahme der Schirmdämpfung festgestellt. Ab einer Frequenz von 2 GHz konnten mit Ausnahme der konventionellen Kalksteinziegel und dem Hochlochziegel (11,5 cm) Dämpfungswerte von mindestens 10 dB nachgewiesen werden.

Geprüft wurden in verschiedenen Stärken: Kalksandstein, Leichtbeton, Porenbeton (Ytong), Hochlochziegel und Stahlbeton. Die Wandstärken können einen deutlichen Einfluss auf die Dämpfungseigenschaften haben. Überdies kann die Dämpfung bei feuchtem Material besser ausfallen als bei trockenem Material.

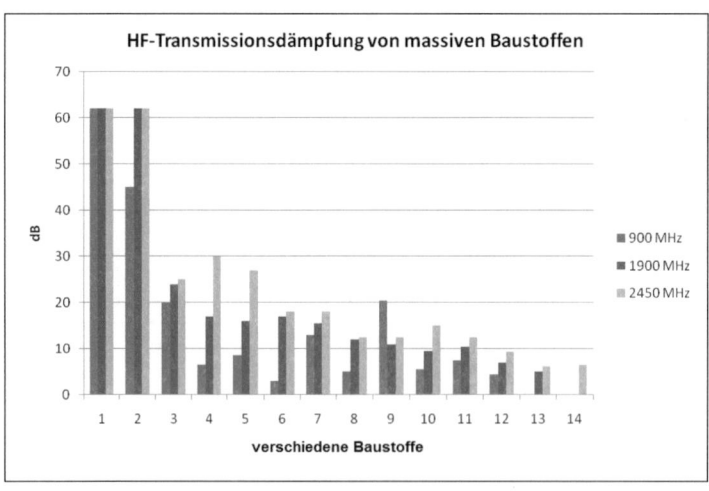

1 KS-protect 24 cm   2 KS-protect 17,5 cm   3 Leichtbeton 30 cm

4 Porenbeton 36,5 cm	5 Hochlochziegel 36,5 cm	6 Hochlochziegel 24 cm
7 Stahlbeton 16 cm	8 Leichtbeton 11,5 cm	9 ThermoPlan AS 36,5 cm
10 Porenbeton 17,5 cm	11 Stahlbeton 16 cm	12 Kalksandstein 24 cm
13 Kalksandstein 17,5 cm	14 Hochlochziegel 11,5 cm	

Abbildung 19: HF-Transmissionsdämpfung von massiven Baustoffen (erweitert aus Pauli & Moldan, 2003)

9.2 Lehmbaustoffe und Erde

Bei den Baustoffen aus Lehm und Erde wurde die ökologische Dachdeckung mit Gründach geprüft (in etwa 15 dB Dämpfung). Diese Dämpfungseigenschaften verbessern sich durch Kombination mit Lehmsteinen unter der Dachhaut (über 30 dB bis über 50 dB). Des Weiteren wurde der Lesando Abschirmputz MENO (25 dB im MHz-Bereich bis 35 dB im GHz-Bereich) und diverse Wandbaustoffe aus Lehm in verschiedenen Wandstärken und Rohdichten gemessen. Bei diesen nimmt auch mit geringerer Wandstärke bzw. Schichtdicke die Dämpfung ab. Dünne Schilfrohrmatten mit herkömmlichem Lehmputz bringen keine wesentliche Reduktion der hochfrequenten Strahlung.

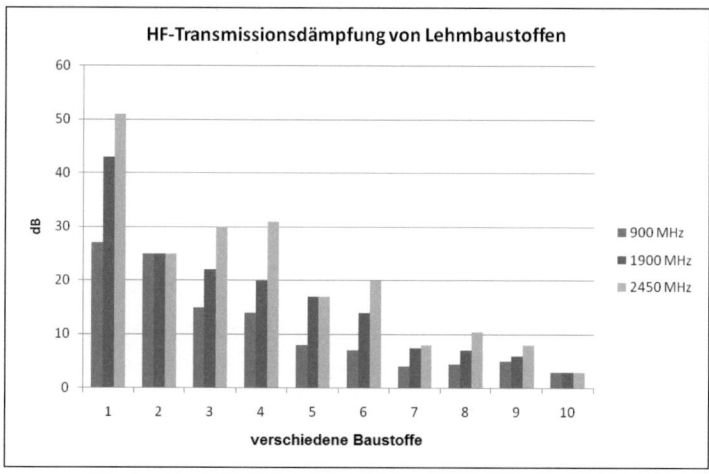

1 Gründach 16 cm (Aufbau siehe Nr. 4) / Lehmsteine 24 cm / Lehmputz 2 cm (Aufbau nach Minke, 2001)
2 Lesando Abschirmputz MENO 1,5 mm (Lesando, 2011)
3 Lehmsteine 24 cm, 2 DF-Steine/ Lehmputz 2 cm (Ziegelei Gumbel, 2011)
4 Gründach 16 cm: Grassoden, feuchte erdemit $^1/_3$ Blähschiefer, Dachhaut (Aufbau nach Minke, 2001)
5 Holzleichtlehmsteine 10 cm
6 Lehmstein 11,5 cm mit 15 % Lochanteil
7 Lehmbau-Rohlinge 52 mm / Lehmbauplatte 25 mm / Lehm-Feinputz 3 mm (CLAYTEC, 2011)
8 Lehmbauplatte 25 mm / Leichtlehmstein NF1200 71 mm / Lehm-Feinputz 3 mm (CLAYTEC, 2011)

9 Lehmbauelemente 10 cm, beidseitig Lehmputz 5 mm - Karphosit (Lana, 2011)

10 Schilfrohrmatte 20 mm mit Lehmputz 10 mm

Abbildung 20: HF-Transmissionsdämpfung von Lehmbaustoffen (erweitert aus Pauli & Moldan, 2003)

9.3 Holzkonstruktion

Beim Baustoff Holz wurden verschiedene Konstruktionen der Firma Thoma gemessen. Es handelt sich hier um einzelne Brettlagen in verschiedenen Stärken und Holzarten, die zueinander verdreht angeordnet sind, um durchgehende Fugen nach außen zu vermeiden. Die Brettlagen werden anstelle von Stahlnägeln mit Holzdübeln fixiert. Des Weiteren wurde eine Wand der Firma Bau-Fritz und eine konventionelle Holzrahmenkonstruktion in Leichtbauweise gemessen. Wie aus der folgenden Abbildung 21 ersichtlich, hat die Wandstärke und die Holzart einen Einfluss auf das Dämpfungsverhalten.

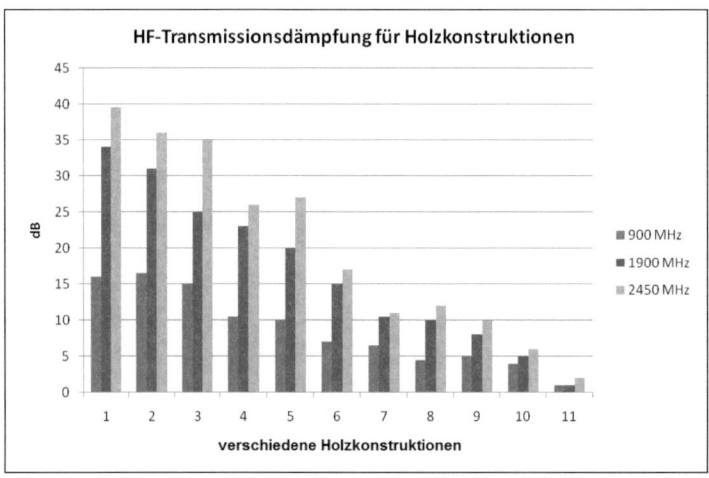

1 Lärche Rauhschalung 2,4 cm / Fichte 37 cm / Lärche Brandschutz 4 cm (Thoma, 2011)

2 Fichte-Tanne 37 cm + 17 cm (Thoma, 2011)

3 Aussenwand 28 cm mit Schutzplatte Xund-E 12,5 cm (Bau-Fritz, 2011)

4 Kiefer 37 cm (Thoma, 2011)

5 Fichte-Tanne 37 cm (Thoma, 2011)

6 Lärche 37 cm (Thoma, 2011)

7 Blockwand fichte-Tanne 16 cm (Thoma, 2011)

8 Fichte-Tanne 17 cm (Thoma, 2011)

9 Kiefer 17 cm (Thoma, 2011)

10 Eiche 16 cm (Thoma, 2011)

11 Typische Fertighauswand in Holzrahmenkonstruktion 23 cm

Abbildung 21: HF-Transmissionsdämpfung für Holzkonstruktionen (erweitert aus Pauli & Moldan, 2003)

9.4 Fenster und Zubehör

Zur HF-Abschirmung von Fenstern eignen sich metallbedampfte Wärmeschutzgläser. Alternative, wo solche Fenster nicht vorhanden sind, wären strahlenreflektierende Sonnenrollos und das Anbringen von HF-Schutzgitter, die ähnlich einem Insekten-Schutzgitter sind. Eine weitere Möglichkeit bieten Gardinen mit Abschirmeigenschaften, die jedoch zuverlässig mit dem übrigen Abschirmsystem verbunden werden müssen. Bei den Türen verhält es sich sehr ähnlich wie bei den Fenstern. So haben Türen aus Holz und Glas nur eine sehr geringe Dämpfungswirkung gegen elektromagnetische Felder. Werden hingegen die Türen aus Metall und die Glaselemente als metallbedampfte Wärmeschutzgläser ausgeführt, erreicht man eine gute Dämpfungswirkung. (Jütterschenke, 2007)

In diesem Kapitel werden die hochfrequenzdämpfenden Eigenschaften diverser Fenster mit unterschiedlichen Verglasungen, Sonnenschutzfolien, Schutzgitter, Rollläden und Jalousien (auch für offenes Fenster) betrachtet. Bei den getesteten Produkten wurden durchwegs Dämpfungswerte über 20 dB erzielt. Die Werte fielen bei steigender Frequenz beim Hasendraht auf 10 dB und beim Drahtglas unter 5 dB. Das Energiesparrollo und die Alu-Jalousette waagrecht konnten keinen Beitrag zur Dämpfung leisten.

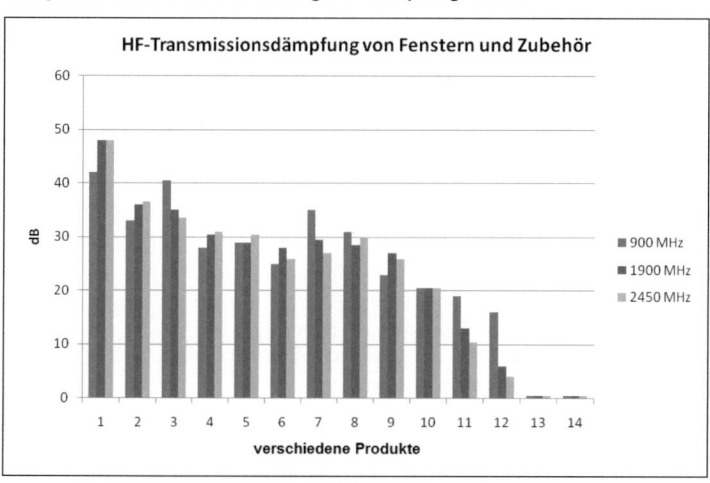

1	Thermolar plus	3-Scheiben-Element (Glaszentrum, 2011)
2	RDF 75 Folie	Sonnenschutzfolie (Biologa, 2011)
3	Fliegengitter 1,41 x 1,56 mm	Gewebe aus Metall, Aluminium oder Kupfer (NEHER, 2011)
4	Alu-Jalousette waagrecht	Lamellen offen (Abstand 20 mm), Welle horizontal
5	SGG EMS Stadip Protect SKN 172	2-Scheiben-Sonnenschutzglas (Saint-Gobain, 2011)
6	Alu-Rollladen CD 90 (33 x 8mm)	geschlossen
7	Elektrosmog-Schutz-Gitter	Insektenschutzgitter (NEHER, 2011)
8	SGG EMS Stadip Protect PLT N	2-Scheiben-Wärmedämmglas (Saint-Gobain, 2011)
9	Alu-Rollladen CD 90 (33 x 8mm)	offene Lüftungsschlitze
10	ProtectES	HF-Abschirm-Klarsichtfolie (ProtectES, 2011)

11 Hasendraht 13 x 20mm	metallisch
12 Drahtglas 6 mm	mit Gittereinlage 13 x 13mm
13 Energiesparrollo	Rollo für Dachliegefenster (Gardinia, 2011)
14 Alu-Jalousette waagrecht	Lamellen offen (Abstand 20 mm), Welle vertikal

Abbildung 22: HF-Transmissionsdämpfung von Fenstern und Zubehör (erweitert aus Pauli & Moldan, 2003)

9.5 Fensterrahmen

Nachdem das Fenster betrachtet wurde, werden jetzt verschiedene Ausführungen von Fensterrahmen, bestehend aus unterschiedlichen Materialien, mit ihren Dämpfungseigenschaften dargestellt.

Wie aus Abbildung 23 ersichtlich, konnte von allen geprüften Fensterrahmen über einen großen HF-Bereich ein Dämpfungswert von mindestens 10 dB erreicht werden.

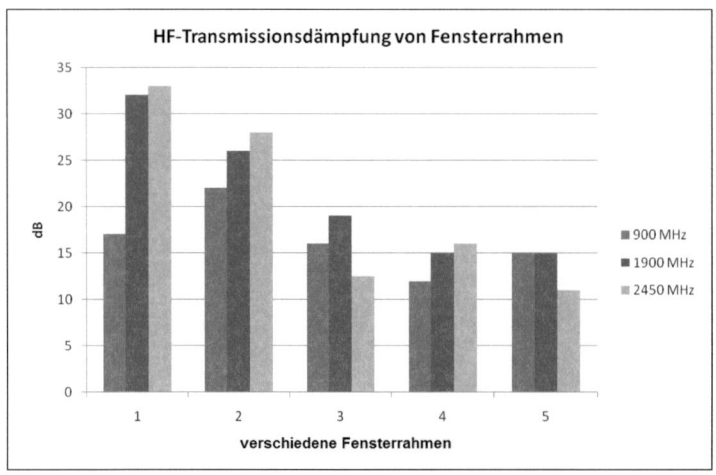

1 Holzfensterrahmen 88 mm tief mit Zwischenschicht aus Aluminium (Schreinerei Ziegelmeier, 2011)

2 Holzfensterrahmen 88 mm tief mit Aluminium Vorsatschale (Schreinerei Ziegelmeier, 2011)

3 Kunststoff-Fensterrahmen mit Stahlarmierung (WERU, 2011)

4 Holzfensterrahmen 68 mm Standardausführung

5 Kunststoff-Fensterrahmen ohne Stahlarmierung Standard

Abbildung 23: HF-Transmissionsdämpfung von Fensterrahmen (erweitert aus Pauli & Moldan, 2003)

9.6 Spaltbreiten

Mit dieser Messreihe wurden unterschiedliche Spaltbreiten nachgestellt, wie sie etwa zwischen Fensterscheibe und Außenwand oder bei mehrflügeligen Fenstern zwischen den Scheiben bestehen. Aus Abbildung 24 können die unterschiedlichen Dämpfungseigenschaften bei verschiedenen Spaltbreiten abgelesen werden. Die Dämpfungseigenschaften nehmen mit der Größe des Spaltes ab und sind auch von der Art der auftreffenden Welle abhängig.

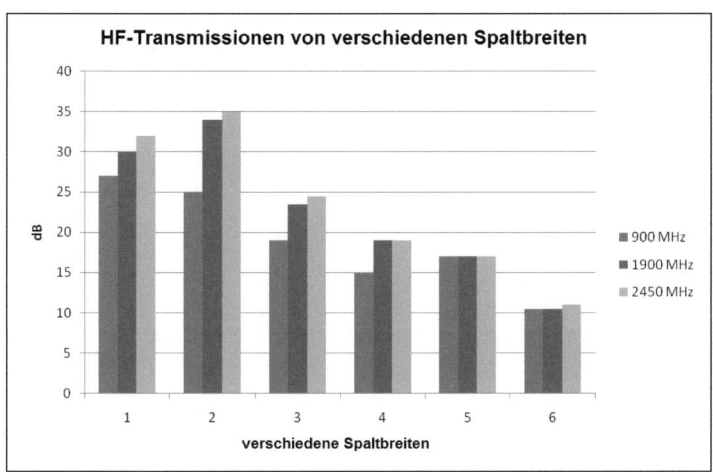

1 Spaltbreite 0,5 cm	vertikale Welle	2 Spaltbreite 0,5 cm	horizontale Welle
3 Spaltbreite 3,5 cm	vertikale Welle	4 Spaltbreite 3,5 cm	horizontale Welle
5 Spaltbreite 7,5 cm	vertikale Welle	6 Spaltbreite 7,5 cm	horizontale Welle

Abbildung 24: HF-Transmissionsdämpfung von verschiedenen Spaltbreiten (erweitert aus Pauli & Moldan, 2003)

9.7 Wandbeschichtungen für den Innenbereich

Es wurden viele verschiedene Produkte unterschiedlichster Materialien getestet und sehr hohe Dämpfungswerte erzielt. Bei den Produkten mit metallischen Zusätzen kommt es durchwegs zur vollständigen Reflexion. Bei den Knauf-Produkten erfolgt neben der Reflexion auch eine Absorption, die zur Dämpfung beiträgt. Span- und Gipskartonplatten (Nr. 11 und 12) sowie Holzpaneele (Nr. 13) haben keine dämpfende Wirkung.

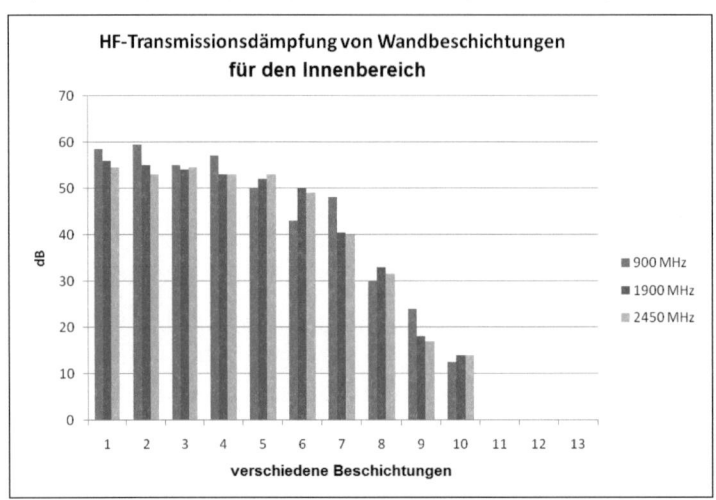

1	Sisalex 514	Dampfsperre (Ampack, 2011)
2	Cuprotect special	feinmaschiges Kupfergewebe 0,5 x 0,5 mm (Kessel, 2011)
3	ROS-M2	Polyamidvlies mit Kupferbeschichtung (ROWOCoating, 2011)
4	Saphir	Polyamidvlies mit Kupferbeschichtung (Biologa, 2011)
5	Isofol Abschirmfolie	einseitig kaschierte Aluminiumfolie (Korff, 2011)
6	Spiegel	
7	Cuprotect	Kupfergewebe 1 x 1mm (Kessel, 2011)
8	Chagall	kupferbeschichtete Tapete (Biologa, 2011)
9	Sto-Abschirmgewebe AES	Glasseidengewebe 5 x 5mm (Biologa, 2011)
10	Schutzplatte LaVita	Gipskartonplatte 12,5 mm (Knauf, 2011)
11	Spanplatte 16 mm	12 Gipskartonplatte 12,5 mm 13 Holzpaneele 19 mm

Abbildung 25: HF-Transmissionsdämpfung von Wandbeschichtungen innen (erweitert aus Pauli & Moldan, 2003)

9.8 Anstriche und Putze für den Innenbereich

Bei den Messungen der Produkte der Firma Ernstbrunner Kalktechnik aus dem Faradayus-Programm wurden keine Unterschiede bei verschiedenen Polarisationen der einfallenden elektromagnetischen Strahlen festgestellt. Besonders auffallend sind die hohen Dämpfungswerte bei den Innenputzen mit Wärme-Dämm-Verbund-System (WDV-System).

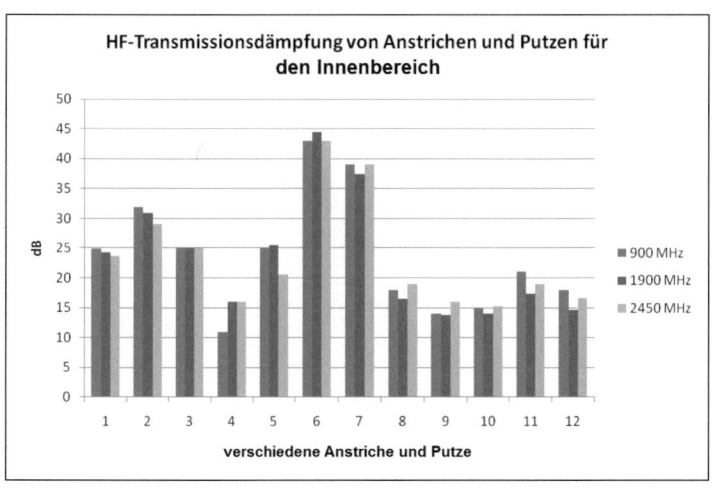

1	ElectroShield	Wandfarbe einfach beschichtet (DAW, 2011)
2	ElectroShield	Wandfarbe zweifach beschichtet (DAW, 2011)
3	Lesando Abschirmputz MENO	Lehmputz 1,5 mm (Lesando, 2011)
4	Abschirmputz	Gipsdünnputz 2 mm (Knauf, 2011)
5	WDV-System	Faradayus Schutz-Putz-Programm (Ernstbrunner, 2011)
6	WDV-System + Kalkzement-Innenputz	Faradayus Schutz-Putz-Programm (Ernstbrunner, 2011)
7	WDV-System + Gips-Innenputz	Faradayus Schutz-Putz-Programm (Ernstbrunner, 2011)
8	Kalkzement-Innenputz	Faradayus Schutz-Putz-Programm (Ernstbrunner, 2011)
9	Gips-Innenputz	Faradayus Schutz-Putz-Programm (Ernstbrunner, 2011)
10	Lehmputz	Faradayus Schutz-Putz-Programm (Ernstbrunner, 2011)
11	Haftmörtel F	Faradayus Schutz-Putz-Programm (Ernstbrunner, 2011)
12	Haftmörtel FB	Faradayus Schutz-Putz-Programm (Ernstbrunner, 2011)

Abbildung 26: HF-Transmissionsdämpfung von Anstrichen und Putzen für den Innenbereich (erweitert aus Pauli & Moldan, 2003)

9.9 Fassaden und Dämmstoffe

Fassaden können in verschiedenster Weise ausgeführt werden. Die besten Dämmwerte konnten hier auch wieder durch die Verwendung von metallischen Materialien bzw. Aluminium-Fassadenteile (über 30 dB bis über 50 dB) erreicht werden. Das Sto-Abschirmgewebe AES, ein metallfadenverstärktes Armierungsgewebe, weist eine Dämpfungseigenschaft von 10 bis 20 dB auf. Des Weiteren liefern die Haftmörtel des Faradayus Schutz-Putz-Programmes auch im Außenbereich Dämmwerte von 15 bis 21 dB. Dämmmaterialien aus Holzweichfaserplatten, Schilfrohrmatten, Mineralwolle, Styropor und Cellulose konnten zu keiner nennenswerten Schirmung beitragen.

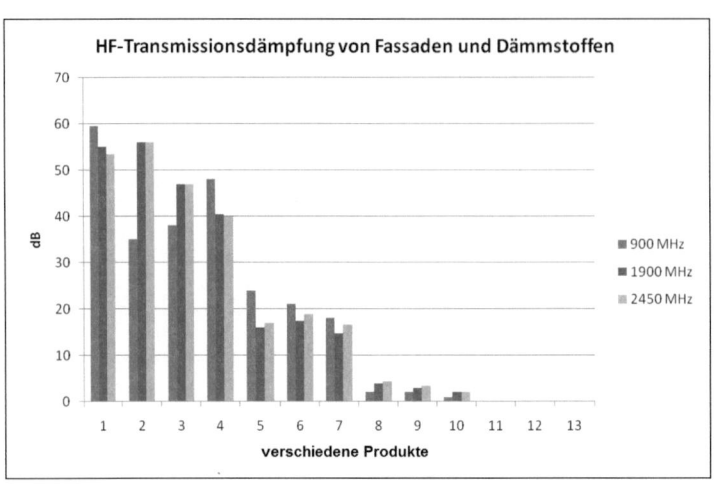

1	Cuprotect special	feinmaschiges Kupfergewebe 0,5 x 0,5 mm (Kessel, 2011)
2	Profilwelle (Aluminium)	Fassadenverkleidung (14 cm x 6 m) (PREFA, 2011)
3	Sidings (Aluminium)	Fassadenverkleidung (20 cm x 6 m) (PREFA, 2011)
4	Cuprotect	Kupfergewebe 1 x 1 mm (Kessel, 2011)
5	Sto-Abschirmgewebe AES	bei dünnschichtigen Mörteln WDVS (5 x 5 mm) (Sto, 2011)
6	Haftmörtel F	Faradayus Schutz-Putz-Programm (Ernstbrunner, 2011)
7	Haftmörtel FB	Faradayus Schutz-Putz-Programm (Ernstbrunner, 2011)
8	Kork 18 cm	
9	Holzweichfaserplatte 18 mm	
10	10 Schilfrohrmatte 5 cm	Schilfrohr waagrecht, metallischer Draht senkrecht
11	Mineralwoll-Dämmplatten 16 cm	
12	Styropor-Dämmplatten 16 cm	
13	Cellulose 18 cm	

Abbildung 27: HF-Transmissionsdämpfung von Fassaden und Dämmstoffen (erweitert aus Pauli & Moldan, 2003)

9.10 Dachaufbauten

Durch die eher übliche Montage von Sendestationen auf erhöhten Standorten ist man bei der Nutzung von Räumen unter Dach möglicherweise höheren, hochfrequenten Strahlungswerten ausgesetzt, und damit kann eine Schirmung im Dachbereich erforderlich werden. Bei den angeführten Produkten mit über 40 dB Dämpfungswert konnten durch Verwendung von Aluminium diese guten Werte erzielt werden. Die PREFA-Produkte zur Dachbedeckung aus Aluminium erreichen einen Dämpfungswert von mehr als 20 dB im ausgewählten Frequenzbereich.

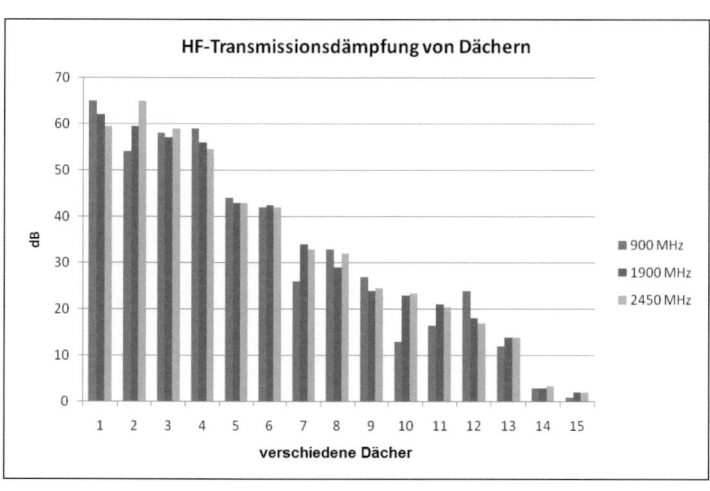

1	Reinlau	Universal Abschirmfolie 0,05 mm (Korff, 2011)
2	BauderPIR E-Protect	Wärmedämmsystem auf den Sparren (Bauder, 2011)
3	BauderPIR Terrassendämmung	Wärmedämmsystem (Bauder, 2011)
4	Sisalex 514	Dampfsperre (Ampack, 2011)
5	Delta-Reflex	Luft- und Dampfsperre (längs) (Dörken, 2011)
6	BauderTHERM SL 500 E-Protect	Oberbelagsbahn für Flachdächer (Bauder, 2011)
7	PREFA-Falzschablone	Dachbedeckung aus Aluminium 29 x 29mm (PREFA, 2011)
8	PREFA-Dachplatte	Dachbedeckung aus Aluminium 60 x 42mm (PREFA, 2011)
9	PREFA-Dachschindel	Dachbedeckung aus Aluminium 42 x 24mm (PREFA, 2011)
10	Baufritz Dach	Dachaufbau incl. Schutzplatte Xund-E (Bau-Fritz, 2011)
11	BauderTOP E-Protect	diff.offene Unterdeckbahn, zusätzlich auf Konterlattung (Bauder, 2011)
12	Sto-Abschirmgewebe AES	Glasseidengewebe 5 x 5mm (Sto, 2011)
13	Schutzplatte LaVita	Gipskartonplatte (Knauf, 2011)
14	MaSpana	Schiefer in Bogenschnittdeckung (Magog, 2011)
15	Tondachziegel 1,3 cm	

Abbildung 28: HF-Transmissionsdämpfung von Dächern (erweitert aus Pauli & Moldan, 2003)

9.11 Textilien

Bei der Messung von speziell für die Dämpfung im HF-Bereich hergestellten Textilien konnten durchwegs gute Dämpfungseigenschaften festgestellt werden (siehe Abbildung 29). Beim Feinsilbergewebe Picasso (Nr. 1) und beim Feinsilbernetz Dali (Nr. 2) wurden Werte über 40 dB auch noch im Frequenzbereich von 2,5 GHz festgestellt. An den restlichen Materialien nimmt bei zunehmender Frequenz (bereits unter 1 GHz) die Schirmung ab. Des Weiteren ist bei den Produkten Nr. 3 bis 5 und 7 kein Anschluss für den Potentialausgleich möglich.

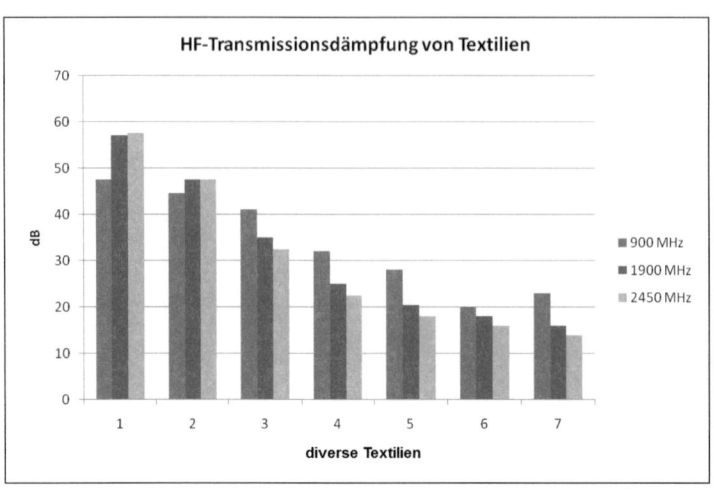

1	Picasso	Feinsilbergewebe (Biologa, 2011)
2	Dali	Feinsilbernetz (Biologa, 2011)
3	Swiss Shield Naturell	feines Baumwollgewebe mit Metallfäden (Biologa, 2011)
4	Swiss Shield Evolution	textiles Treviragewebe mit Metallfäden (Biologa, 2011)
5	Opal	feines Baumwollgewebe mit Metallfäden (Biologa, 2011)
6	Geninet 36	textiles Netz, nur längs abgeschirmt (GENITEX, 2011)
7	Topas	textiles Polyester Gardinengewebe mit Metallfäden (Biologa, 2011)

Abbildung 29: HF-Transmissionsdämpfung von Textilien (erweitert aus Pauli & Moldan, 2003)

9.12 Abschirmplatten

Abschirmplatten werden zur Abschirmung und Dämpfung magnetischer Felder eingesetzt. Sie wirken im NF-Bereich und werden durch die Verwendung von teuren Materialien, welche großflächig aufzubringen sind, nur in speziellen Fällen eingesetzt (siehe Kapitel 11.1 und 11.2).

Bei dem im Kapitel 11.2 verwendeten Material handelt es sich um eine Kombination aus magnetisch und elektrisch leitenden Legierungen. Die magnetische Komponente besteht aus einer Nickel-Eisen-Legierung oder einer Silizium-Eisen-Legierung. Diese Legierungen haben die Eigenschaft, dass sie eine hohe magnetische Leitfähigkeit besitzen und damit das Magnetfeld stark anziehen. Die elektrische Komponente besteht in vielen Fällen aus 2 mm starkem Aluminium, welches magnetisch nicht leitend ist. Bei der Beaufschlagung des Aluminiums mit einem magnetischen Feld werden in diesem Wirbelströme gebildet, welche dem Magnetfeld entgegen wirken. In Kombination mit dem magnetisch leitenden Material wird eine abschirmende Wirkung erzielt. (Systron, 2012)

9.13 Elektroinstallations-Produkte

Bei einer strahlungsarmen Installation des Büroarbeitsplatzes sind die einzelnen Geräte neben der Netzwerkinstallation, die immer abgeschirmt ausgeführt wird, mit abgeschirmten Kabeln für die Stromversorgung auszustatten. Für die Stromverteilung sind geschirmte Steckdosenleisten mit unterschiedlichen Funktionen erhältlich. So sind zu den einfachen Steckdosenleisten mit einem 2-poligen Ausschalter auch Steckdosenleisten mit zusätzlichen, nicht geschalteten Steckdosen für Geräteanschluss im Dauerbetrieb erhältlich. Steckdosenleisten weisen eine dämpfende Wirkung im HF-Bereich auf, wie bei der Messung am Arbeitsplatz des Autors nachgewiesen wurde (siehe Kapitel 11.7.9). Für die direkte Arbeitsplatzbeleuchtung gibt es abgeschirmte Tisch- und Stehlampen. Es können auf Grund fehlender Daten (ungenaue Angaben in den Datenblättern über das Dämpfungsverhalten bei verschiedenen Frequenzen) keine aussagekräftigen Angaben gemacht werden.

10 Betrachtung des Kosten-Nutzen-Verhältnisses (KNV)

In diesem Kapitel werden die Kosten der einzelnen Bauelemente mit ihren Dämpfungswerten, wie sie am Markt über Internet erhältlich sind, betrachtet. Als Kosten wurden die Handelspreise (HP) von 2011 herangezogen. Das Kosten-Nutzen-Verhältnis wurde in eigenen Abbildungen mit jenen Bauelementen dargestellt, wo die Dämpfungswerte bekannt sind. Je kleiner der errechnete Wert, umso günstiger ist das Verhältnis zwischen Kosten und Dämpfungswert. Die in den folgenden Tabellen aufgelisteten Bauelemente stellen nur einen Auszug von möglichen Dämpfungselementen dar. Bei den Elementen, die über ein Prüfzeugnis verfügen, sind auch die Dämpfungswerte entsprechend angegeben.

10.1 Abschirmfolien

Bezeichnung	KNV	Dämpfung [dB]	HP 2011 [€ / Stk.]	Händler u. Hersteller
Hochfrequenz-Abschirmfolie RDF76, Fensterfolie (innen)	2,37	19	44,98	(Biologa, 2011)
HF / Fensterfolie RDF62-Clear / B 76 cm / 1 lfm	1,79	22	39,34	(Yshield, 2011)
HF / Fensterfolie RDF50-Standard / B 76 cm / 1 lfm	1,17	28	32,76	(Yshield, 2011)
HF / Fensterfolie RDF72-Premium / B 152 cm / 1 lfm	3,49	32	111,78	(Yshield, 2011)

Tabelle 16: Abschirmfolien (Autor, 2012)

In Tabelle 16 wurde das Kosten-Nutzen-Verhältnis (KNV) für Fenster-Abschirmfolien dargestellt, aus der zu erkennen ist, dass das Verhältnis bei den meisten Produkten weit über dem Wert 1 liegt.

10.2 Abschirmgewebe und Vliese

Bei den Abschirmmaterialien, wie verschiedene Gewebe und Vliese, lassen sich unterschiedlich hohe Dämpfungswerte (20 bis 100 dB) erreichen, was sich im Verhältnis auch entsprechend in den Kosten (10 bis 50 €/m²) auswirkt. Die meisten Produkte sind zur Vermeidung von statischen Feldern (mit Erdungsanschluss (m.E.)) und zur Dämpfung von elektrischen und hochfrequenten Feldern geeignet.

In den folgenden Tabellen Tabelle 17 und Tabelle 18 befinden sich Produkte von Herstellern, die auch ein entsprechendes Prüfdokument einer autorisierten Stelle vorweisen können.

Bezeichnung	KNV	Dämpfung [dB]	HP 2011 [€ / Stk.]	Händler u. Hersteller
Abschirmungsgewebe				
HF+NF / Aluminiumgewebe HAG14 / B 100 cm / 1 lfm (m.E.)	0,36	33	11,90	(Yshield, 2011)
Sto Abschirmgewebe AES	0,45	18	8,08	(STO, 2011)
20 dB Abschirmungs-Gewebe A2000+ (10 m²) m.E.	0,50	20	10,00	(Aaronia, 2011)
HF+NF / Metallisiertes Polyamidgewebe HNO60 / B 150 cm / 1 lfm (m.E.)	0,51	52	26,60	(Yshield, 2011)
HF+NF / Edelstahlgewebe HEG12 / B 100 cm / 1 lfm (m.E.)	0,51	31	15,90	(Yshield, 2011)
Adamantan 003, Spezialstahlgewebe (Fliegengitter)	0,54	44	23,78	(Biologa, 2011)
Adamantan 10, Spezialstahlgewebe (außen)	0,6	44	26,51	(Biologa, 2011)
Polyflex 100, metalldurchwobenes, hochfestes Polyestergewebe	0,62	22	13,57	(Biologa, 2011)
G-ES, metalldurchwobenes Glasfasergewebe (m.E.)	0,65	18	11,76	(Biologa, 2011)
Adamantan 34, Spezialstahlgewebe (Trockenausbau)	0,81	47	38,10	(Biologa, 2011)
50 dB Abschirmstoff Aaronia Shield (10 m²) m.E.	1	50	50,00	(Aaronia, 2011)

Tabelle 17: Abschirmungsgewebe (Autor, 2012)

Bezeichnung	KNV	Dämpfung [dB]	HP 2011 [€ / Stk.]	Händler u. Hersteller
Vliese				
HF+NF / Metallisiertes Nylonvlies HNV80 / B 100 cm / 1 lfm (m.E.)	0,28	79	21,90	(Yshield, 2011)
100 dB Abschirmvlies Aaronia X-Dream (10 m²) m.E.	0,40	100	40,00	(Aaronia, 2011)
100 dB Aaronia X-Dream+ (10 m², selbstklebend) m.E.	0,50	100	50,00	(Aaronia, 2011)
Rubens Light	0,46	30	13,66	(Biologa, 2011)
Rubens Plus (m.E.)	0,46	30	13,66	(Biologa, 2011)
EMV-Vlies „HF250" graphitbeschichtetes Glasfaservlies (m.E.)	0,47	25	11,66	(Biologa, 2011)
Smaragd, Hochleistungsvlies (m.E.)	0,64	43	27,58	(Biologa, 2011)

Tabelle 18: Vliese (Autor, 2012)

10.3 Anstriche und Putze für den Innenbereich

Die in der Tabelle 19 dargestellten Anstriche und Putze weisen bis auf den Abschirmputz MENO von Lesando ein sehr gutes und damit niedriges Kosten-Nutzen-Verhältnis auf.

Bezeichnung	KNV	Dämpfung [dB]	HP 2011 [€ / Stk.]	Händler u. Hersteller
Anstriche und Putze für den Innenbereich				
Wandfarbe ElectroShield einfach beschichtet, Deutsche Amphibolin-Werke	0,28	24	6,66	(Geirhofer + Bachl 2011)
Wandfarbe ElectroShield zweifach beschichtet, Deutsche Amphibolin-Werke	0,46	29	13,32	
Abschirmfarbe HSF54 - 1 Liter, YSHIELD	0,22	36	7,99	(Yshield, 2011)
Lesando Abschirmputz MENO (Lehmputz mit Karbonfasern)	0,84	10	8,40	(Lesando, 2011)
Faradayus Innenputz MK1 (Kalkzement Innenputz)	0,09	43	4,08	(Ernstbrunner, 2011)
Faradayus Innenputz MP4 (Gips Innenputz)	0,11	39	4,31	

Tabelle 19: Kosten-Nutzen-Verhältnis für Anstriche und Putze für den Innenbereich (Autor, 2012)

10.4 Textilien

Die angeführten Heimtextilien haben einen hohen Dämpfungsfaktor im HF-Bereich von durchschnittlich 35 dB und höher.

Bezeichnung	KNV	Dämpfung [dB]	HP 2011 [€ / Stk.]	Händler u. Hersteller
Textilien				
Topas Brillant	0,79	34	26,95	(Biologa, 2011)
Topas Gardinengewirke	0,84	38	32,07	(Biologa, 2011)
Opal-P (Popelin)	0,88	45	39,54	(Biologa, 2011)
HF+NF / YSHIELD Abschirmstoff SILVER-TWIN / B 150 cm / 1 lfm	0,93	50	46,60	(Yshield, 2011)
HF+NF / Abschirmstoff SILVER-TULLE / B 150 cm / 1 lfm (m.E.)	1,07	50	53,27	(Yshield, 2011)
Picasso, feinsilbermetallisiertes Polyamidgewebe (m.E.)	1,11	47	52,23	(Biologa, 2011)
Dali, einsilbermetallisiertes Nylongewirke	1,12	42	46,89	(Biologa, 2011)
Swiss Shield Naturell	1,18	35	41,20	(Biologa, 2011)
HF / Abschirmstoff NATURELL / B 250 cm / 1 lfm	1,24	29	35,96	(Yshield, 2011)
Swiss Shield Evolution	1,28	28	35,91	(Biologa, 2011)
Sunshine 64	1,46	28	40,94	(Biologa, 2011)

Tabelle 20: Textilien (Autor, 2012)

Bei Textilien ergibt sich zum Teil ein sehr gutes Kosten-Nutzen-Verhältnis, da zum hohen Preis auch sehr hohe Dämpfungswerte kommen. Beim Einsatz von Textilien ist deshalb auch der Bedarf an hohen Dämpfungswerten genau zu prüfen.

10.5 Abschirmplatten

Die Verlegung und Montage der Abschirmplatten ist sehr aufwendig und kostenintensiv, überdies mit einer geringen Dämpfungswirkung (siehe auch Musterbeispiel Kapitel 11.1 und 11.2 Abschirmung magnetischer Felder).

Bezeichnung	KNV	Dämpfung [dB]	Projektpreise [€ / m²]	Händler u. Hersteller
Abschirmplatte Magno-Shield DUR (0,66 x 2,00 m)	66,5	12	798,00	(Aaronia, 2011)
Abschirmsystem PowerShield®	21,7	23	500,00	(Systron, 2012)

Tabelle 21: Kosten-Nutzen-Verhältnis von Abschirmplatten (Autor, 2012)

Bei einem Kosten-Nutzen-Verhältnis von 21,7 bis 66,5 sind Abschirmlösungen in Form von Abschirmplatten als Sonderlösungen zu betrachten.

10.6 Fassadenverkleidungen

Diese weisen einen sehr hohen Verhältnis-Wert auf (>1). Werden Fassadenverkleidungen zum Beispiel aus architektonischen und optischen Gründen ausgewählt, so können sie bereits einen guten Dämpfungswert bei ordentlicher Verarbeitung liefern.

Bezeichnung	KNV	Dämpfung [dB]	HP 2011 [€ / Stk.]	Händler u. Hersteller
Fassadenverkleidung				
Profilwelle (Aluminium)	1,31	35	45,85	(AustroDach, 2011)
Sidings (Aluminium)	1,03	38	39,10	

Tabelle 22: Kosten-Nutzen-Verhältnis von Fassadenverkleidungen (Autor, 2012)

10.7 Dachaufbauten

Für die im Bereich der Dachaufbauten ermittelten Kosten- und Dämpfungswerte ergeben sich die mit Abstand besten Ergebnisse bei der Verwendung von Dampfsperren, gefolgt von der Terrassendämmung, die in verschiedenen Stärken erhältlich ist. Die höheren Preise der stärkeren Terrassendämmung (welche hier nicht angeführt werden) wären in Bezug auf Wärmedämmung in ein Verhältnis zu bringen, was vom eigentlichen Thema zu sehr abschweifen würde.

Bezeichnung	KNV	Dämpfung [dB]	HP 2011 [€ / Stk.]	Händler u. Hersteller
Dachaufbauten				
BauderPIR Terrassendämmung 20 mm	0,21	56	11,70	(AustroDach, 2011)
Sisalex 514 Dampfsperre; Luft- und Dampfsperre	0,07	54	3,95	
BauderTherm SL 500 E-Protect; Oberbelagsbahn für Flachdächer	0,33	41	13,50	
PREFA-Falzschablone	1,08	25	26,90	
PREFA-Dachplatte	0,89	29	25,95	
PREFA-Dachschindel	1,09	24	26,20	

Tabelle 23: Kosten-Nutzen-Verhältnis für Dachaufbauten (Autor, 2012)

10.8 Elektroinstallationen

Wie bereits im Kapitel 9.13 angemerkt wurde, können auf Grund fehlender Daten (ungenaue Angaben in den Datenblättern über das Dämpfungsverhalten bei verschiedenen Frequenzen) keine Kosten-Nutzen-Verhältnisse dargestellt werden.

11 Beispiele für bereits durchgeführte Reduktionsmaßnahmen an Musterarbeitsplätzen

11.1 Abschirmung magnetischer Felder
(aus Walti, 2009)

Ausgangslage

Im Spitalszentrum Biel in der Schweiz sind eine Transformatorenstation, eine Mittelspannungsanlage und die Gebäudehauptverteilung im Kellergeschoß untergebracht. Direkt darüber befinden sich die Büros der Verwaltung. Bei Kontrollmessungen an den Arbeitsplätzen über den Elektroräumen wurden deutlich erhöhte Werte niederfrequenter magnetischer Felder gemessen. Zur Beurteilung der Ergebnisse wurden die Grenzwerte nach Suva und NISV herangezogen.

Grenzwerte	Frequenz [Hz]	Flussdichte [µT]	Feldstärke [V/m]	Anwendung/Gültigkeit
Anlagegrenzwert (AGW) gemäß NISV	50	1	-	Bei Hochspannungsanlagen an Orten mit empfindlicher Nutzung (OMEN)

Abbildung 30: Grenzwerte (Auszug aus Walti, 2009)

Werte von einigen µT konnten über der Gebäudehauptverteilung gemessen werden. Aufgrund medialer Sensibilisierung zum Thema Elektrosmog und der damit verbundenen Verunsicherung der Mitarbeiter stimmte die Spitalverwaltung einer Prüfung der Begrenzung und Reduzierung der Felder zu. Im Zuge der Sanierung des Bürotrakts wurde das Projekt Magnetfeldbegrenzung umgesetzt. Es kam zur Erneuerung der Elektro- und Sanitärinstallation, Einbau neuer Fenster und einer neuen Heizung, die Böden wurden ersetzt und die Raumaufteilung geändert.

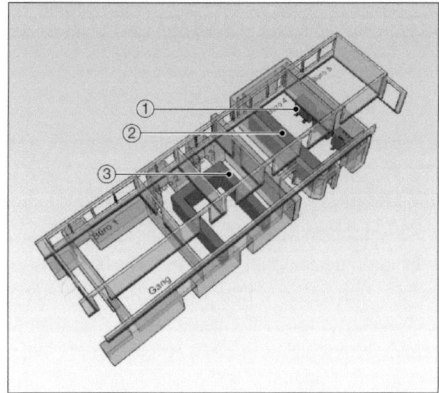

1) Transformatoren 2) Mittelspannungsanlage 3) Niederspannungs-Hauptverteilung
Abbildung 31: UG Spitalszentrum Biel mit Energieverteilungsanlagen (Systron, 2009)

Messungen und Berechnungen

Firma Electrosuisse wurde mit der Aufnahme der Magnetfeldbelastung beauftragt und hat diese mit einer Rastermessung durchgeführt. Dazu wurden 231 Messpunkte in einem Raster von 1 x 1 m und einem Abstand von 20 cm über dem Boden aufgenommen. Die gemessenen Feldstärken wurden anschließend auf die Nennlast der Anlage hochgerechnet und mit ISO-Linien grafisch dargestellt. Die Abbildung 32 a zeigt die räumliche Ausdehnung der Magnetfelder vor dem Einbau der Abschirmung. Basierend auf den Erkenntnissen der Messungen und Berechnungen wurde eine flächendeckende und alle Elektroräume überdeckende Abschirmung festgelegt, die in den Fußbodenbereich der Büroräume einzubauen war.

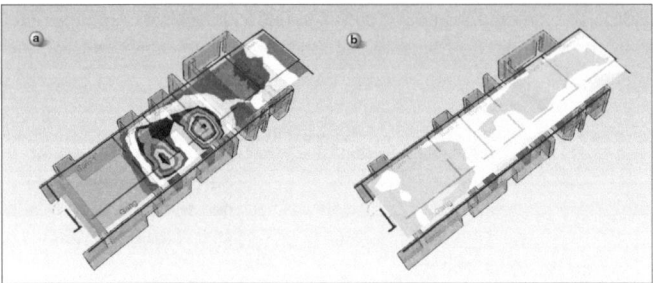

a) vorher: Bei Nennlast max. Wert über Einspeisefeld von 8,9 µT
b) nachher: Bei Nennlast max. Wert an allen Orten im Bereich OMEN <1 µT

Abbildung 32: Messungen vor und nach dem Einbau der Abschirmungen (Systron, 2009)

Nach Fertigstellung der Abschirmung wurde in gleicher Weise wie bei ersten Messung eine Rastermessung durchgeführt. Die auf Nennlast hochgerechneten Werte wurden wiederum als ISO-Linien dargestellt. Die Einhaltung der geforderten Werte (<1 µT) war durch den Einbau der Flächenabschirmung an allen Orten entsprechend den AGW und NISV gegeben. Am Punkt mit dem höchsten Feld (8,9 µT) erfolgte eine 22fache Reduktion des Feldes auf 0,4 µT.

Umsetzung von Maßnahmen

Da bei der Sanierung der gesamte Fußbodenaufbau zu erneuern war, ist dieser bis auf den Rohbeton abgetragen worden. Dadurch war die Aufbringung der Abschirmung flächendeckend im Fußbodenbereich möglich. Die Flächenschirmung wurde aus mehreren Schichten durch Kombination von statisch und dynamisch schirmenden Metallplatten aufgebaut. Dieses mehrschichtige Abschirmsystem wird als PowerShield® bezeichnet, welches ein eingetragenes Markenzeichen der Firma Systron EMV GmbH, Schweiz ist. Das PowerShield® besteht aus einer Kombination von zwei Schichten magnetisch leitendem Silizium-Eisen und einer Schicht elektrisch leitendem Aluminium. Die Metallplatten wurden in einer Stärke von 2,5 mm direkt auf dem Rohbeton verlegt, die Stöße verschweißt (Abbildung 33 und Abbildung 34) und anschließend mit dem Unterlagsboden schwimmend abgedeckt.

Abbildung 33: Verlegung der Abschirmplatten (Systron, 2009)

Abbildung 34: Fertig montierte Bodenabschirmung vor Einbau der Wände (Systron, 2009)

Interpretation und Zusammenfassung

Die zur Ausführung gelangte Variante hatte den großen Vorteil gegenüber Abschirmungsarbeiten in den Energieverteilungsräumen, dass hier keine Störungen bei laufendem Betrieb verursacht werden konnten. Des Weiteren besteht noch eine zusätzliche Abschirmmöglichkeit in den Energieverteilungsräumen, sollte dies erforderlich werden. Die Abschirmung magnetischer Felder ist mit einem sehr hohen Kostenaufwand verbunden, wie aus der folgenden Tabelle 24 ersichtlich ist.

Maßnahmen	Betrag [CHF]
Flächenabschirmung und Montage	66.000,-
Unabhängige Magnetfeld-Kontrollmessungen vor und nach Einbau	7.200,-
Baumeisterarbeiten für nicht im Umbau vorgesehene Maßnahmen	77.800,-
Gesamtkosten	151.000,-

Tabelle 24: Kosten der realisierten Abschirmung (Systron, 2009)

Die Abschirmung in den Energieverteilungsräumen (als Variante) wäre nach der Kostenplanung um etwa CHF 78.200,- teurer ausgefallen.

11.2 Raumabschirmung in einem bahnnahen Gebäude

(aus Systron, 2012)

Ausgangssituation

In diesem Beispiel war die Aufgabe, in zwei als „kritisch" bezeichneten Räumen, in denen sich Arbeitsplätze befinden, die niederfrequenten Magnetfelder 16 Hz / 50 Hz auf Werte entsprechend der Verordnung über nicht-ionisierende Strahlen (NISV) zu begrenzen. Die Räume befinden sich in einem bahnnahen Gebäude, wie den folgenden Abbildung 35 und Abbildung 36 zu entnehmen ist.

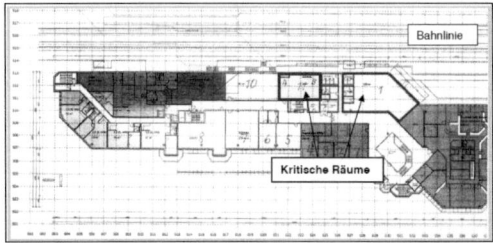

Abbildung 35: Gewerbegebäude direkt an der Bahnlinie mit zwei als kritisch bezeichneten Räumen (Systron, 2012)

Abbildung 36: Ansicht der Gebäudefront mit den kritischen Räumen (Systron, 2012)

Die Wirkung der Dämpfung (von der Fa. Systron als Abschirmung bezeichnet) wurde durch eine neutrale Stelle an Hand von Messungen vor und nach dem Einbau des Abschirmsystems geprüft und nachgewiesen. Die Beauftragung der neutralen Stelle (electrosuisse, Fehraltorf) erfolgte durch den Auftraggeber. Nach Angabe von Systron wurden entsprechend NISV 24-Stunden-Mittelwerte festgestellt und auch Maximalwerte ausgewiesen.

Messungen zur Bestandsaufnahme

Mit einer 24-Stunden-Messung über mehrere Messpunkte wurde die Bestandsaufnahme durchgeführt. Hierbei wurde der Anlagengrenzwert (AGW) von 1 µT (gemittelt über 24 Stunden), welcher in der NISV definiert ist, angewendet. Aus diesen Messergebnissen hat sich ergeben, dass im Bereich der Mitte des Gebäudes die Grenze der Überschreitung liegt. Dies war die Basis für die Festlegung der beiden „kritischen" Räume, in denen Feldbegrenzungsmaßnahmen vorzunehmen waren. In der folgenden Abbildung 37 sind die Bereiche zwischen „AGW überschritten" und „AGW unterschritten" durch eine waagrechte Linie getrennt eingezeichnet.

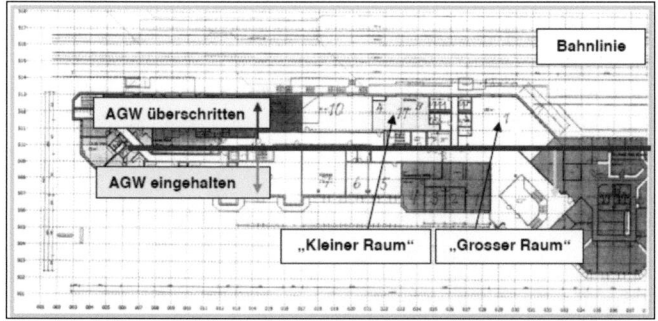

Abbildung 37: AGW in der Mitte des Gebäudes überschritten (Systron, 2012)

In der nächsten Abbildung ist der Messverlauf im kleinen „kritischen" Raum dargestellt. Es werden Spitzenwerte von 9 µT erreicht, der 24-Stunden-Mittelwert wird mit 1,9 µT angegeben. Somit ist eine Überschreitung des AGW gegeben.

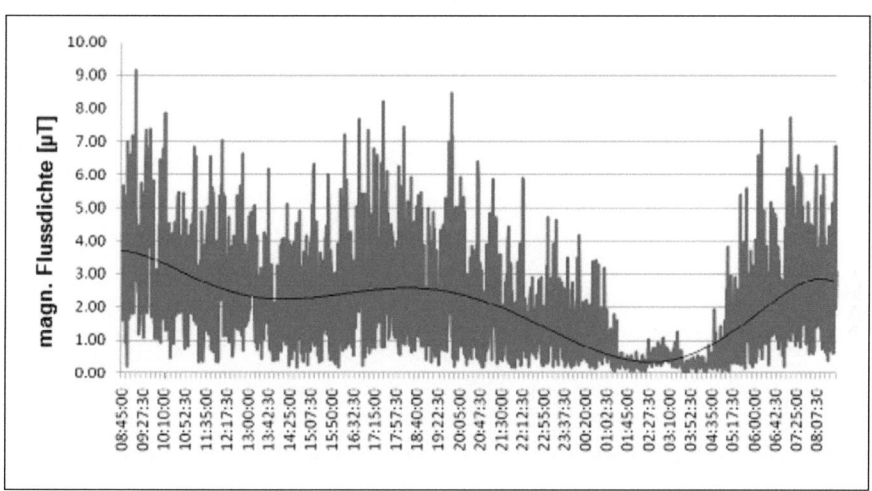

Abbildung 38: Messergebnis der 24-Stunden-Messung zur Bestandsaufnahme im kleinen „kritischen" Raum (Systron, 2012)

Umsetzung von Maßnahmen

Einbau einer Abschirmung

Zur Reduzierung der Felder wurde, wie auch bereits im vorangegangenen Beispiel, das Abschirmsystem PowerShield® in Form von Abschirmplatten in beiden kritischen Räumen - bezeichnet als „Kleiner Raum" und „Großer Raum" - verbaut. Türen und Fenster waren vom Verbau ausgenommen. Es wurde in diesem Beispiel die Ausbildung einer Raumabschirmung verfolgt.

Die Verlegung der Abschirmplatten erfolgte, wie auf den folgenden Abbildung 39 a bis d zu sehen ist, auf dem Rohbetonboden, an den unverputzten Wänden und direkt auf der Rohbetondecke. Die Befestigung wurde mittels Schrauben und Dübeln an den Wänden und Decken durchgeführt. Nach Feststellung der Firma Systron EMV GmbH wird die abschirmende Wirkung durch Bohrlöcher für Dübel und Schrauben nicht beeinträchtigt. Sollten jedoch Bohrungen erforderlich sein, bei denen Wasser als Kühl- und Transportmedium zur Anwendung kommt, wie etwa bei Kernlochbohrungen, sind diese vor dem Verlegen der Abschirmplatten zu tätigen. Die Abschirmplatten dürfen nicht mit Wasser in Verbindung gebracht werden. Für Installationen können Aussparungen gemacht werden, ohne die abschirmende Wirkung wesentlich zu verändern, bzw. können Installationen auch unmittelbar auf den Abschirmplatten befestigt werden.

Abb. a) Verlegung der Bodenplatten   Abb. b) Wandbefestigung der Platten

Abb. c) Wandabschirmung mit ausgesparten   Abb. d) Anbringung von Trockenbauwänden auf
Türen   der Abschirmung

Abbildung 39 a bis d: Befestigung der Abschirmplatten für die Raumabschirmung (Systron 2012)

Um die Bodenplatten vor Nässeeintrag zu schützen, wurde der Estrich isoliert auf die Bodenabschirmung aufgebracht. Des Weiteren wurden die Wände in Trockenbauweise ausgeführt.

Kontrollmessungen und Vergleich

Im Anschluss an die Montagearbeiten wurden Kontrollmessungen, an den gleichen Messpunkten wie bei der Bestandsaufnahme, über einen Zeitraum von 24-Stunden durchgeführt und aufgezeichnet. Die Messungen wurden jeweils in der Raummitte durchgeführt, mit Ausnahme des Messpunktes 4 (MP4), der vor dem ungeschirmten Fenster in einem Abstand von einem Meter aufgenommen wurde.

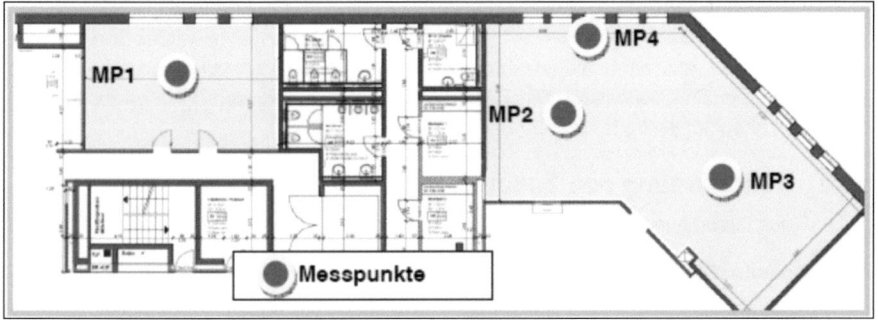

Abbildung 40: Messpunkte im kleinen und großen „kritischen" Raum (Systron 2012)

In der nächsten Abbildung ist der Messverlauf über die 24-Stunden-Messung im kleinen „kritischen" Raum, aufgenommen am Messpunkt 1 (MP1), nach der erfolgten Raumabschirmung dargestellt.

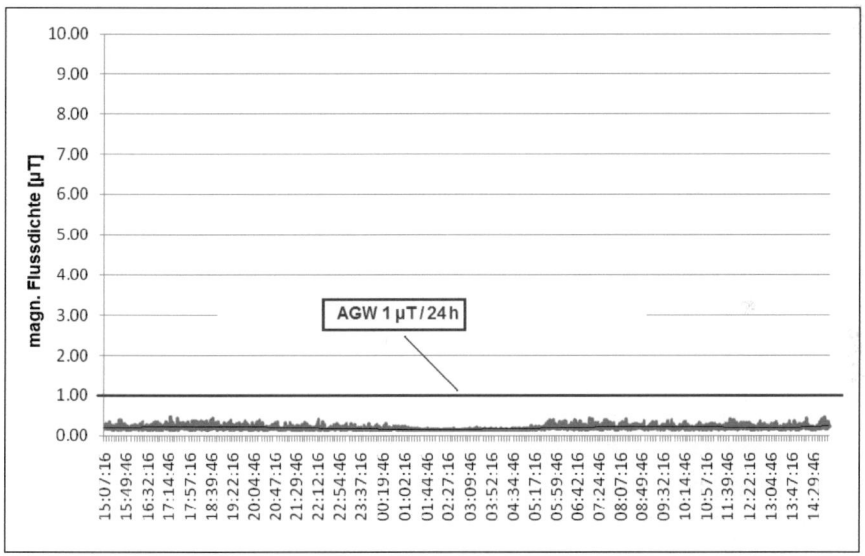

Abbildung 41: Messergebnis der 24-Stunden-Messung für kleinen „kritischen" Raum nach der Raumabschirmung (Systron 2012)

Stellt man nun beide Messergebnisse (Bestandsaufnahme und Messung nach der Abschirmung) gegenüber, so kann man nach der Abschirmung ein erheblich reduziertes Feld feststellen. Die Spitzenwerte bewegen sich jetzt im Bereich um 0,4 µT zu den ursprünglichen Werten von ca. 9 µT, und als Mittelwert über 24 Stunden werden von der neutralen Messfirma 0,13 µT zu vorher 1,9 µT angegeben.

Zudem wurde durch die Messfirma bestätigt, dass an keinem der Messpunkte der Grenzwert annähernd erreicht wurde. Die Werte waren zwischen 0,13 und 0,6 µT.

Interpretation und Zusammenfassung

An diesem Beispiel wurde die Umsetzung einer Raumabschirmung zur Reduzierung niederfrequenter Magnetfelder sehr effektiv dargestellt. Um dieses gute Ergebnis erreichen zu können, dürfen die Aussparungen bzw. Öffnungen, welche nicht verkleidet werden können, nicht zu groß sein. Als Abschirmmaterial wurde hier eine spezielle Materialkombination mit einer neuen Einbautechnik verwendet. Die Kosten belaufen sich in diesem Fall auf ca. 250,- bis 500,- €/m² Abschirmfläche je nach Einbauart.

11.3 Abschirmung des Zubaus eines Schulgebäudes

(aus Grabmann, 2011)

Ausgangssituation

In der Nähe eines Schulgebäudes, das mit einem Zubau zu erweitern war, befindet sich eine Mobilfunksendeanlage. Nach der Durchführung von Hochfrequenzmessungen waren Empfehlungen zur Umsetzung geeigneter Maßnahmen zur Schaffung einer feldarmen Situation im Zubau gefordert. Nach der Umsetzung der Maßnahmen waren Messungen über die erreichte Gebäudedämpfung durchzuführen.

Abbildung 42: Mobilfunksendeanlage in der Nähe des Zubaus (Grabmann, 2011)

Umgesetzte Maßnahmen

In Absprache zwischen Firma Grabmann Elektrotechnik/Baubiologie, Bauherrn und Architekten wurden folgende Maßnahmen umgesetzt:

- Das Dach des Zubaus wurde auf beiden Seiten als Metalldach ausgeführt.

Abbildung 43: Metalldach auf beiden Seiten (Grabmann, 2011)

- Sämtliche Anschlüsse vom Dach bis zu den Fenstern wurden in Aluminium ausgeführt.
- Metallbedampfte Fenster mit Aluminium-Fensterrahmen wurden eingebaut.

Abbildung 44: Metallbedampfte Fenster mit Aluminiumrahmen (Grabmann, 2011)

- Abschirmanstriche an den Außenwänden und an einigen Leichtbauwänden wurden aufgetragen.

Abbildung 45: Abschirmanstriche an den Wänden (Grabmann, 2011)

- Farbmaterial zur Abschirmung hochfrequenter elektromagnetischer Strahlen: In den technischen Unterlagen zur Farbe wird unter den Eigenschaften angegeben, dass Felder um 99,5 % reduziert werden. Zusätzlich wird auf ein Gutachten verwiesen, dass die Reduzierung von elektromagnetischen Strahlen und niederfrequenten elektrischen Feldern bestätigt.

Messungen und Vergleich
Lage der Messpunkte

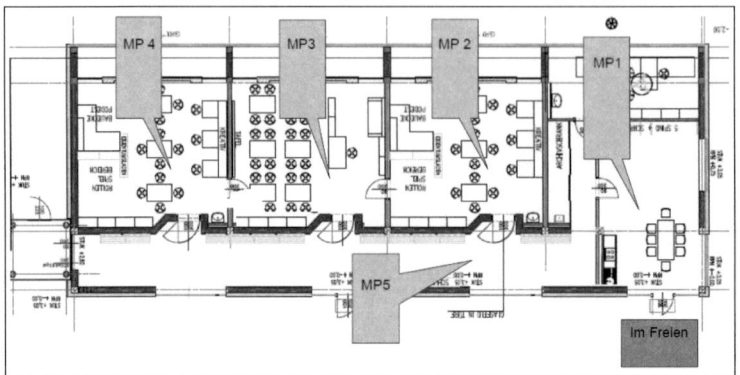

Messpunkt 1 (MP1): Esszimmer,   Messpunkt 2 (MP2): Gruppenraum 1
Messpunkt 3 (MP3): Gruppenraum 2,   Messpunkt 4 (MP4): Gruppenraum 3
Messpunkt 5 (MP5): Gang,   Messpunkt im Freien: vor dem Esszimmer

Abbildung 46: Lage der Messpunkte im Zubau (Grabmann, 2011)

Verwendetes Messgerät und Antenne

Es wurde ein Spektrumanalysator der Fa. Rohde & Schwarz mit einer Log.Per.Antenne der Fa. Schwarzbeck Mess-Elektronik eingesetzt.

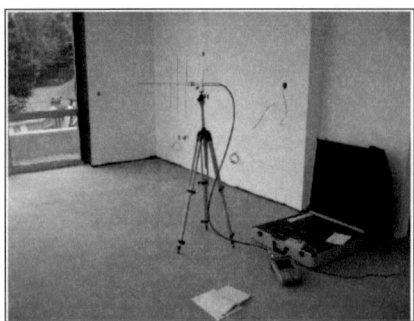

Abbildung 47: Messaufbau an einem Messpunkt im Zubau (Grabmann, 2011)

Gemessen wurde das Hochfrequenzspektrum mit Schwerpunkt im Mobilfunkbereich nach VDB-Richtlinien (Verband Deutscher Baubiologen). Laut Gutachter wurden von Radio- und Fernsehstationen nur sehr schwache Felder gemessen und daher bei der Beurteilung nicht berücksichtigt. DECT-Schnurlostelefone, Powerline und WLAN-Netzwerke konnten nicht gemessen werden. Für die Hochrechnung auf die Maximalwerte wurde durch den Gutachter der Faktor 2 anstelle des in der VDB-Richtlinie vorgesehenen Faktor 4 eingesetzt, da dieser dem Gutachter in diesem Fall zu hoch erschien.

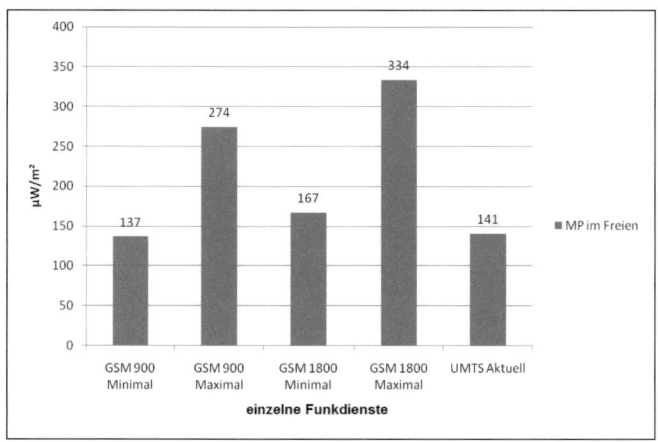

Abbildung 48: Messung der einzelnen Funkdienste im Freien (aus Grabmann, 2011)

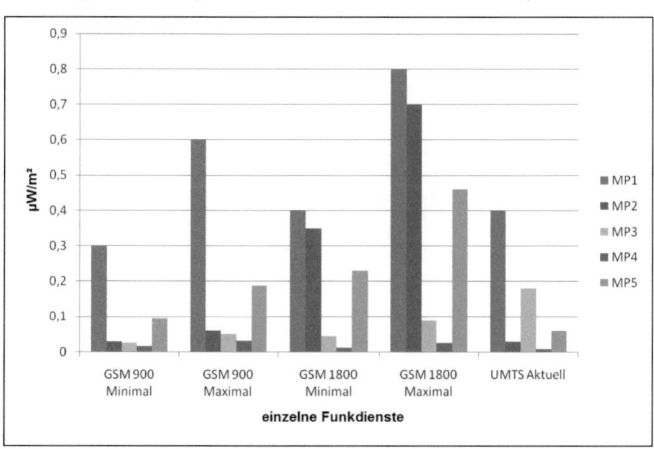

Abbildung 49: Anteil der einzelnen Funkdienste an jedem Messpunkt (MP) nach der Abschirmung (erstellt aus Grabmann, 2011)

Wie bereits aus der Abbildung 49 zu erkennen ist, entstand eine feldarme Situation im Zubau.

Interpretation und Zusammenfassung

Nach Rücksprache mit Herrn Grabmann sind die zusätzlichen Investitionen für die felderarme Ausführung des Zubaus sehr gering ausgefallen, da bereits eine Metallfassade und ein Blechdach geplant und als Ergänzung nur mehr die Abschirmfarbe an einigen Wänden aufzubringen waren.

11.4 Messungen in Arbeitsräumen

(aus IBO, 2008 und 2011)

Aufgabenstellung

Feststellung des Einflusses von niederfrequent-pulsmodulierten Feldern in Arbeitsräumen, welche durch eine Mobilfunk-Basisstation verursacht werden. Bewertung der Messergebnisse in Hinblick auf bestehende Grenz-, Richt- und Referenzwerte. Festlegung von Maßnahmen zur Senkung der durch die Mobilfunk-Basisstation verursachten hochfrequenten Felder in den Arbeitsräumen. Kontrollmessung nach erfolgter Umsetzung der Maßnahmen und gutachterliche Stellungnahme.

Vorgangsweise und Methodik

Es wurde eine frequenzspezifische Messung elektromagnetischer Felder in einem Frequenzbereich von 250 MHz bis 3 GHz mit einem Spektrumanalysator Advantest 3131 durchgeführt. Zur Aufnahme der Messsignale wurde eine kalibrierte, logarithmisch periodische Breitband-Messantenne (Fa. Schwarzbeck, Type USLP 9143) über ein kalibriertes Koaxialkabel (Fa. Schwarzbeck, Type AK 9513 mit 10 m) an den Spektrumanalysator angeschlossen. Durch Drehen der Antenne in den verschiedenen Raumachsen wurden die Maximalwerte der zu untersuchenden Messgrößen aufgenommen. Die Messebene befand sich in einer Höhe von 1,5 m über dem Boden.

Messung der Ausgangssituation

Es wurde die Summe der maximalen, frequenzbezogenen Leistungsflussdichte (mW/m²) unterschieden nach Signalart berechnet, wobei die Leistungsflussdichte zeitlichen Schwankungen unterworfen sein kann. Die Messergebnisse stellen daher nur eine Momentaufnahme für den Zeitraum der Untersuchung dar.

Messort	\multicolumn{3}{l}{künftiger Arbeitsraum, Raummitte, Fenster geschlossen}		
Datum	12.02.2008			
Signalart	GSM	UMTS	Summe GSM	
Frequenzbereich [MHz]	921 - 960	1805 - 1880	2142	
Leistungsflussdichte [mW/m²] (gerundet auf 2 signifikante Stellen)	0,048	4,5	1,8	4,5
Anmerkungen	Fenster mit Einscheibenverglasung			

Tab. a) künftiger Arbeitsraum, Raummitte, Fenster geschlossen

Messort	Redaktion, Raummitte, Fenster geschlossen			
Datum	12.02.2008			
Signalart	GSM	UMTS	Summe GSM	
Frequenzbereich [MHz]	921 - 960	1805 - 1880	2142	
Leistungsflussdichte [mW/m²] (gerundet auf 2 signifikante Stellen)	0,29	0,72	0,25	1
Anmerkungen				

Tab. b) Redaktion, Raummitte, Fenster geschlossen

Tabelle 25 a und b: Ergebnisse der Messung der Leistungsflussdichte im Frequenzbereich 250 MHz bis 3 GHz mittels Spektrumanalysator, Messungen vom 12.02.2008 (erstellt aus IBO, 2008)

Umgesetzte Maßnahmen

- Beschichten der Wände des zukünftigen Arbeitsraumes mit einem hochfrequenzdämpfenden Anstrich
- Einbau neuer Fenster mit Thermoverglasung und Kunststoffrahmen
- Verhängen des Fensters zur sichtbaren Basisstation mit einer hochfrequenzdämpfenden Textilie (Swiss-Shield)

Messungen nach den Veränderungen

Messort	künftiger Arbeitsraum, mit Abschirmfarbe ausgemalt, Raummitte, Fenster geöffnet		
Datum	19.03.2008		
Signalart	GSM	UMTS	Summe GSM
Frequenzbereich [MHz]	921 - 960	1805 - 1880	2142
Leistungsflussdichte [mW/m²] (gerundet auf 2 signifikante Stellen)	0,028	3,8	1,1	4,5
Anmerkungen	Fenster mit Thermoverglasung, Rahmen Kunststoff (lt. Architekt)		

Tab. a) künftiger Arbeitsraum, mit Abschirmfarbe ausgemalt, Raummitte, Fenster geöffnet

Messort	künftiger Arbeitsraum, mit Abschirmfarbe ausgemalt, Raummitte, Fenster geschlossen		
Datum	19.03.2008		
Signalart	GSM	UMTS	Summe GSM
Frequenzbereich [MHz]	921 - 960	1805 - 1880	2142
Leistungsflussdichte [mW/m²] (gerundet auf 2 signifikante Stellen)	0,003	0,32	0,14	0,32
Anmerkungen	Fenster mit Thermoverglasung, Rahmen Kunststoff (lt. Architekt)		

Tab. b) künftiger Arbeitsraum, mit Abschirmfarbe ausgemalt, Raummitte, Fenster geschlossen

Messort	künftiger Arbeitsraum, mit Abschirmfarbe ausgemalt, Raummitte, Fenster geschlossen, das Fenster zum Sender mit Swiss-Shield verhängt		
Datum	19.03.2008		
Signalart	GSM	UMTS	Summe GSM
Frequenzbereich [MHz]	921 - 960	1805 - 1880	2142
Leistungsflussdichte [mW/m²] (gerundet auf 2 signifikante Stellen)	<0,001	0,1	n.g.	0,1
Anmerkungen	Fenster mit Thermoverglasung, Rahmen Kunststoff (lt. Architekt)		

Tab. c) künftiger Arbeitsraum, mit Abschirmfarbe ausgemalt, Raummitte, Fenster geschlossen, das Fenster zum Sender mit Swiss-Shield verhängt

Messort	Nachbarraum zu künftigem Arbeitsraum ohne Abschirmfarbe, Raummitte, Fenster geschlossen			
Datum	19.03.2008			
Signalart	GSM		UMTS	Summe GSM
Frequenzbereich [MHz]	921 - 960	1805 - 1880	2142	
Leistungsflussdichte [mW/m²] (gerundet auf 2 signifikante Stellen)	n.g.	1,1	n.g.	1,1
Anmerkungen	Fenster mit Thermoverglasung, Rahmen Kunststoff (lt. Architekt)			

Tab. d) Nachbarraum zu künftigem Arbeitsraum ohne Abschirmfarbe, Raummitte, Fenster geschlossen

Tabelle 26 a bis d: Ergebnisse der Messung der Leistungsflussdichte im Frequenzbereich 250 MHz bis 3 GHz mittels Spektrumanalysator, Messungen vom 19.03.2008 (erstellt aus IBO, 2008).

Vergleich der Vorher- und Nachher-Messungen

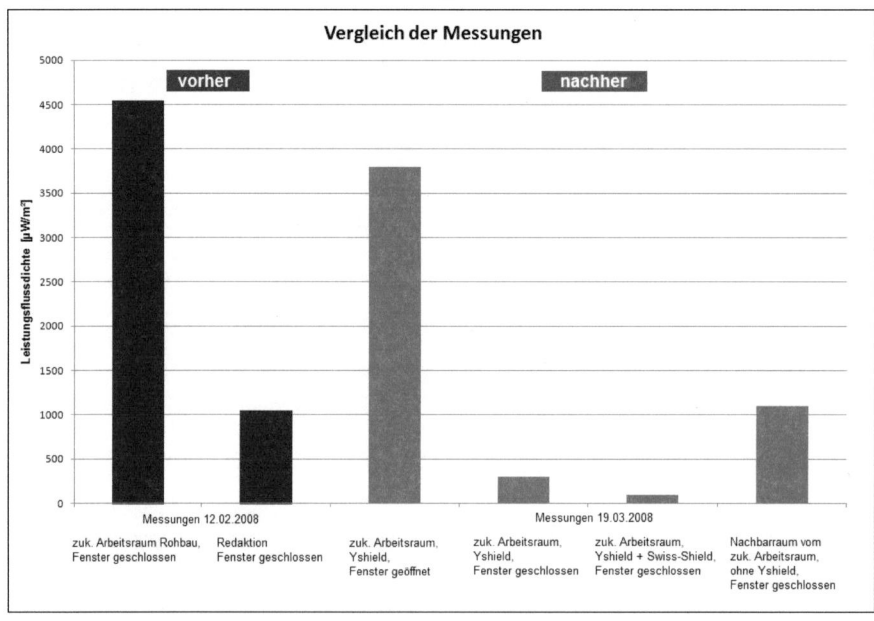

Abbildung 50: Vergleich der Leistungsflussdichten aus Summe Immissionen GSM (übernommen aus IBO, 2008).

Interpretation und Zusammenfassung

Beim Vergleich der Messergebnisse konnten bei geöffnetem Fenster, wo nur eine gewisse Schirmwirkung durch die beschichtete Wand vorhanden ist, bereits geringere Werte festgestellt werden. Sind die Fenster geschlossen, so reduziert sich der ursprüngliche Messwert auf etwa 8,4 % und durch Verhängen des Fensters mit einer hochfrequenzdämpfenden Textilie (Swiss-Shield) auf 2,6 %. Zum Nachbarraum, wo nur die Fenster ausgetauscht wurden, zeigten sich um den Faktor 3,4 höhere Werte im Vergleich zum mit Anstrich versehenen zukünftigen Arbeitsraum.

An diesem Beispiel kann man an den gesetzten Maßnahmen die bereits hohe Dämpfungswirkung feststellen. Weitere, dämpfende Maßnahmen könnten zu einer Beeinträchtigung des Mobilfunkverkehrs führen.

11.5 Messungen an einem EDV Arbeitsplatz

(aus Berger, 2010)

Aufgabenstellung

An einem EDV-Arbeitsplatz waren die elektrischen und magnetischen Wechselfelder zu messen und Maßnahmen zur Reduzierung der Felder zu treffen. Nach Umsetzung der Maßnahmen wurden Kontrollmessungen zum Vergleich der Ausgangssituation durchgeführt.

Messung der Ausgangssituation

Messung des elektrischen Wechselfeldes

Die Messung des elektrischen Wechselfeldes wurde mit einem E-Feld-Messwürfel im Fuß- und Kopfbereich des sitzenden Mitarbeiters durchgeführt.

Im Fußbereich wurde eine Ersatzfeldstärke von 139,5 V/m und im Kopfbereich von 43,0 V/m festgestellt.

 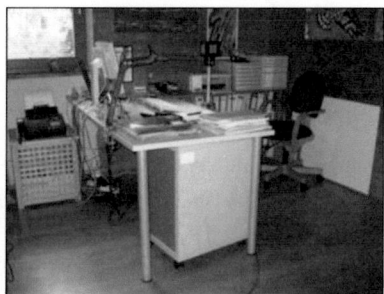

Abb. a)   Abb. b)

Abbildung 51 a und b: Messung des elektrischen Wechselfeldes im Fuß- und Kopfbereich (Berger, 2010)

Messung des magnetischen Wechselfeldes

Die magnetischen Wechselfelder wurden mit einem H-Feld-Messwürfel ebenfalls im Fuß- und Kopfbereich des sitzenden Mitarbeiters gemessen.

Hier ergaben sich im Fußbereich punktuell auffallend hohe Werte von 890 nT, die mit der Entfernung stark abnahmen.

Abb. a)　　　　　　　　　　　　　　　　Abb. b)

Abbildung 52 a und b: Messung des magnetischen Wechselfeldes im Fuß- und Kopfbereich (Berger, 2010)

Verursacher und Verbesserungsmaßnahmen

Als Verursacher der hohen elektrischen Wechselfelder im Fußbereich wurde die Verkabelung mit ungeschirmten Kabeln festgestellt.

Folgende Veränderungen wurden im Fußbereich durchgeführt: Ein Verlängerungskabel, zwei Kaltgerätekabel und eine Laptop-Anschlussleitung sind durch geschirmte Kabel ersetzt worden. Ebenfalls wurden zwei Steckerleisten durch Steckerleisten mit Überspannungsschutz und Netzfilter ausgetauscht.

Die auffallend hohen Werte des magnetischen Wechselfeldes wurden durch Netzadapter in der Steckerleiste hervorgerufen, die sich im Nahbereich der Füße befand. Durch das Aufräumen wurden die Kabel und Steckerleisten vom Nahbereich der Füße entfernt.

Zur Beseitigung des hohen elektrischen Wechselfeldes im Kopfbereich musste die Schreibtischlampe durch eine geschirmte Lampe mit geschirmtem Kabel ersetzt werden.

Messung nach der Veränderung

Bei den Kontrollmessungen konnten folgende Werte im Vergleich festgestellt werden:

Ersatzfeldstärke:	im Fußbereich:	vorher: 139,5 V/m	nachher: 2,8 V/m
	im Kopfbereich:	vorher:　43,0 V/m	nachher: 1,4 V/m
Magnetisches Wechselfeld:	im Fußbereich:	vorher:　890 nT	nachher: 63 nT

Abb. a)　　　　　　　　　　　　　　　　Abb. b)

Abbildung 53 a und b: Messung des elektrischen und magnetischen Feldes im Fußbereich nach der Verbesserung (Berger, 2010)

Interpretation und Zusammenfassung

Mit einem relativ geringen Kostenaufwand konnten bei diesem Arbeitsplatz die betrachteten niederfrequenten elektrischen und magnetischen Wechselfelder vermindert werden. Die Kosten für die getätigten Ersatzmaßnahmen wurden mit € 356,- vom Verfasser des Berichtes angegeben.

11.6 Messungen in einem Büro- und Geschäftsgebäude

(aus Grabmann, 2008)

Ausgangssituation

Ein Bürogebäude wird großteils neu gebaut. Die Mobilfunk-Einstrahlungen einer gegenüberliegenden Sendeanlage sind zu messen. Des Weiteren sind Empfehlungen zur Abschirmung der Mobilfunk-Einstrahlung zu geben. Nach Umsetzung der Maßnahmen ist das Ergebnis zu prüfen. Als Zielwert und oberster Arbeitsplatzgrenzwert wurde mit dem Bauherrn eine Leistungsflussdichte <100 µW/m² festgelegt.

Umgesetzte Maßnahmen

- Ein Metallblechdach wurde montiert.
- An den Lüftungsöffnungen wurde Edelstahlgitter montiert, um das Eindringen elektromagnetischer Felder und Reflexionen im Dachaufbau zu verhindern.
- Einbau von Heuberger Qualitätskunststofffenster mit einer Aluminium-Vorsatzschale und einem metallbedampften Glas (Guardian-Configurator-3 Scheiben).
- Im Bereich der nicht bedampften Fixverglasung wurden Aluminiumplatten zwischen Mauerwerk und Glas eingeschoben.
- Unter den Fensterbänken wurden Metallbänder aufgeklebt, um die Dämpfung zu erhöhen.
- Anbringen eines Wärmeschutzsystems mit integriertem Elektrosmog-Schutzgitter (Sto, 2011) an der Fassade.
- In der abgehängten Decke im Dachbereich wurden nochmals Edelstahlgitter verlegt, um die Dämpfung der Gebäudehülle im oberen Bereich zusätzlich zu verbessern.
- Montage von Heuberger Fliegenschutzgitter aus Metall mit Aluminiumrahmen, um das Lüften zu ermöglichen.

Abb. a) Abb. b)

Abbildung 54 a und b: Gebäudeansicht vor und nach der Sanierung (Grabmann, 2008)

Messungen und Vergleich

Bei den Messungen im Erdgeschoß (EG) waren vor der Sanierung die Fenster noch nicht eingebaut.

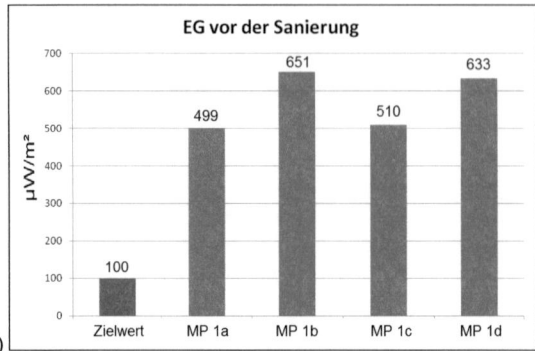

Abb. a)

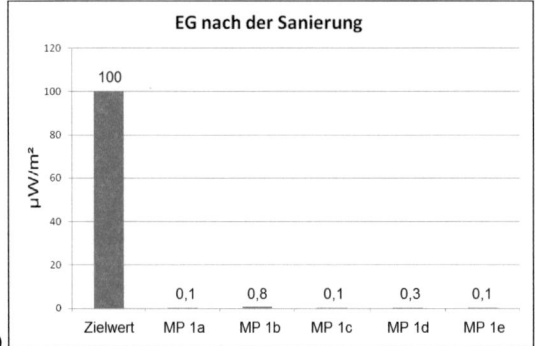

Abb. b)

Abbildung 55 a und b: Messpunkte und Zielwert vor und nach der Sanierung im EG (gebildet aus Grabmann, 2011)

Bei den Messungen im 1. Obergeschoß (OG) waren vor der Sanierung die Fenster bereits eingebaut, das Mauerwerk noch nicht abgeschirmt.

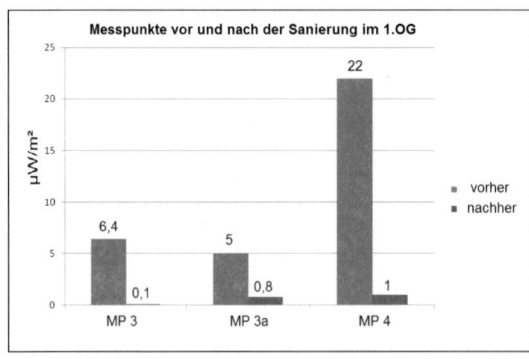

Abbildung 56: Messpunkte vor und nach der Sanierung im 1. Obergeschoß (gebildet aus Grabmann, 2011)

Bei den Messungen im 2.OG waren vor der Sanierung die Fenster bereits eingebaut (mit Ausnahme MP 8), das Mauerwerk war ebenfalls noch nicht abgeschirmt.

Abb. a)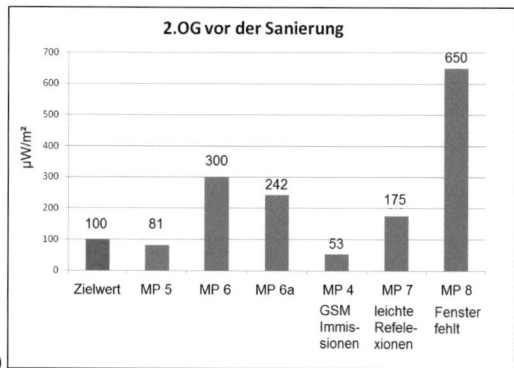

Abb. b)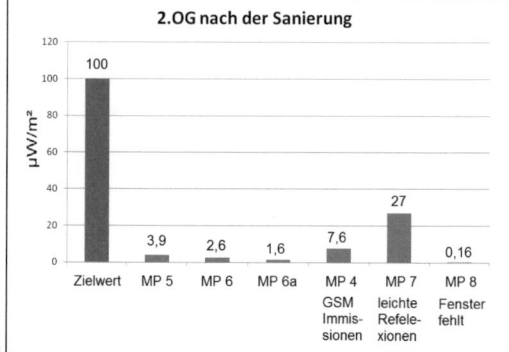

Abbildung 57 a und b: Messpunkte und Zielwert vor und nach der Sanierung (gebildet aus Grabmann, 2011)

Messung und Überprüfung der Abschirmwirkung eines Metall-Insektenschutzgitters

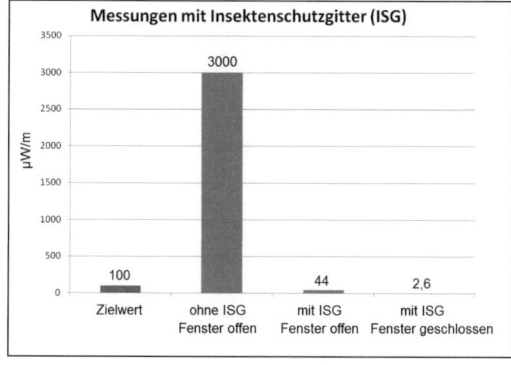

Abbildung 58: Abschirmwirkung des Insektenschutzgitters (Grabmann, 2008)

Die Abschirmwirkung des Insektenschutzgitters beträgt entsprechend dem Gutachten 99,3%.

Lagepläne mit Messpunkten

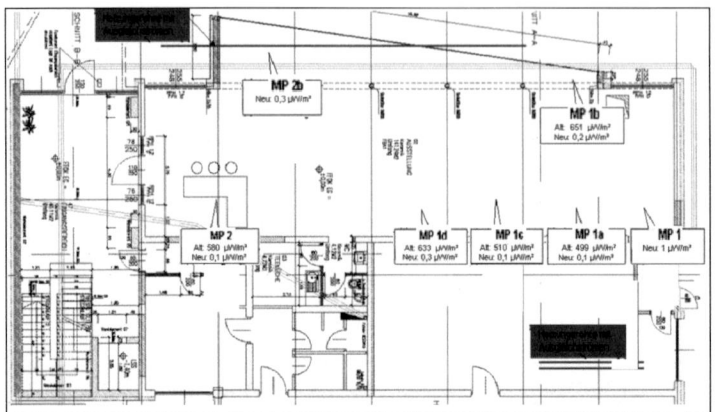

Abbildung 59: Grundriss EG mit Messpunkten und Messwerten (vgl. aus Grabmann, 2008)

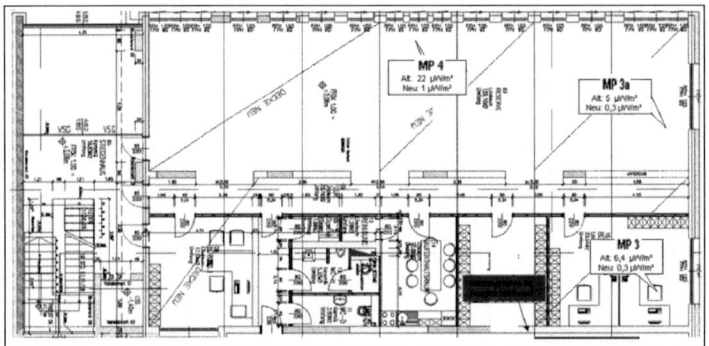

Abbildung 60: Grundriss 1.OG mit Messpunkten und Messwerten (vgl. aus Grabmann, 2008)

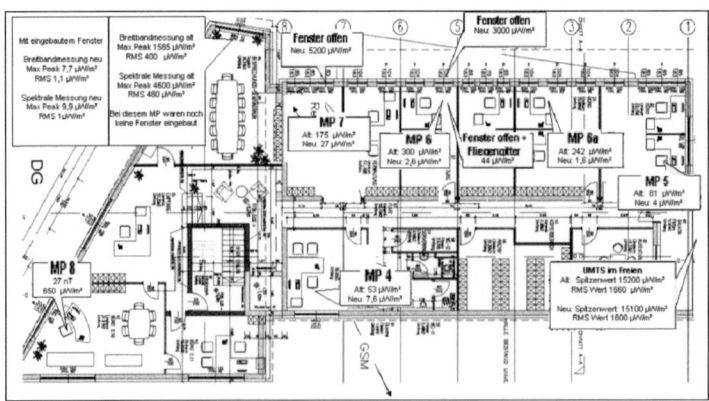

Abbildung 61: Grundriss 2.OG mit Messpunkten und Messwerten (vgl. aus Grabmann, 2008)

Interpretation und Zusammenfassung

Bei diesem Beispiel wurden die einzelnen Maßnahmen sehr detailliert beschrieben, und die durchgeführten Maßnahmen führten schlussendlich zu einer erfolgreichen Reduzierung der Werte. Wie aus den Kontrollmessungen zu ersehen ist, wurde der angepeilte Zielwert um ein Vielfaches unterschritten.

11.7 Messung und Sanierung am Büro-Arbeitsplatz des Autors

In einer durch den Autor veranlassten Überprüfung seines Büro-Arbeitsplatzes wurden in Zusammenarbeit und unter Führung von Herrn Martin Grabmann (gerichtlich beeideter Sachverständiger) folgende Untersuchungen durchgeführt:

- Messung der Feldstärken am Büro-Arbeitsplatz von 0 bis 6 GHz
- Überprüfung der Netzqualität
- Abstandsmessungen an diversen Bürogeräten
- Die Messungen wurden in Anlehnung an die Messvorschrift für bundesweite EMVU-Messreihen der vorhandenen Umgebungsfeldstärken Reg TP MV 09/EMF/3, den Ö-VE/ÖNORMEN EN 50366+A1, EN 50383, EN 50400, den VDB-Richtlinien und physikalischen Untersuchungen durchgeführt.
- Gegenüberstellung der Messergebnisse mit den Richtwerten aus der TCO, den Empfehlungen der Umweltmedizin, der EU-Richtlinie 2008/46/EG, der VORNORM ÖVE/ÖNORM E 8850 und dem Leitfaden der AUVA.

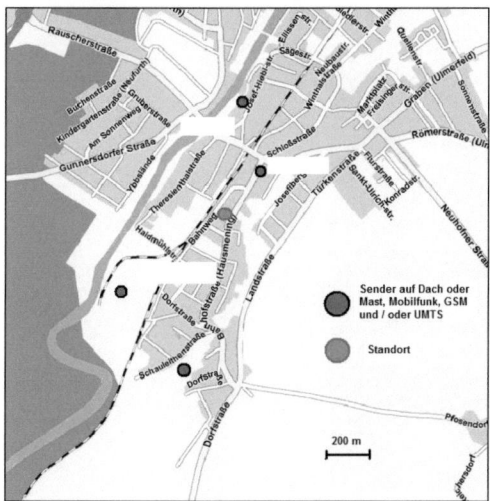

Abbildung 62: Lageplan mit nächstgelegenen Mobilfunk-Sendern (Autor, 2012)

Der zu messende Büro-Arbeitsplatz befindet sich im ersten Obergeschoß eines dreistöckigen Bürogebäudes mit unmittelbar angrenzender Schulungshalle, in der eine Glasbearbeitungslinie für Schulungszwecke im Trockenlauf betrieben wird. In unmittelbarer Nähe, in westlicher Richtung, befindet sich eine Bahnlinie, deren Zugfrequenz bekannt ist und auch in weiterer Folge Einfluss auf die Messungen nimmt. Der Abstand vom Büro-Arbeitsplatz zur Bahnlinie beträgt ca. 80 m in westlicher Richtung.

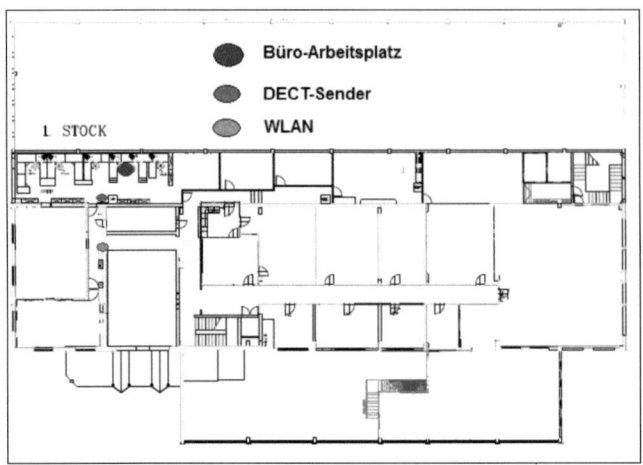

Abbildung 63: Bürogebäude mit gemessenem Büro-Arbeitsplatz (Autor, 2012)

In der folgenden Abbildung 64 ist dieser Büro-Arbeitsplatz mit Messaufbau zu sehen. Der Arbeitsplatz ist L-förmig ausgebildet und auf der einen Seite mit einem Akustikpaneel vom nächsten Arbeitsplatz getrennt, während auf der anderen Seite ein Arbeitsplatz direkt anschließt. Die Verkabelung der Arbeitsplätze erfolgt über einen Fensterbankkanal, in dem die EDV-Verkabelung getrennt über einen Trennsteg geführt wird und die Steckdosenkreise über Normal- und USV-Netz versorgt werden.

Abbildung 64: Foto vom Büro-Arbeitsplatz vor der Sanierung mit Messaufbau (Autor, 2012)

11.7.1 Messung des elektrischen Feldes

Die Messung erfolgt nach TCO Band I und II, wobei sich der Messbereich von 5 Hz bis 2 kHz (Band I) und von 2 kHz bis 400 kHz (Band II) erstreckt.

Diese niederfrequenten elektrischen Wechselfelder werden verursacht durch unter Wechselspannung stehende Kabel, Leitungen, Installationen, Geräte, Wände, Böden usw., wie bereits im Kapitel 3.3.1 „Statische und niederfrequente Felder" beschrieben.

Die Messhöhe auf den Fotos beträgt 155 cm vom Boden, im Abstand von 80 cm zum Bildschirm des Arbeitsplatzrechners. Weitere Messungen wurden jeweils auf Höhe der Tischkante und auf einer Höhe von 45 cm zum Boden gemacht.

Abb. a)   Abb. b)

Abbildung 65 a und b: Fotos vom Büro-Arbeitsplatz bei der Messung des elektrischen Wechselfeldes nach TCO und dreidimensional potentialfrei (Grabmann, 2012)

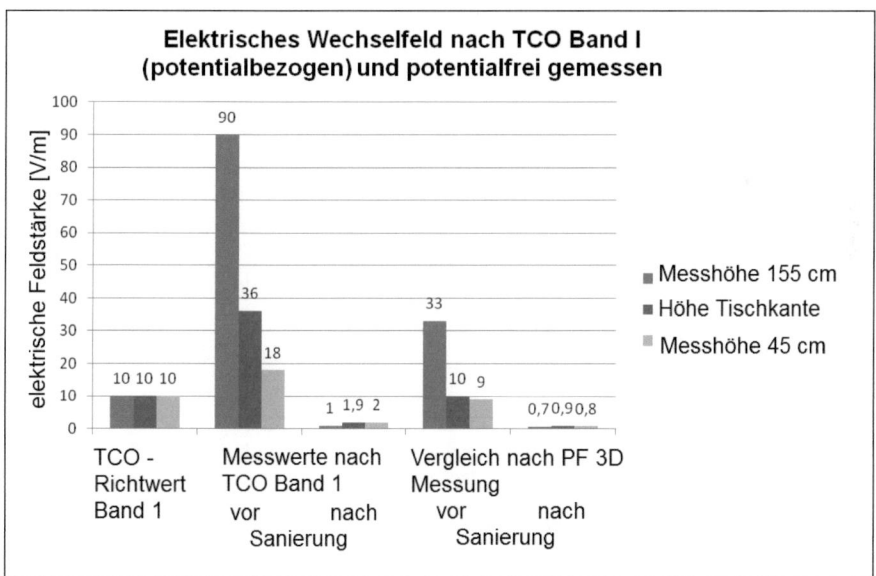

PF 3D   Potentialfreie Messung dreidimensional

Tabelle 27: Messwerte und Richtwert nach TCO Band I und Vergleichswerte nach PF 3D vor und nach der Sanierung (abgeleitet aus Grabmann, 2012)

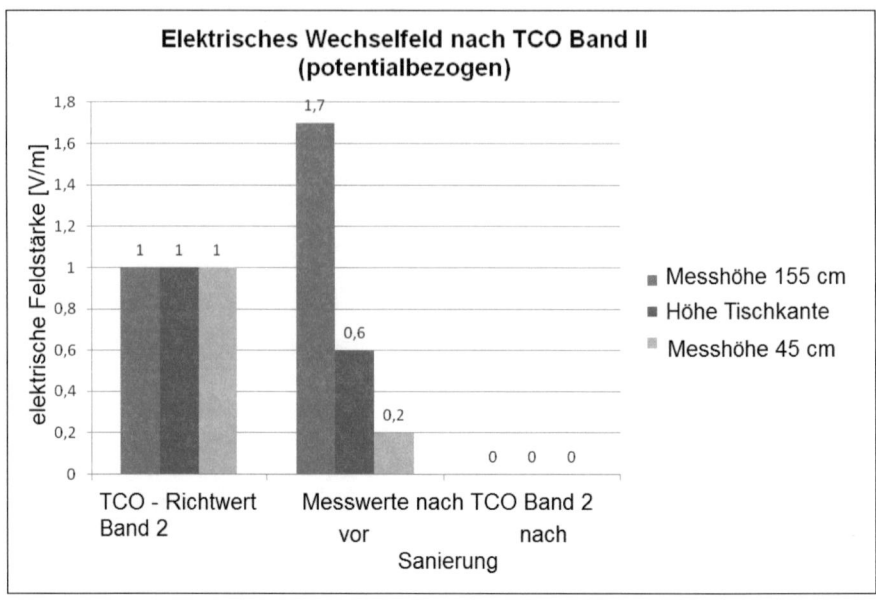

Bei einem Messwert 0 lagen die Messwerte unter der Messempfindlichkeit des Messsystems.

Tabelle 28: Messwerte und Richtwert nach TCO Band II vor und nach der Sanierung (abgeleitet aus Grabmann, 2012)

Visualisierung der Ersatzfeldstärke vor der Sanierung

Vor der Sanierung wurde das elektrische Wechselfeld in einem Raster von 1 m x 1,3 m mit 9 Messpunkten aufgenommen, wobei sich die Messhöhe auf 1,24 m (Kopfhöhe) befindet. Die in der folgenden Tabelle 29 enthaltene Ersatzfeldstärke der 9 Messpunkte wurde in der Abbildung 66 auf die Rasterfläche umgerechnet dargestellt. Die unterschiedlichen Farben in der Grafik dienen nur zur besseren Darstellung und haben sonst keine Bedeutung.

Messpunkte	1	2	3	4	5	6	7	8	9
Ersatzfeldstärke [V/m]	42,3	13,9	3,9	22	7,8	3,5	5,8	2,9	1,8
in X-Achse [V/m]	29,1	9,8	2,1	1,4	4,4	1,2	1,3	0,7	0,4
in Y-Achse [V/m]	25,3	2,6	0,5	16,8	4,5	2,3	3,5	2	1
in Z-Achse [V/m]	17,4	9,6	3,2	14,2	4,6	2,4	4,5	1,9	1,4

Tabelle 29: Rastermessung des elektrischen Wechselfeldes vor der Sanierung, Messhöhe 1,24 m (Grabmann, 2012)

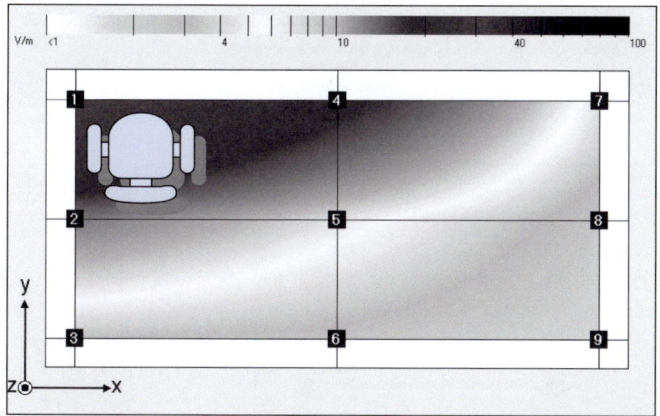

Abbildung 66: Grafische Darstellung der Ersatzfeldstärke aus der Rastermessung vor der Sanierung (Grabmann, 2012)

Sanierungsmaßnahmen und Kontrollmessungen

Im Folgenden wurden einige elektrische Geräte entfernt, um die Feldstärken zu optimieren.

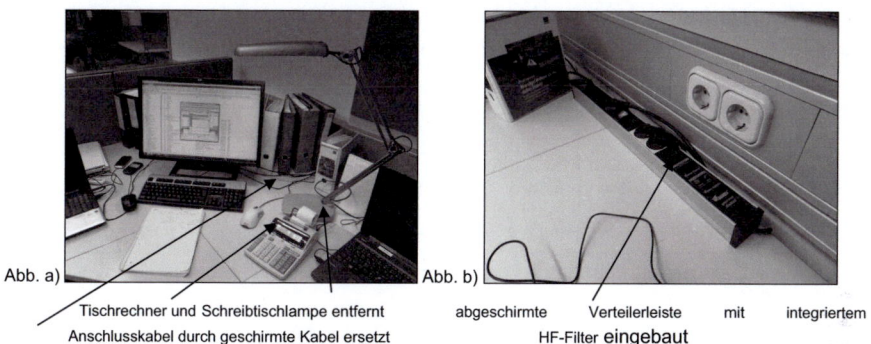

Abb. a) Tischrechner und Schreibtischlampe entfernt Anschlusskabel durch geschirmte Kabel ersetzt

Abb. b) abgeschirmte Verteilerleiste mit integriertem HF-Filter eingebaut

Abbildung 67 a und b: Fotos über die Veränderung am Büro-Arbeitsplatz durch die Sanierung (Grabmann, 2012)

Visualisierung der Ersatzfeldstärken nach der Sanierung

Nach der Sanierung wurde die Rastermessung wiederholt und die Werte tabellarisch sowie in grafischer Form abgebildet.

Messpunkte	1	2	3	4	5	6	7	8	9
Ersatzfeldstärke [V/m]	0,8	1	1,1	1,9	0,9	0,9	0,9	0,8	0,9
in X-Achse [V/m]	0,4	0,3	0,3	0,8	0,3	0,3	0,4	0,3	0,3
in Y-Achse [V/m]	0,4	0,4	0,5	0,4	0,3	0,3	0,1	0,1	0,1
in Z-Achse [V/m]	0,6	0,9	0,9	1,7	0,8	0,8	0,8	0,8	0,9

Tabelle 30: Rastermessung des elektrischen Wechselfeldes nach der Sanierung, Messhöhe 1,24 m (Grabmann, 2012)

In der Abbildung 68 ist kaum mehr eine Unterscheidung an den Messpunkten möglich, es ist nur mehr der Einfluss der Dockingstation am Messpunkt 4 erkennbar.

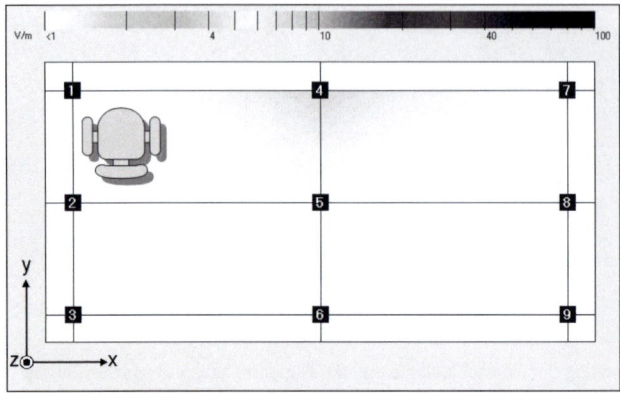

Abbildung 68: Grafische Darstellung der Ersatzfeldstärke aus der Rastermessung nach der Sanierung (Grabmann, 2012)

Um eine bessere Darstellung zu ermöglichen, wurde die Messung mit kleinerem Messbereich (bis 10 V/m) wiederholt und abgebildet.

Messpunkte	1	2	3	4	5	6	7	8	9
Ersatzfeldstärke [V/m]	0,66	0,83	0,74	1,7	0,54	0,53	0,56	0,56	0,71
in X-Achse [V/m]	0,46	0,25	0,27	0,64	0,3	0,29	0,34	0,29	0,3
in Y-Achse [V/m]	0,41	0,49	0,5	0,58	0,28	0,28	0,22	0,23	0,27
in Z-Achse [V/m]	0,24	0,63	0,47	1,47	0,35	0,35	0,38	0,42	0,59

Tabelle 31: Rastermessung des elektrischen Wechselfeldes nach der Sanierung mit kleinerem Messbereich, Messhöhe 1,24 m (Grabmann, 2012)

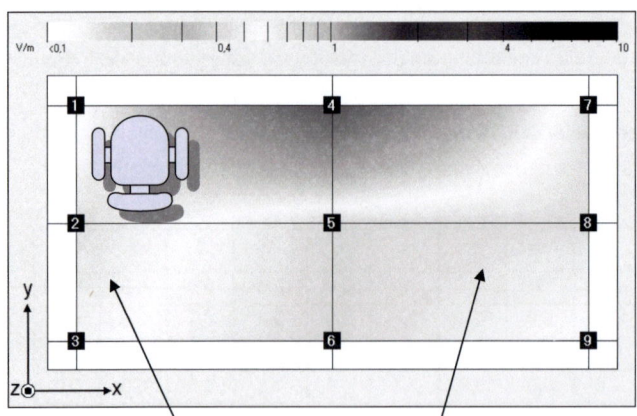

Einfluss vom Nachbar-Arbeitsplatz   Einfluss der Deckenleuchte (Montagehöhe 2,5 m)

Abbildung 69: Grafische Darstellung der Ersatzfeldstärke aus der Rastermessung nach der Sanierung mit kleinerem Messbereich (Grabmann, 2012)

Eine weitere Rastermessung ohne PC des Nachbar-Arbeitsplatzes und unter Abschaltung der Dockingstation.

Messpunkte	1	2	3	4	5	6	7	8	9
Ersatzfeldstärke [V/m]	0,51	0,57	0,67	0,39	0,37	0,43	0,4	0,49	0,64
in X-Achse [V/m]	0,34	0,23	0,25	0,18	0,17	0,17	0,17	0,17	0,18
in Y-Achse [V/m]	0,27	0,19	0,19	0,22	0,2	0,23	0,23	0,26	0,28
in Z-Achse [V/m]	0,27	0,49	0,59	0,27	0,26	0,32	0,28	0,38	0,55

Tabelle 32: Rastermessung des elektrischen Wechselfeldes nach der Sanierung mit kleinerem Messbereich, ohne Nachbar-PC und Dockingstation, Messhöhe 1,24 m (Grabmann, 2012)

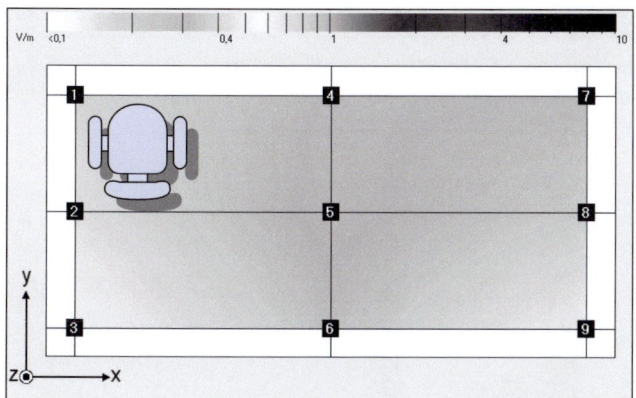

Abbildung 70: Grafische Darstellung der Ersatzfeldstärke aus der Rastermessung nach der Sanierung mit kleinerem Messbereich, ohne Nachbar-PC und Dockingstation (Grabmann, 2012)

Schlussfolgerung im Vergleich vor und nach der Sanierung

Bei der potentialgebundenen Messung am Arbeitsplatz vor dem Stand-PC wurde auf einem Messpunkt (Höhe von 155 cm) der neunfache Wert des TCO-Richtwertes Band I festgestellt, wobei auch die Werte auf den beiden anderen Messhöhen deutlich über dem Richtwert lagen. Im Vergleich waren bei der potentialfreien Messung die Werte deutlich kleiner (ca. 30 bis 50 % des Messwertes der potentialgebundenen Messung). Nach der erfolgten Sanierung waren die Werte beider Messsysteme zwischen 10 und 20 % des Richtwertes nach TCO Band I. Mit einem sehr geringen Aufwand, wie er bei der Sanierung vollzogen wurde, konnte eine erhebliche Reduktion des elektrischen Feldes erreicht werden. Die Kosten für den Kabeltausch und den geschirmten Verteiler können mit € 160,- angegeben werden.

11.7.2 Messung der magnetischen Flussdichte

Das niederfrequente magnetische Wechselfeld bzw. die magnetische Flussdichte wird durch Wechselstrom in elektrischen Leitungen, Geräten, Trafos, Motoren, Frei- und Erdleitungen, Ausgleichströmen usw. erzeugt.

Messung nach TCO Band I

Bei der Messung nach TCO Band I (5 Hz bis 2 kHz) wurde die Bahnfrequenz von 16,7 Hz ausgelassen.

Abbildung 71: Foto vom Büro-Arbeitsplatz zur Messung der magnetischen Flussdichte bis 2 kHz, dreidimensional potentialfrei, Messhöhe 155 cm (Grabmann, 2012)

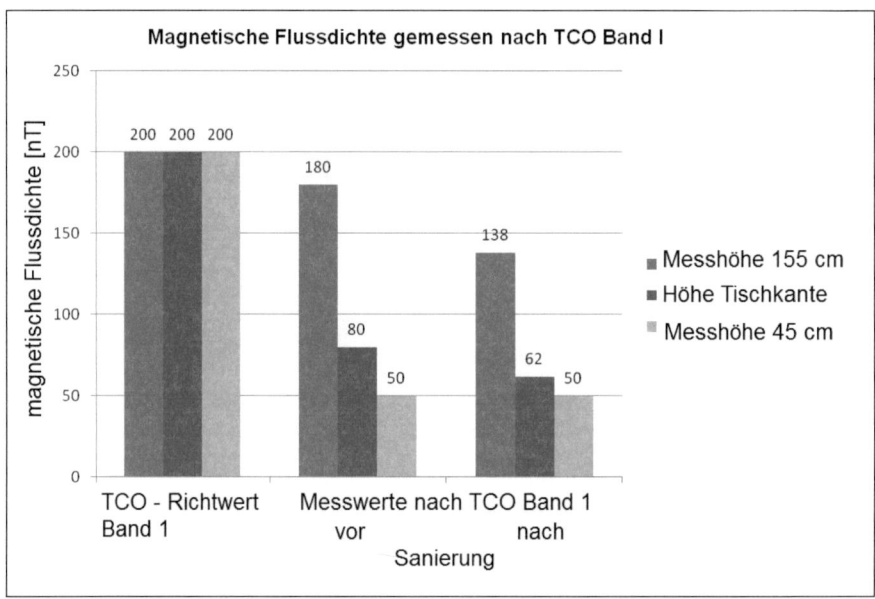

Abbildung 72: Diagramm aus Messwerte und Richtwert der magnetischen Flussdichte nach TCO Band I vor und nach der Sanierung (abgeleitet aus Grabmann, 2012)

Erkenntnisse aus den Messungen nach TCO Band I

Die Messwerte am höchsten Messpunkt befinden sich deutlich über den gemessenen Werten der beiden anderen Messpunkte. Nach der Sanierung kann eine Reduzierung der Messwerte an den beiden obersten Messpunkten von jeweils mehr als 20 % festgestellt werden. Der unterste Messpunkt weist keine Veränderung auf. Der erhöhte Wert am obersten und mittleren Messpunkt lässt auf den Einfluss der Tischleuchte schließen.

Messung nach TCO Band II (von 2 bis 400 kHz)

Abbildung 73: Foto vom Büroarbeitsplatz zur Messung des magnetischen Wechselfeldes von 2 kHz bis 400 kHz, dreidimensional potentialfrei, Messhöhe 155 cm (Autor, 2012)

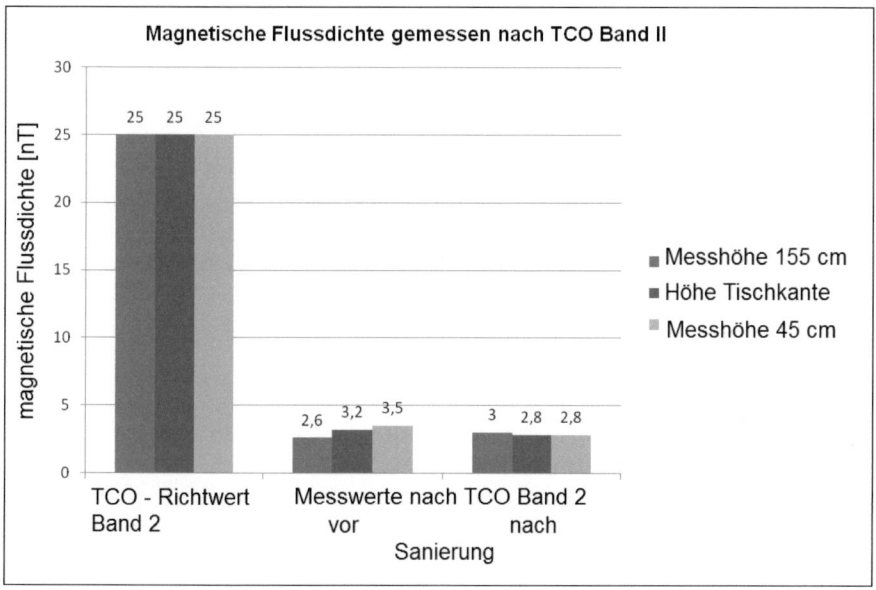

Abbildung 74: Diagramm aus Messwerte und Richtwert der magnetischen Flussdichte gemessen nach TCO Band II vor und nach der Sanierung (abgeleitet aus Grabmann, 2012)

Erkenntnisse aus den Messungen nach TCO Band II

Die Messwerte liegen bei etwas mehr als 10 % des Richtwertes nach TCO Band II. Es kann keine Aussage über eine Verbesserung nach der Sanierung getroffen werden.

11.7.3 Messung magnetischer Felder über verschiedene Zeiträume
Erklärung zum Ablesen der Messergebnisse

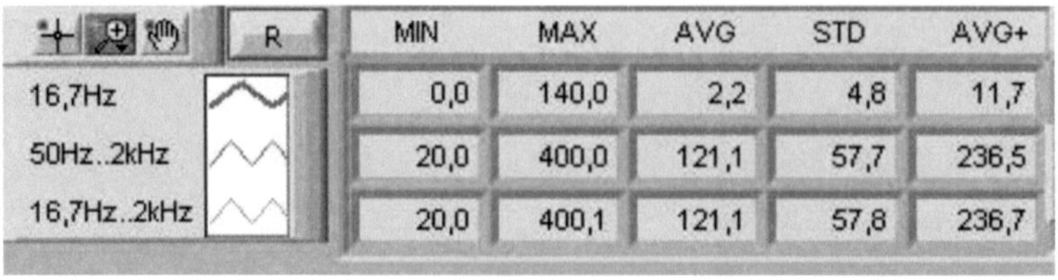

	R	MIN	MAX	AVG	STD	AVG+
16,7Hz	∿	0,0	140,0	2,2	4,8	11,7
50Hz..2kHz	∿	20,0	400,0	121,1	57,7	236,5
16,7Hz..2kHz	∿	20,0	400,1	121,1	57,8	236,7

16,7 Hz   Frequenzbereich Bahnstrom
50 Hz…2 kHz   Frequenzbereich Energieversorgung
16,7 Hz…2 kHz Frequenzbereich Bahnstrom und Energieversorgung
MAX   Höchste gemessene Spitze [nT]
AVG   Mittelwert [nT]
STD   Standardabweichung [nT]
AVG+   Mittelwert plus 2mal Standardabweichung (vergleichbar mit baubiologischen Richt
               werten) [nT]

Abbildung 75: Erklärung zur Ablesung der Messergebnisse (Grabmann, 2012)

Im folgenden Liniendiagramm (Abbildung 76) ist der zeitliche Verlauf der magnetischen Flussdichte, gemessen auf Höhe 155 cm, über eine Minute abgebildet. Sehr deutlich ist hier der Einfluss des Bahnstromes der nahen Bahn zu erkennen, wo während der Messung gerade Zugverkehr herrschte.

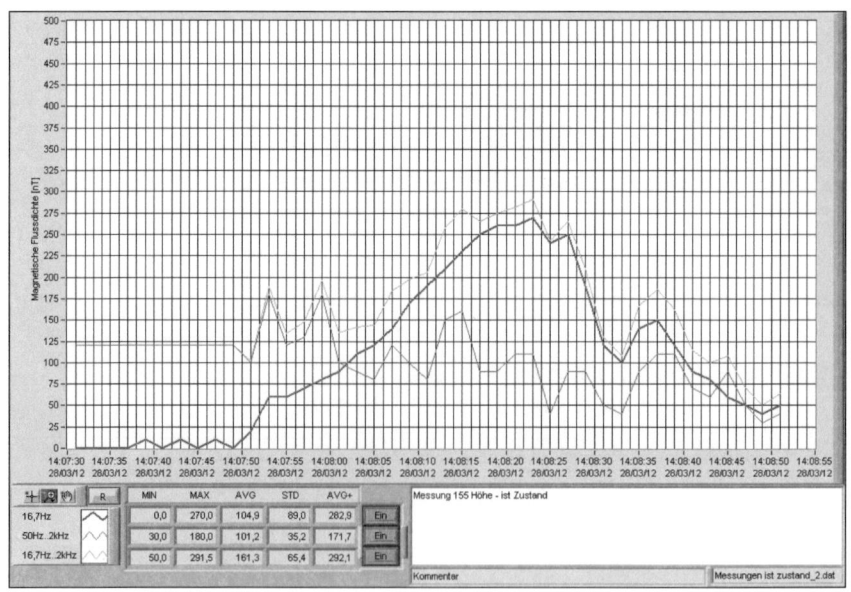

Abbildung 76: Diagramm über zeitlichen Verlauf der magnetischen Flussdichte, Messzeit 1 min, Messhöhe von 155 cm (Grabmann, 2012)

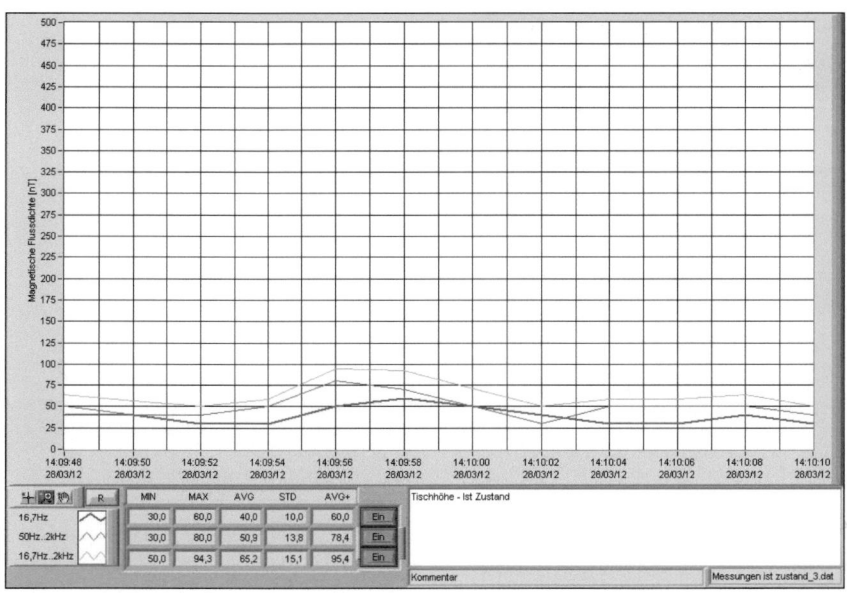

Abbildung 77: Zeitlicher Verlauf der magnetischen Flussdichte, Messzeit 1 min, Messhöhe Tischplatte (Grabmann, 2012)

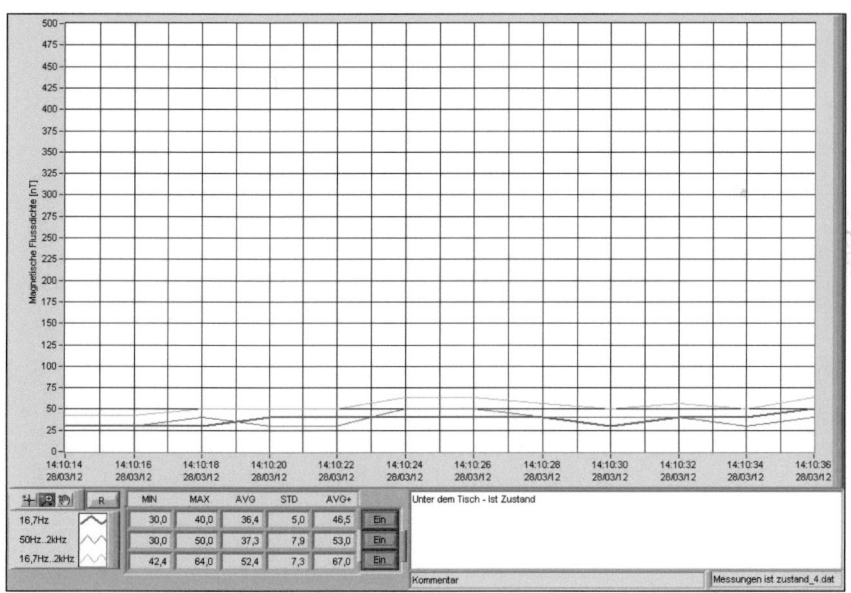

Abbildung 78: Zeitlicher Verlauf der magnetischen Flussdichte, Messzeit <1 min, Messhöhe von 45 cm über dem Boden (Grabmann, 2012)

Datenlogger

Abbildung 79: Foto über die Positionierung des Datenloggers zur Langzeitaufzeichnung am Büro-Arbeitsplatz (Autor, 2012)

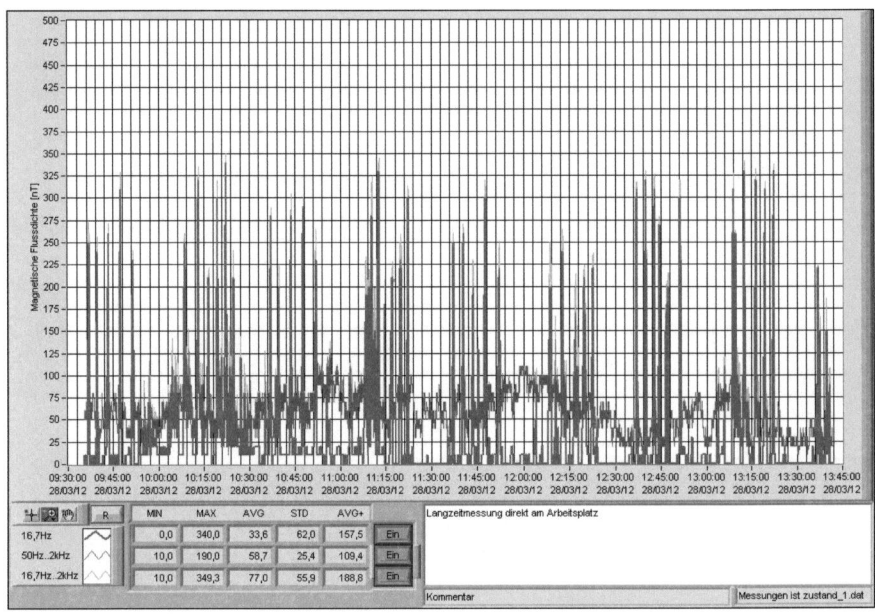

Abbildung 80: Langzeitaufzeichnung des Datenloggers (Grabmann, 2012)

Erkenntnisse aus den Messungen über längere Zeiträume

Die Messwerte in ihrem Maximum unterscheiden sich kaum von den Momentanwerten, mit Ausnahme der erheblichen Beeinflussung durch den Bahnverkehr, welcher eine kurzzeitige Überschreitung des Richtwertes verursacht.

11.7.4 Messung statischer magnetischer Felder

Magnetfeldanomalien, wie jene des Erdmagnetfeldes bzw. jene magnetischer Gleichfelder, verursacht durch Stahlteile in Geräten, Baumassen, Möbeln oder Gleichstrom der Straßenbahn, unterscheiden sich erheblich, wie aus dem folgenden Diagramm in der Abbildung 81 ersichtlich ist.

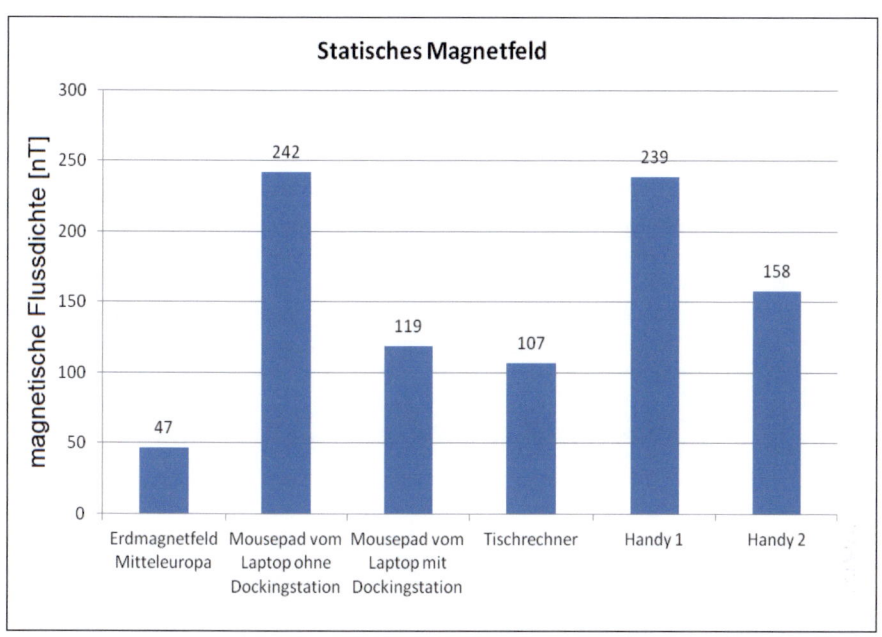

Abbildung 81: Diagramm gemessener statischer Magnetfelder und Vergleich mit Erdmagnetfeld in Mitteleuropa (Grabmann, 2012)

    Grenzwert EU-Richtlinie 2008/40/EG 0-1 Hz   200.000 µT

    Grenzwert VORNORM ÖVE/ÖNORM E 8850 0 HZ   40.000 µT

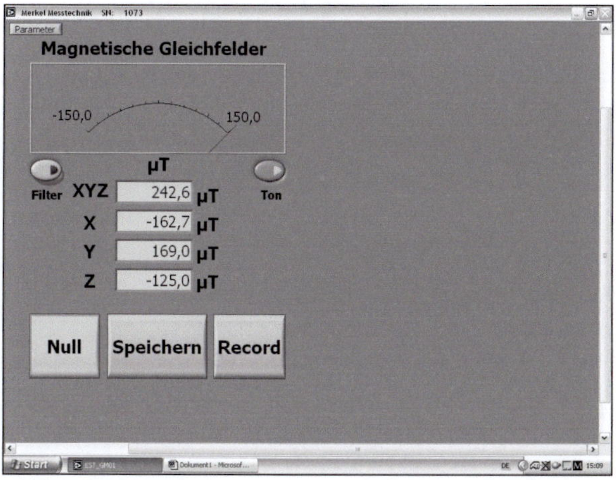

Abbildung 82: Messdaten vom Tischrechner (Grabmann, 2012)

Erkenntnisse aus der Messung statischer Magnetfelder

Um die Ergebnisse in ein vergleichbares Verhältnis zu bringen, wurde das Erdmagnetfeld, wie es in unserem Gebiet (Mitteleuropa) vorherrscht, herangezogen. Die Werte lagen hier beim Zwei- bis Fünffachen des Erdmagnetfeldes.

11.7.5 Messung der elektrischen Oberflächenspannung

Durch Reibung an der Oberfläche von Prüfflächen und Prüfkörpern wurde versucht, eine statische Aufladung zu erzeugen, welche anschließend gemessen wurde. Synthetische Stoffe, wie diverse Teppiche und Gardinen, Lacke, Beschichtungen, Bildschirme und einiges mehr, eignen sich besonders für das Hervorrufen von hohen statischen elektrischen Oberflächenspannungen – bzw. Feldern. Nach TCO beträgt der Richtwert bei Bildschirmen für die elektrostatische Oberflächenspannung ± 500 V.

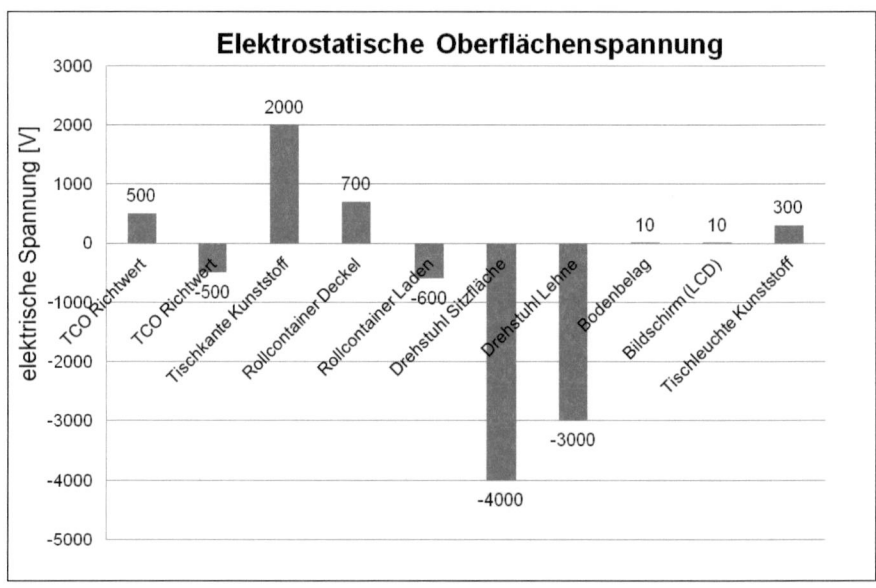

Abbildung 83: Diagramm über gemessene Oberflächenspannungen im Vergleich zum TCO-Richtwert (Grabmann, 2012)

Erkenntnisse aus der Messung elektrostatischer Oberflächenspannung

Besonders auffällig waren bei diesen Messungen die Werte am Drehstuhl und an der Kunststoff-Tischkante. Bei Beschwerden von Mitarbeitern über statische Aufladung ist unbedingt der Einsatz des Drehstuhls zu prüfen.

11.7.6 Hochfrequenzmessungen am Büro-Arbeitsplatz

Zur grundsätzlichen Bestimmung der Leistungsflussdichte, welche bei diesen Messungen in mW/m² angegeben wird, wurde eine Breitbandmessung durchgeführt. Die Leistungsflussdichte der elektromagnetischen, hochfrequenten Strahlen wurde im Frequenzbereich von 800 bis 2.500 MHz mit einem Peak Detektor und Max Hold Funktion gemessen und ein Messwert von 1,8 mW/m² festgestellt.

Die Referenzwerte für die berufliche Exposition durch statische und zeitlich veränderliche elektrische und magnetische Felder liegen in der VORNORM ÖVE/ÖNORM E 8850 im Frequenzbereich von 800 bis 2.000 MHz bei 20.000 bis 40.000 mW/m², wobei Empfehlungen (siehe Tabelle 6, Seite 38) bis zu 0,001 mW/m² reichen.

Im Anschluss wurde eine frequenzselektive Messung durchgeführt und einzelne Signale näher betrachtet (siehe folgendes Foto sowie Tabelle).

Abbildung 84: Foto der Hochfrequenzmessung mittels Spektrumanalysator (Autor, 2012)

Messergebnisse:

Elektromagnetische Strahlen werden von Mobil-, Daten-, Bündel-, Flug-, Richtfunk-, Radio- und TV-Sendern, Radar, Schnurlostelefonen usw. verursacht. Das herauslesen einzelner Signale und deren Zuordnung bedarf einer gewissen Erfahrung, zur Veranschaulichung wird der Frequenzverlauf im Kapitel 11.7.7 dargestellt.

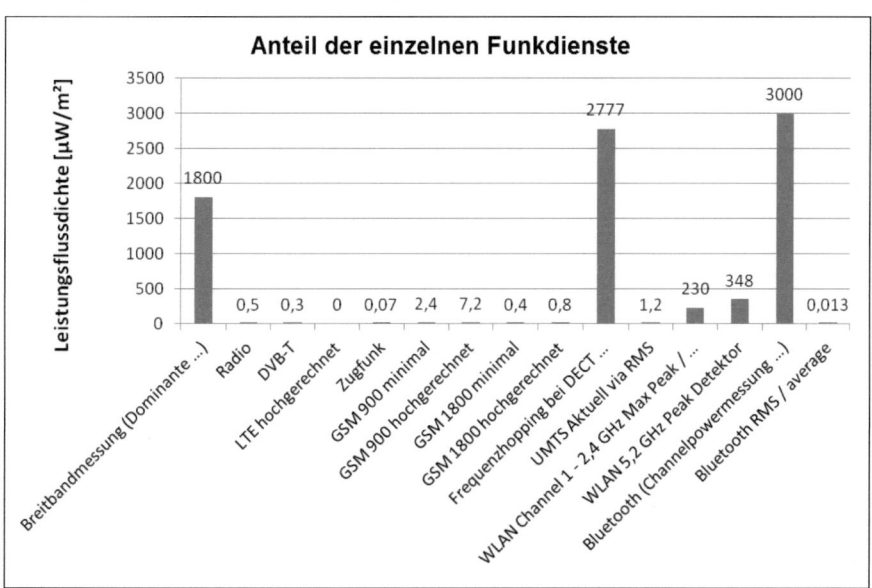

Abbildung 85: Frequenzselektive Messung elektromagnetischer Strahlen (Grabmann, 2012)

Bemerkungen:

- LTE hochgerechnet auf ein theoretisches Maximum
- GSM 900: Der angegebene Wert ist die Grundbelastung der höchsten BCCH-Kanäle.
- Laut VDB-Richtlinie kann dieser Wert auf eine Maximalbelastung mit dem Faktor 3 hochgerechnet werden.
- GSM 1800: Der angegebene Wert ist die Grundbelastung der höchsten BCCH-Kanäle.
- Laut VDB-Richtlinie kann dieser Wert auf eine Maximalbelastung mit dem Faktor 2 hochgerechnet werden.
- DECT: Wurde mit Max Peak Detektor gemessen (Maximalwert)
- UMTS: Der angegebene Wert ist der Momentanwert zum Zeitpunkt der Messung mit RMS-Detektoren – Empfehlung Land Salzburg 0,1 µW/m². Misst man mit Max Peak Detektoren, ist der Wert um ca. 10 dB höher (Faktor 10).
- WLAN und Bluetooth: Maximalwertmessung

Erkenntnisse aus der Messung hochfrequenter, elektromagnetischer Felder

Bei der frequenzselektiven Messung ist ein detailliertes Wissen über die möglichen Strahlungsursachen erforderlich, um auch eine richtige Zuordnung machen zu können. So wurde beispielsweise das Signal eines DECT-Schnurlostelefons geortet und die Lage eines WLAN-Senders bestimmt, welche auch die herausragenden hochfrequenten Emissionsquellen neben einer Bluetooth-Anwendung, die den höchsten Wert lieferte, darstellten. Zu überdenken und zu prüfen wäre in diesem Fall die Möglichkeit der Reduktion der Leistungsflussdichte auf einen Wert von 100 µW/m², wie sie bereits in einigen Firmen (z.B. BMW) umgesetzt und durch Richtwerte empfohlen wird. Die Herabsetzung der Leistungsflussdichte wäre möglich mit dem Auflösen des DECT-Systems, Ersatz durch Handys und mit Leistungsreduktion an den WLAN-Sendern durch eine geänderte Aufteilung und Nachmessung mit reduzierten Leistungswerten.

11.7.7 Frequenzselektive Messung am Büro-Arbeitsplatz

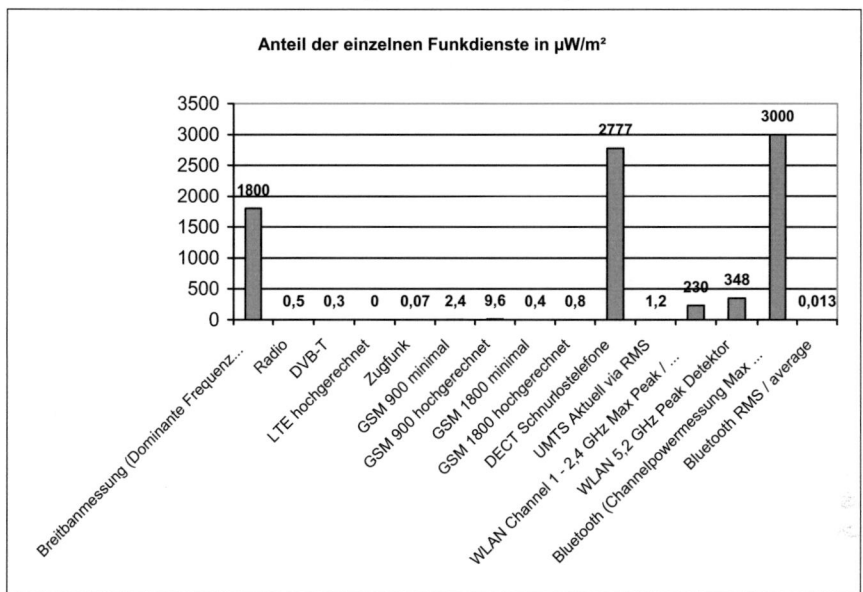

Abbildung 86: Frequenzselektive Messung - Anteil der einzelnen Funkdienste (Grabmann, 2012)

Bemerkungen zu:

- LTE hochgerechnet auf ein theoretisches Maximum
- GSM 900: Der angegebene Wert ist die Grundbelastung der höchsten BCCH-Kanäle.
- Laut VDB-Richtlinie kann dieser Wert auf eine Maximalbelastung mit dem Faktor 4 hochgerechnet werden.
- GSM 1800: Der angegebene Wert ist die Grundbelastung der höchsten BCCH-Kanäle.
- Laut VDB-Richtlinie kann dieser Wert auf eine Maximalbelastung mit dem Faktor 2 hochgerechnet werden.
- DECT: Wurde mit Max-Peak Detektor gemessen (Maximalwert).
- UMTS: Der angegebene Wert ist der Momentanwert zum Zeitpunkt der Messung mit RMS-Detektoren – Empfehlung Land Salzburg. 0,1 µW/m². Misst man mit Max-Peak Detektoren, ist der Wert um ca. 10 dB höher (Faktor 10).
- WLAN: Maximalwertmessung

Übersicht bis 300 MHz

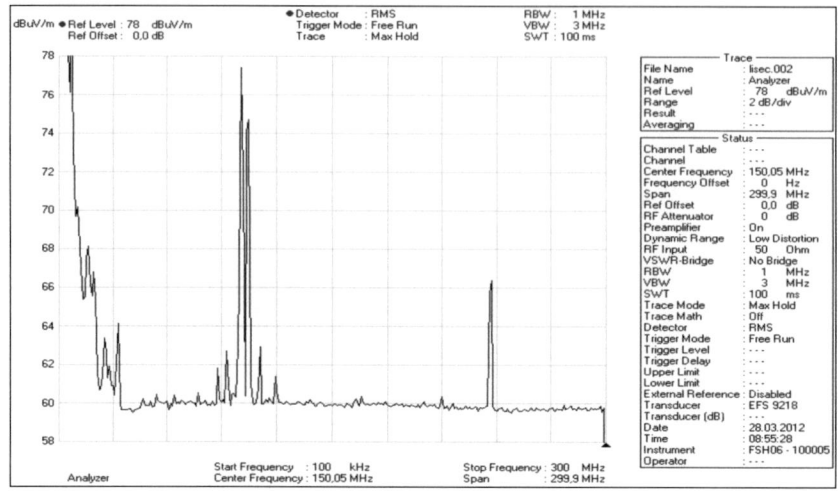

Abbildung 87: Diagramm: Frequenzselektive Messung, Übersicht bis 300 MHz (Grabmann, 2012)

Übersicht bis 6 GHz

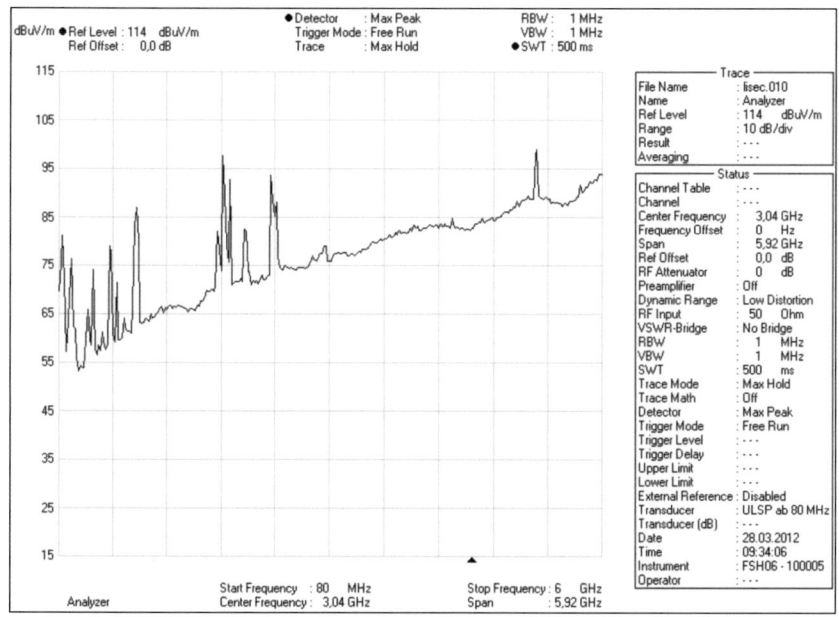

Abbildung 88: Diagramm: Frequenzselektive Messung, Übersicht bis 6 GHz (Grabmann, 2012)

Frequenzen im kHz Bereich

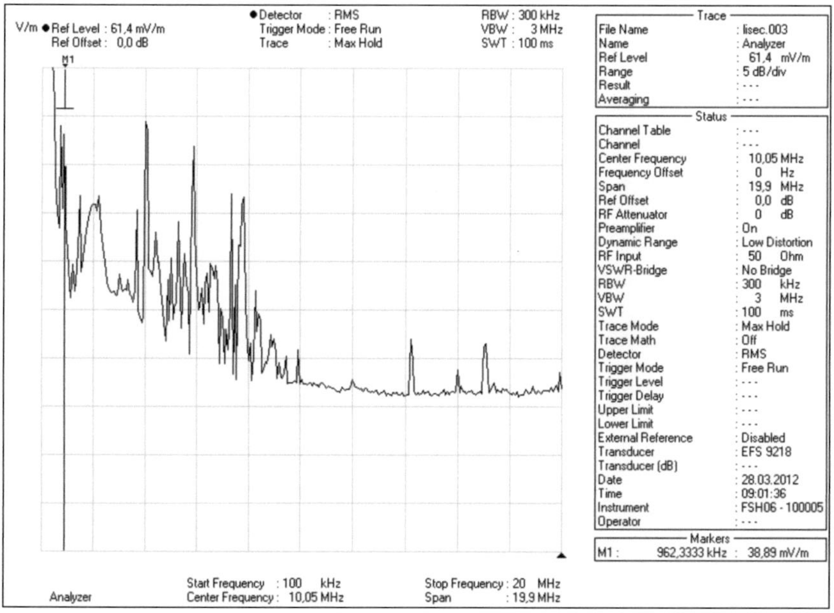

Abbildung 89: Diagramm: Frequenzselektive Messung, Übersicht im kHz-Bereich (Grabmann, 2012)

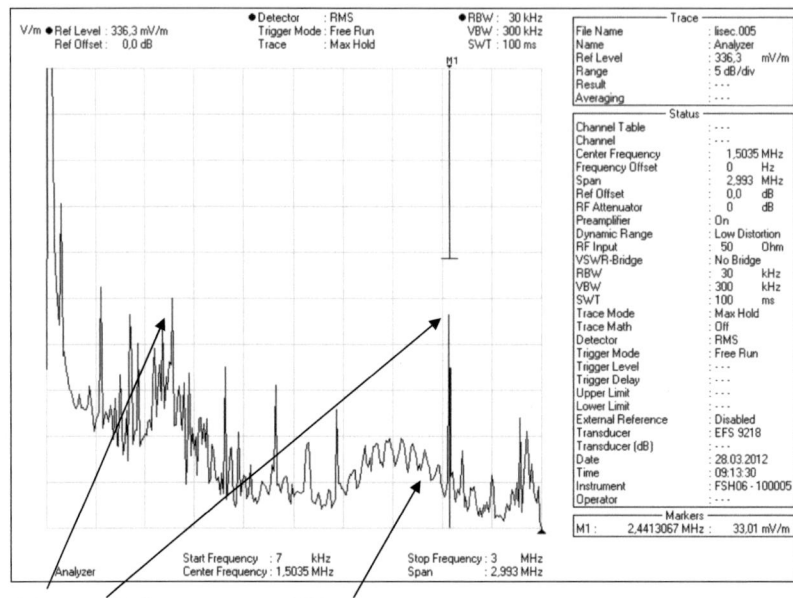

Spitzen von PLC   Bildschirm

Abbildung 90: Diagramm: Frequenzselektive Messung, Spitzen von PLC und Bildschirm (Grabmann, 2012)

Hochfrequente magnetische Felder bis 300 MHz

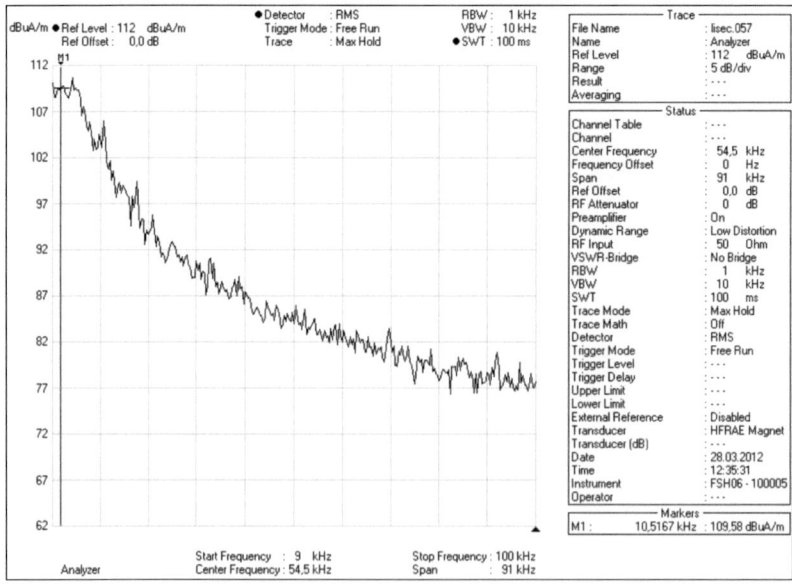

Abbildung 91: Diagramm: Frequenzselektive Messung, hochfrequente magnetische Felder bis 300 MHz (Grabmann, 2012)

11.7.8 Netzqualität

Es wurde die Netzqualität der Stromkreise, welche über die USV-Anlage gespeist werden, und der Stromkreise ohne USV-Versorgung analysiert. Hierzu wurden ein Netzanalysator und ein Oszilloskop zur Vergleichsmessung eingesetzt.

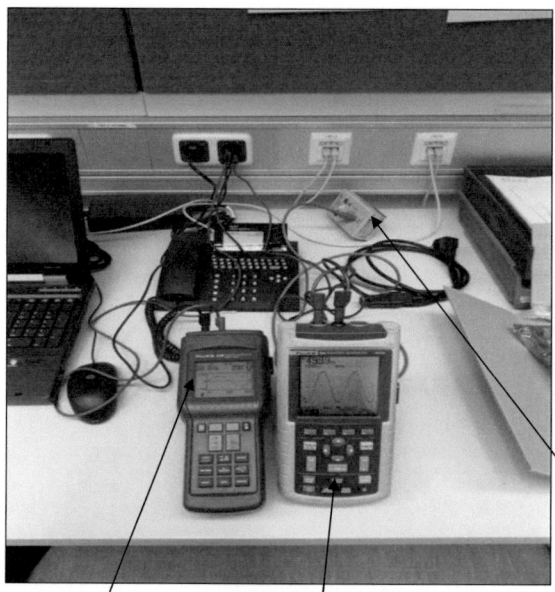

Netzanalysator　　　Oszilloskop - 30 MHz　　　　　　Auskoppeladapter - 30 MHz

Abbildung 92: Foto über den Messaufbau zur Messung der Netzqualität (Grabmann, 2012)

Der Auskoppeladapter wird zur Messung der Netzqualität (leitungsgebundene Störungen) im Frequenzbereich von 10 kHz bis 30 MHz eingesetzt. Die Messung erfolgt in Anlehnung an CISPR 16 nach EN 55011 bis 22 in Verbindung mit einem Messempfänger, Spektrumanalysator oder Oszilloskop. (Bajog, 2012)

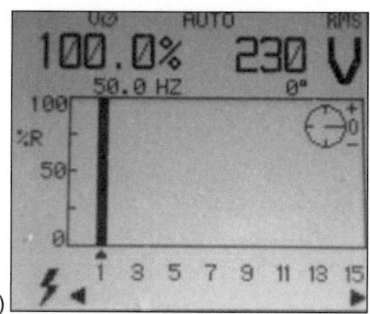

Abb. a)　　　　　　　　　　　　　　　　Abb. b)

Abbildung 93 a und b: Messung eines Stromkreises von der USV-Anlage mit Netzanalysator gemessen (Grabmann, 2012)

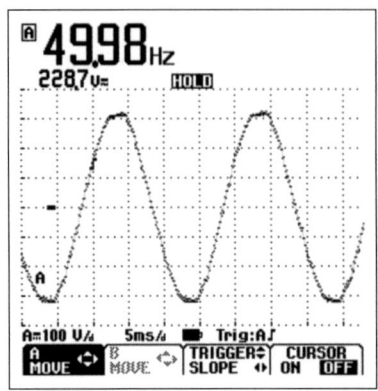

Abbildung 94: Messung eines Stromkreises von der USV-Anlage, mit Oszilloskop gemessen (Grabmann, 2012)

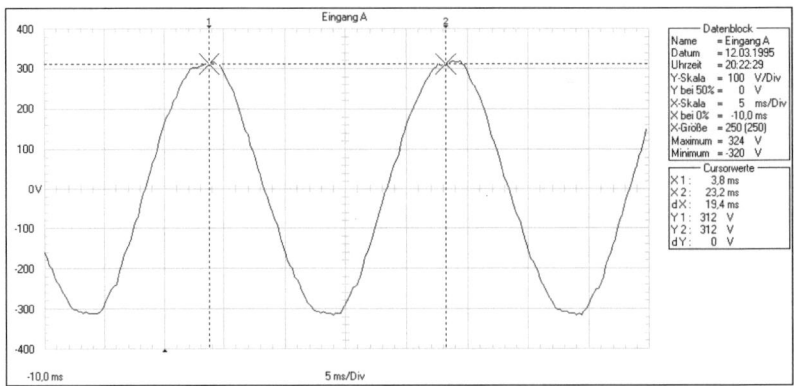

Abbildung 95: Verlauf des Spannungssignals des Stromkreises von der USV-Anlage, mit Oszilloskop gemessen (Grabmann, 2012)

Anmerkung: Das Datum am Datenblock wurde bei den Messungen in den Abbildung 95 und Abbildung 96 nicht richtig eingestellt.

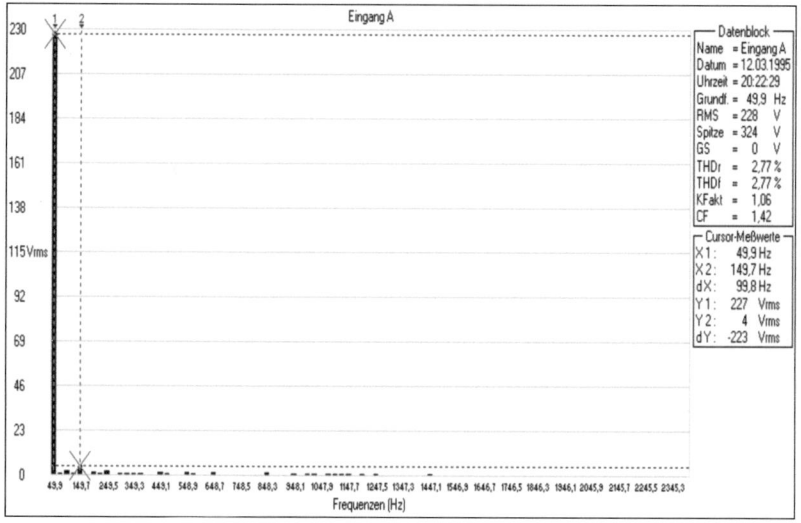

Abbildung 96: Frequenzspektrum mit Oberwellen aus dem Spannungssignal des Stromkreises von der USV-Anlage, mit Oszilloskop gemessen (Grabmann, 2012)

Erkenntnisse aus der Messung der Netzqualität

Im niederen Frequenzbereich von 50 Hz bis ca. 1,5 kHz wurden keine besonderen Abweichungen der Messergebnisse im Vergleich beider Messgeräte festgestellt. Die Qualität der Netzspannung wird im Versorgungsnetz der EVN nach der EN 50160 - Merkmale der Spannung in öffentlichen Elektrizitätsversorgungsnetzen - beschrieben. Der Oberschwingungsgehalt hat weniger als 8 % des Effektivwertes der Netzspannung zu betragen.

11.7.9 Vergleichsmessungen mit Steckdosenleiste und Netzfilter

Gemessen wurde am USV-Stromkreis im Frequenzbereich von 7 kHz bis 30 MHz. Dies ist jener Bereich, für den Dämpfungswirkungen des Netzfilters auf der Steckdosenleiste angegeben wurden.

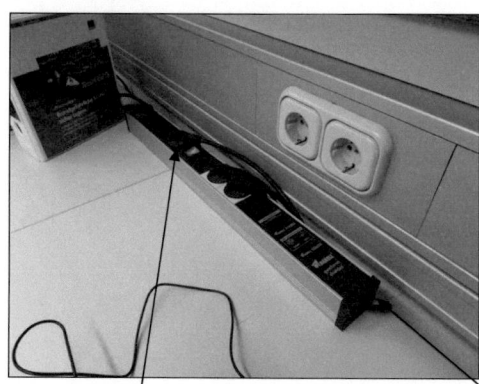

Messungen nach dem Netzfilter   vor dem Netzfilter

Abbildung 97: Foto über zwischengeschalteten Netzfilter (Autor, 2012)

Vergleich vor und nach dem Filter bis 30 MHz, wobei hier vor dem Filter vom Netz kommend und nach dem Filter vor dem PC bedeutet.

Messungen an der Steckdosenleiste vor und nach dem Netzfilter

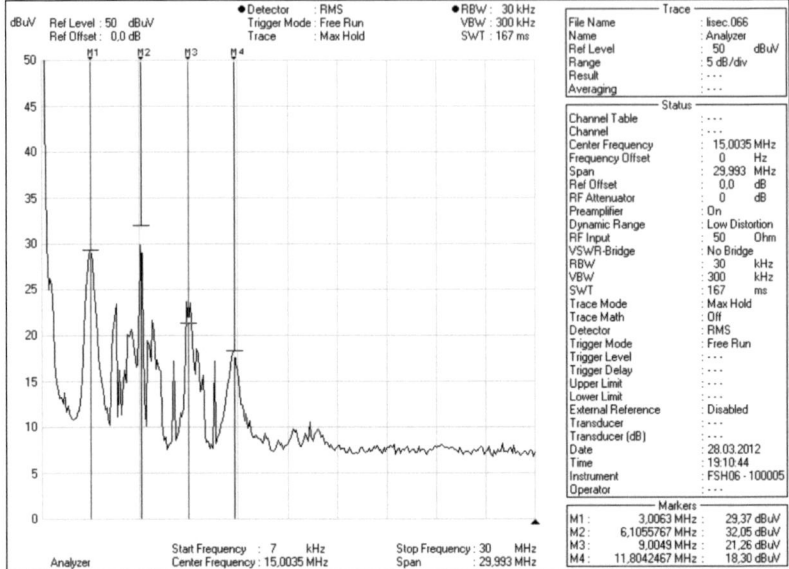

Abbildung 98: Diagramm: Messung an der Steckdosenleiste vor dem Filter (Grabmann, 2012)

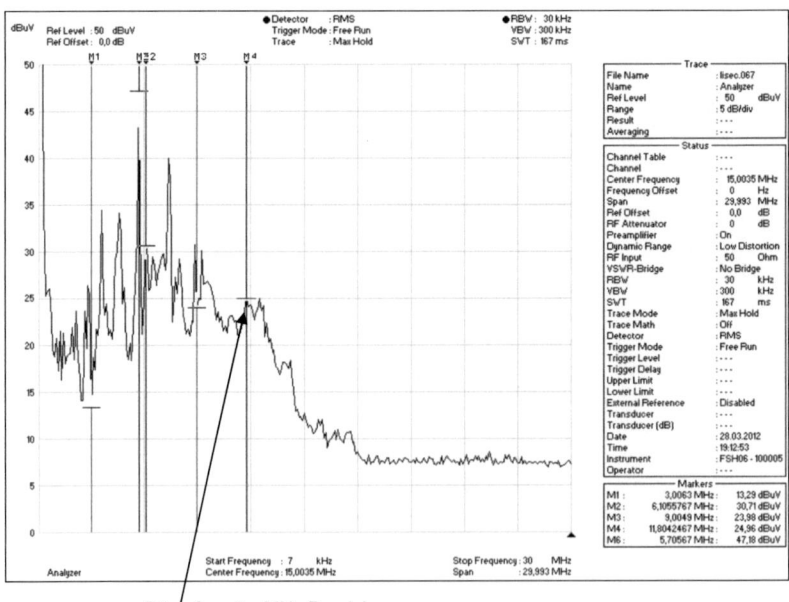

Dämpfung im MHz Bereich

Abbildung 99: Diagramm: Messung an der Steckdosenleiste nach dem Filter (Grabmann, 2012)

Ergebnis und Schlussfolgerung

Der Netzfilter wirkt im MHz-Bereich, im kHz-Bereich konnte keine merkliche Dämpfung festgestellt werden. Der genannte Filter schützt das Netz vor hochfrequenten Signalen, welche durch angeschlossene Verbraucher in das Versorgungsnetz wirken würden.

11.7.10 Abstandsmessung

Bei der Büro-Arbeitsplatzmessung wurde bei einigen elektrischen Geräten eine Abstandsmessung durchgeführt. Ab einer Entfernung von ca. 10 cm vom Gerät (genannt auch Quelle) wurde die Messung begonnen und der Messabstand kontinuierlich, entlang einer geraden Linie, bis auf ca. 1 m gleichmäßig verlängert und dabei die Messwerte permanent aufgezeichnet. Es wurden hier abwechselnd die elektrische Feldstärke und die magnetische Flussdichte gemessen.

Abstandsmessung am Lichtband

Abbildung 100: Foto des gemessenen Lichtbandes (Grabmann, 2012)

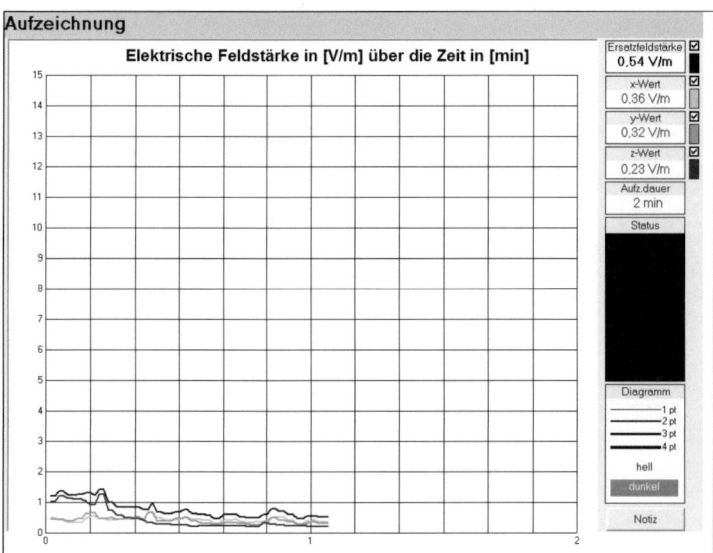

Abbildung 101: Diagramm über die Abstandsmessung der elektrischen Feldstärke des Lichtbandes (Grabmann, 2012)

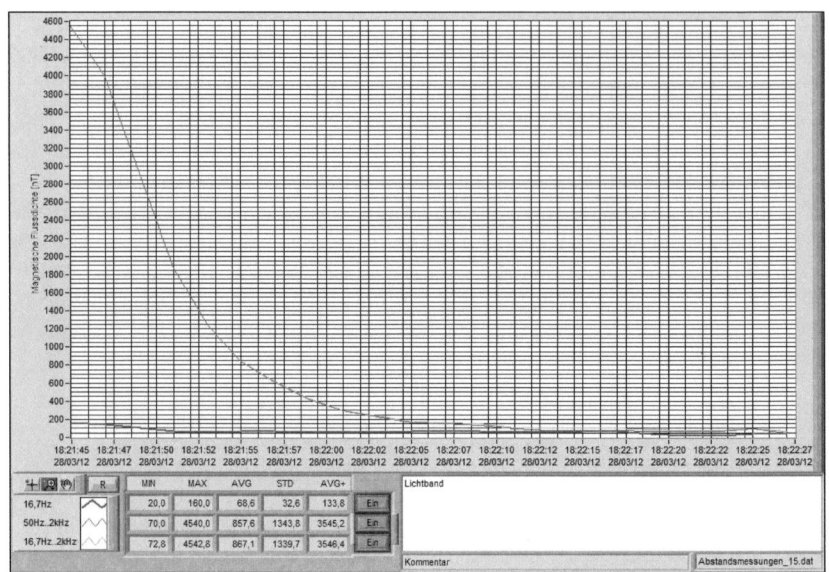

Abbildung 102: Diagramm über die Abstandsmessung der magnetischen Flussdichte des Lichtbandes (Grabmann, 2012)

Ergebnis und Schlussfolgerung zur Abstandsmessung am Lichtband

Der Messwert der elektrischen Feldstärke war <1,5 V/m und hat sich auch über die Entfernung kaum merklich geändert. Bei der Messung der magnetischen Flussdichte, beginnend vom Lichtband mit 4.600 nT, hat sich hingegen bereits in einem Abstand von ca. 50 cm ein Wert unter 200 nT feststellen lassen, und somit wird der Richtwert nach TCO Band I unterschritten.

Abstandsmessung einer Einzel-Rasterlampe

Die Lampe befindet sich in einem Abstand von 150 cm zum Lichtband.

Abbildung 103: Foto der gemessenen Einzel-Rasterlampe (Grabmann, 2012)

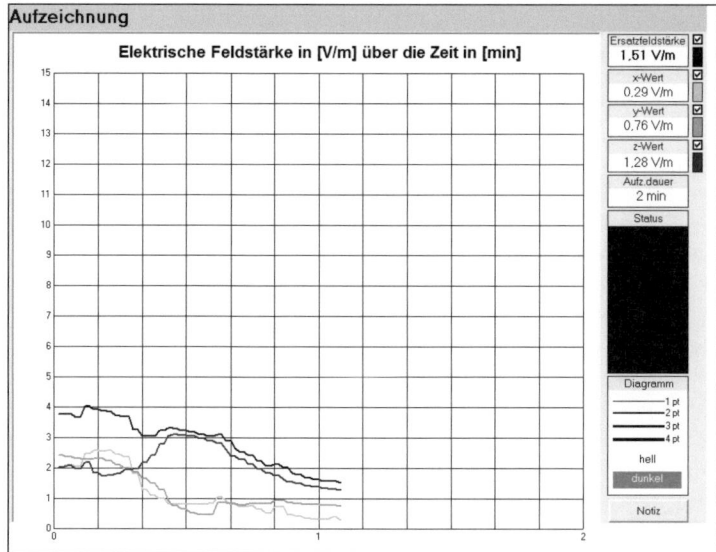

Abbildung 104: Diagramm über die Abstandsmessung der elektrischen Feldstärke der Einzel-Rasterlampe (Grabmann, 2012)

Ergebnis und Schlussfolgerung zur Abstandsmessung an der Einzel-Rasterlampe

Im Vergleich der Abstandsmessungen der elektrischen Feldstärken des Lichtbandes zur Einzel-Rasterlampe lässt sich der erhebliche Unterschied in den Messwerten mit einem besseren Potentialausgleich erklären. Insgesamt sind die Werte beider Systeme erheblich unter dem TCO-Richtwert Band I.

Abstandsmessung an der Schreibtischlampe

Abbildung 105: Foto über die Abstandsmessung der elektrischen Feldstärke der Schreibtischlampe (Grabmann, 2012)

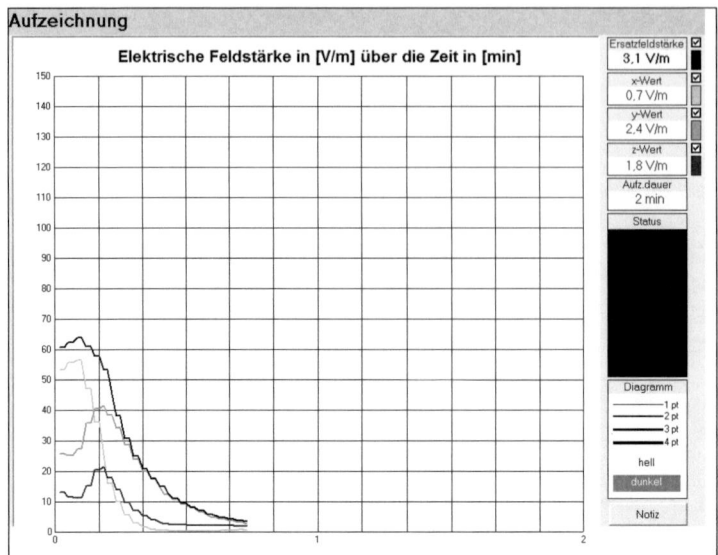

Abbildung 106: Diagramm über die Abstandsmessung der elektrischen Feldstärke der Schreibtischlampe (Grabmann, 2012)

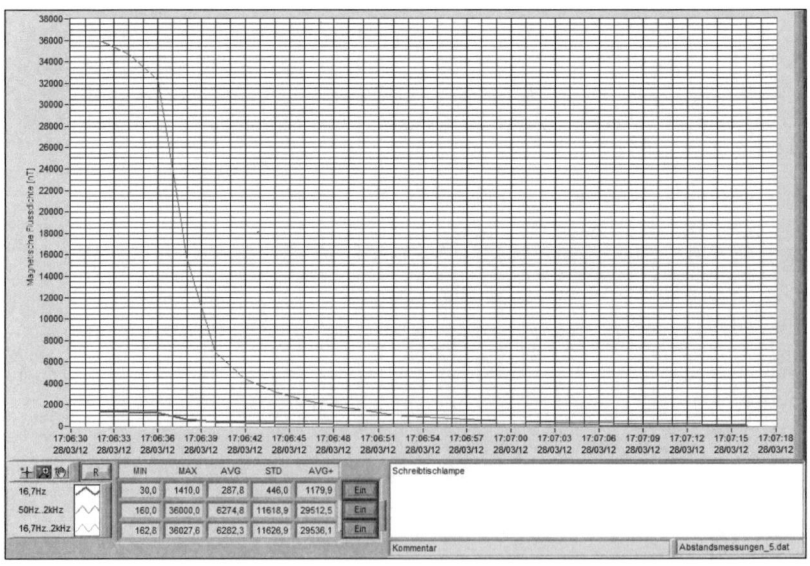

Abbildung 107: Diagramm über die Abstandsmessung der magnetischen Flussdichte der Schreibtischlampe (Grabmann, 2012)

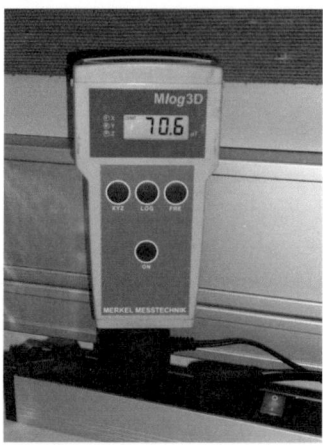

Abbildung 108: Foto über die Messung der magnetischen Flussdichte am Netzteil der Schreibtischlampe (Grabmann, 2012)

Ergebnis und Schlussfolgerung zur Abstandsmessung an der Schreibtischlampe

Bei der Messung der elektrischen Feldstärke wird erst ab einem Abstand von ca. 75 cm ein Messwert <10 V/m erreicht. Für die Messung der magnetischen Flussdichte konnten auf Grund der hohen Werte an der Lampe (36.000 nT) keine genauen Angaben im Abstand von 1 m gemacht werden, wobei jedoch zu bemerken ist, dass der Messwert in einem Abstand von ca. 0,5 m zur Lampe noch immer über 1.000 nT betrug. Des Weiteren konnte ein Wert von 70.600 nT am Netzteil der Schreibtischlampe festgestellt werden. Die Lampe ist, entsprechend dem Richtwert nach TCO Band I, für den Einsatz an einem Büro-Arbeitsplatz nicht zu empfehlen.

Abstandsmessung am Netzteil der Dockingstation

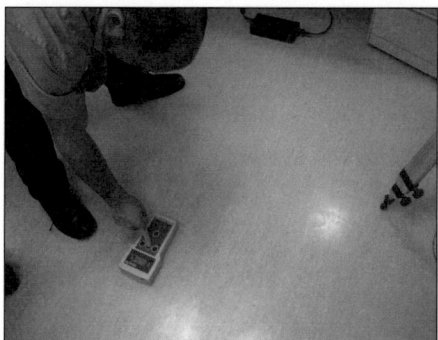

Abbildung 109: Foto über die Abstandsmessung der magnetischen Flussdichte am Netzteil der Dockingstation (Autor, 2012)

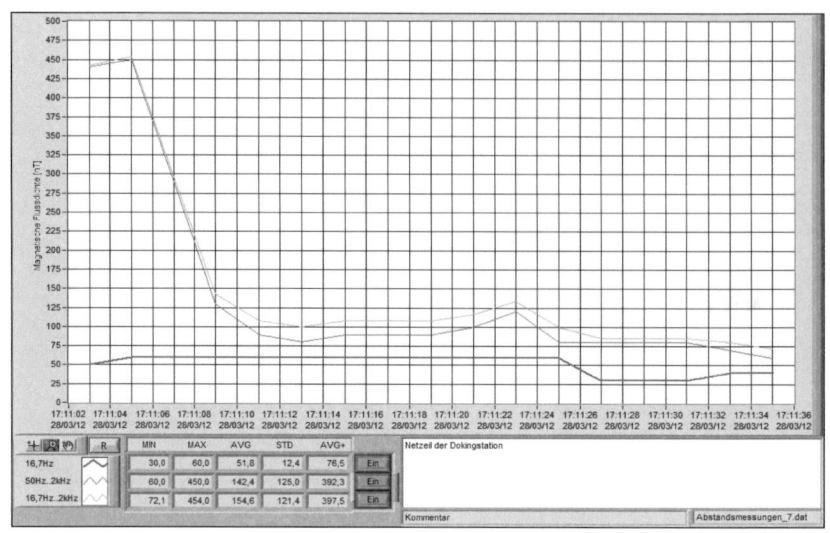

Abbildung 110: Diagramm über die Abstandsmessung der magnetischen Flussdichte am Netzteil des Laptops mit Dockingstation (Grabmann, 2012)

Ergebnis und Schlussfolgerung über die Abstandsmessung vom Netzteil der Dockingstation

Die magnetische Flussdichte direkt am Netzteil betrug ca. 450 nT, ist bereits in einem Abstand von ca. 20 cm unter 200 nT abgefallen und weiter auf ca. 75 nT in einem Abstand von 1 m. Bei einem Abstand von mindestens 20 cm zum Netzteil wird der Richtwert nach TCO Band I unterschritten.

Abstandsmessung zum Drucker

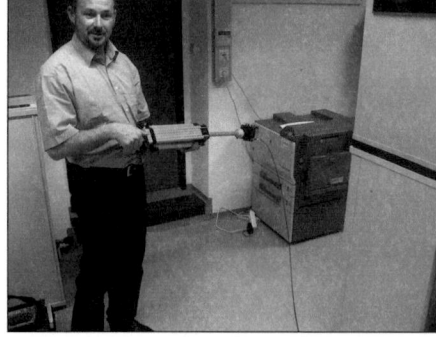

Abbildung 111: Foto über die Abstandsmessung der elektrischen Feldstärke am Drucker (Autor, 2012)

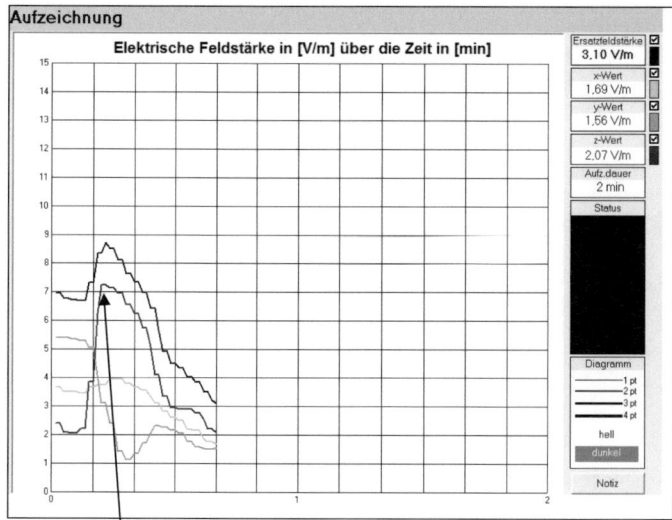

Höchste Feldstärke durch das Anschlusskabel

Abbildung 112: Diagramm über die Abstandsmessung der elektrischen Feldstärke am Drucker (Grabmann, 2012)

Als sofortige Sanierungsmaßnahme wurde das Anschlusskabel durch ein abgeschirmtes Kabel ersetzt. Danach wurde die Messung wiederholt, - deren Ergebnis im Diagramm der folgenden Abbildung 113.

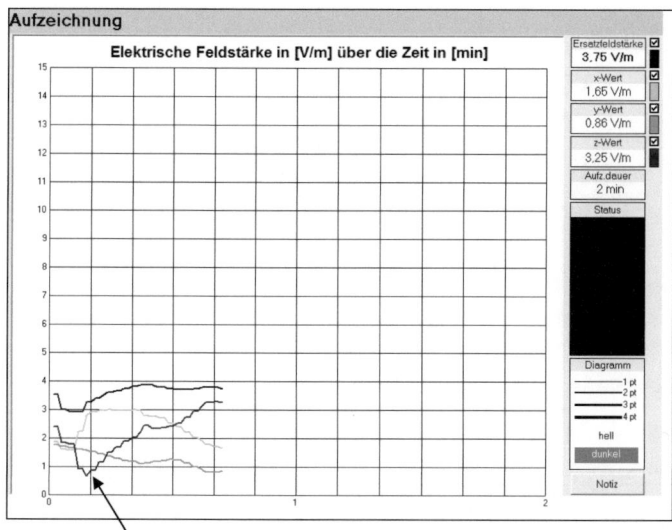

Feldsenke! Durch den im Abstand von ca. 1,2 m zum Drucker befindlichen Heizkörper wird eine in Z-Achse höhere Feldstärke gegen Erdpotential erzeugt.

Abbildung 113: Diagramm über die Wiederholung der Abstandsmessung der elektrischen Feldstärke am Drucker (Grabmann, 2012)

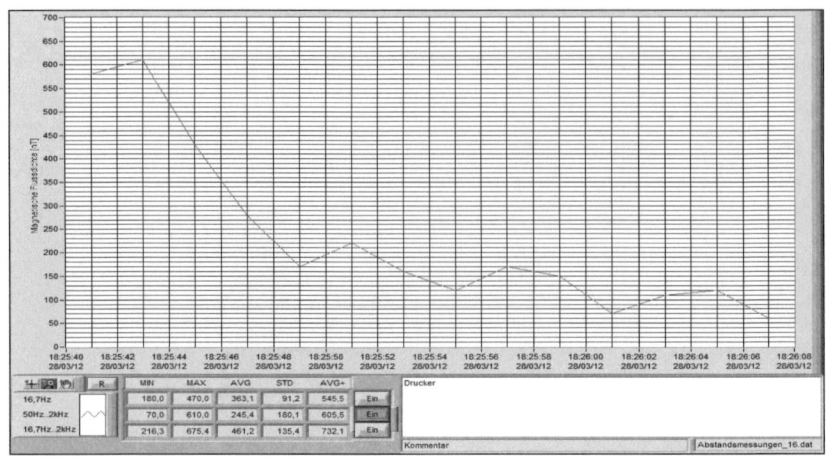

Abbildung 114: Diagramm über die Abstandsmessung der magnetischen Flussdichte am Drucker (Grabmann, 2012)

Heizung ein   Heizung aus   Heizung ein

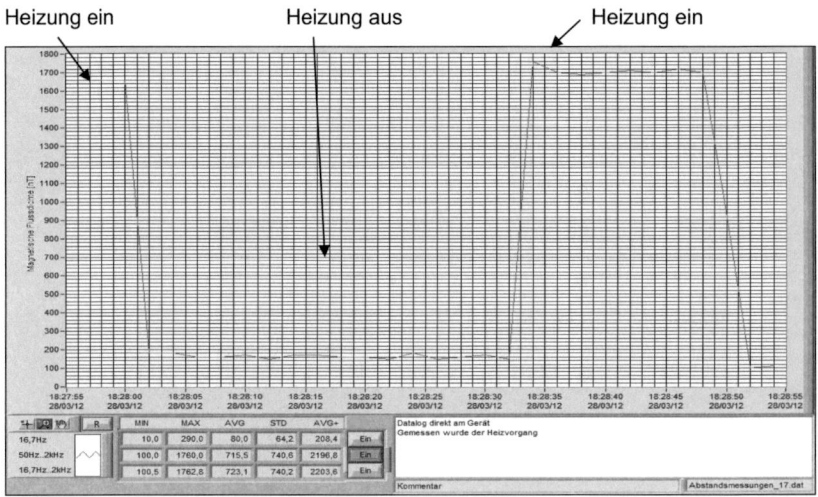

Abbildung 115: Diagramm über die Messung der magnetischen Flussdichte am Drucker bei Schaltvorgängen an der Geräteheizung (Grabmann, 2012)

Die Aufzeichnung dieser Messung erfolgte mit einem Datalog.

Ergebnis und Schlussfolgerung zur Abstandsmessung am Drucker

Die elektrische Feldstärke war grundsätzlich unter 10 V/m, auffallend war jedoch die Felderhöhung durch das Anschlusskabel, welches im Abstand von ca. 20 cm zum Drucker seine erhöhende Wirkung zeigte (Anstieg des Messwertes an der Z-Achse von 2 auf 7 V/m). Nach dem Auswechseln des Anschlusskabels durch ein abgeschirmtes Kabel wurde die Messung wiederholt, dabei hat sich ein Messwert an der Z-Achse <3 V/m im Abstand von ca. 20 cm ergeben. Allerdings ist die Ersatzfeldstärke wieder kontinuierlich auf ca. 4 V/m angestiegen, deren Ursache am nahen Heizkörper liegt, wo sich eine höhere Feldstärke gegen Erdpotential ausgebildet hat. Bei beiden Messungen war die Ersatzfeldstärke im Abstand von ca. 1 m unter 4 V/m. Das Signal der Z-Achse war auf Grund der Handführung des Messgerätes das beeinflusste Signal.

Die Messung der magnetischen Flussdichte ergab am Gerät einen Wert von ca. 580 nT, welcher jedoch bei einer weiteren Messung kurzzeitig auf ca. 1.750 nT angestiegen und wieder auf 200 nT abgefallen war (Schalten der Druckerheizung). Im Abstand von ca. 30 cm zum Gerät wurde erstmals der Wert von 200 nT unterschritten, und im Abstand von ca. 90 bis 100 cm wurden Werte von ca. 60 bis 100 nT gemessen.

Bei der Einhaltung eines Abstandes von 1 m zum Drucker ist mit einer Einhaltung des Richtwertes nach TCO Band I zu rechnen.

Abstandsmessung an der elektrischen Schreibmaschine

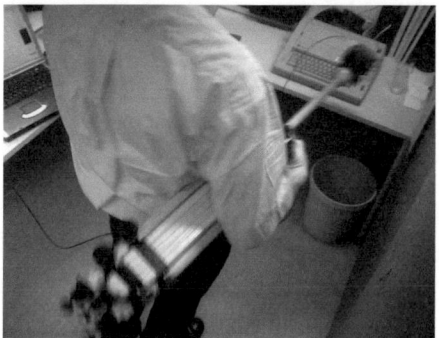

Abbildung 116: Foto über die Abstandsmessung der elektrischen Feldstärke an der elektrischen Schreibmaschine (Autor, 2012)

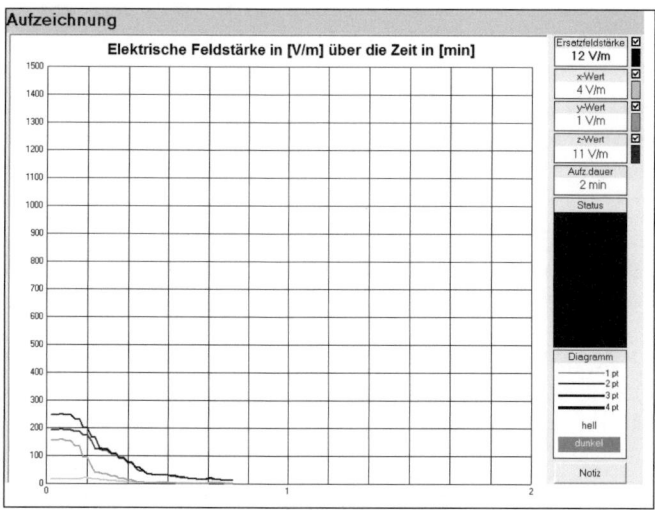

Abbildung 117: Diagramm über die Abstands-Messung der elektrischen Feldstärke an der elektrischen Schreibmaschine (Grabmann, 2012)

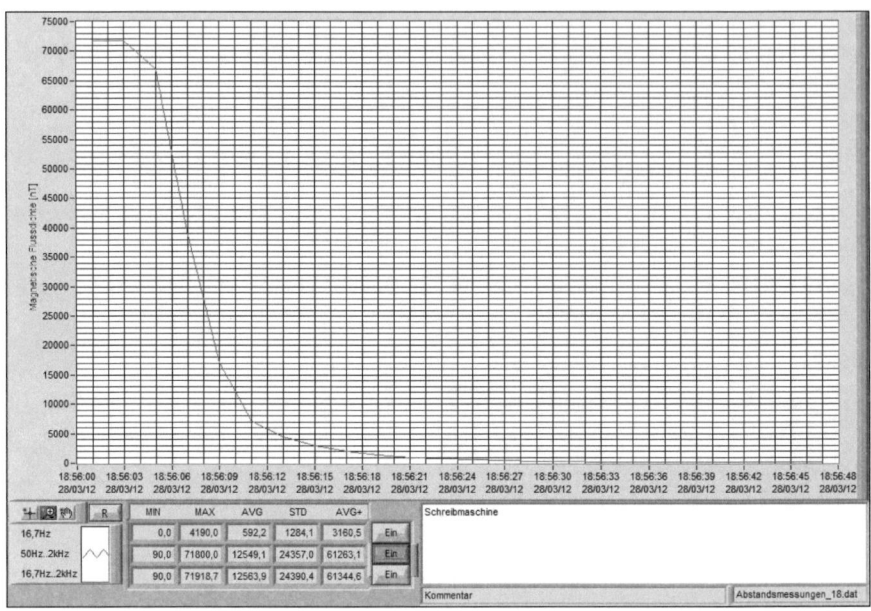

Abbildung 118: Diagramm über die Abstandsmessung der magnetischen Flussdichte an der elektrischen Schreibmaschine (Grabmann, 2012)

Ergebnis und Schlussfolgerung zur Abstandsmessung an der elektrischen Schreibmaschine

Die elektrische Feldstärke war grundsätzlich über 10 V/m. Direkt an der Schreibmaschine wurde eine Ersatzfeldstärke von 250 V/m festgestellt, welche ab einem Abstand von ca. 20 cm abnahm, nach ca. 50 cm noch über 80 V/m lag und schließlich bei einem Abstand von ca. 1 m einen Wert von 12 V/m ergab.

Für die Messung der magnetischen Flussdichte konnten auf Grund der hohen Werte an der Schreibmaschine (72.000 nT) keine genauen Angaben im Abstand von 1 m gemacht werden. Wobei jedoch zu bemerken ist, dass der Messwert bei einer Distanz von ca. 30 cm über 5.000 nT und bei einem Abstand von ca. 60 cm zur Schreibmaschine noch immer über 1.000 nT betrug.

Die Verwendung dieser elektrischen Schreibmaschine ist entsprechend der Richtwerte nach TCO Band I nicht mehr zu empfehlen.

11.7.11 Messung der magnetischen Flussdichte an der Oberfläche von Geräten

Weitere Messungen der magnetischen Flussdichte wurden an verschiedenen Geräten unter dem Einsatz einer Schnüffelsonde, das ist eine sehr klein ausgebildete Sonde, durchgeführt. Es erfolgten Kontrollmessungen an den bereits gemessenen Geräten, direkt an deren Oberfläche.

Messung an der Oberfläche der elektrischen Schreibmaschine

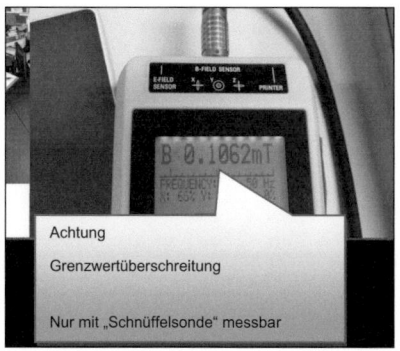
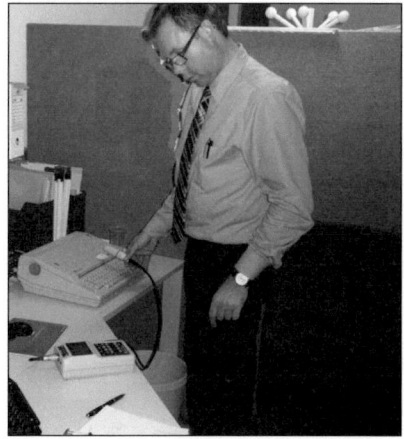

Abbildung 119: Fotos über die Oberflächenmessung der magnetischen Flussdichte an der elektrischen Schreibmaschine (Grabmann, 2012)

Ergebnis und Schlussfolgerung zur Oberflächenmessung an der elektrischen Schreibmaschine

Wie bereits von der Abstandsmessung zu erwarten war, konnte mit der Schnüffelsonde ein noch weit höherer Wert der magnetischen Flussdichte festgestellt werden, welcher auch eine Grenzwertüberschreitung bestätigte. Die Empfehlung nach VORNORM ÖVE/ÖNORM E 8850 für die Exposition der Allgemeinbevölkerung beträgt bei 50 Hz 100.000 nT! Die Exposition der Allgemeinbevölkerung kann hier angesetzt werden, da z.B. eine schwangere Mitarbeiterin an dieser Schreibmaschine arbeiten kann (Aussage des Herrn Grabmann).

Messung an der Oberfläche der Tastatur der Laptops und des Stand-PCs

höchster Wert auf der Tastatur = 2.000 nT

höchster Wert am Mousepad (Bedienung eingeschaltet) = 6.400 nT

höchster Wert am Mousepad (Bedienung ausgeschaltet) = 4.600 nT

Abbildung 120: Foto über die Messung der magnetischen Flussdichte am Laptop ohne Dockingstation (Grabmann, 2012)

höchster Wert = 1.400 nT

Abbildung 121: Foto über die Messung der magnetischen Flussdichte am Stand-PC (Grabmann, 2012)

höchster Wert auf der Tastatur und am Mousepad = 540 nT

Abbildung 122: Foto über die Messung der magnetischen Flussdichte am Laptop mit der Dockingstation (Grabmann, 2012)

Ergebnis und Schlussfolgerung zur Oberflächenmessung auf den Tastaturen

Die Werte der magnetischen Flussdichte wurden direkt auf den Tastaturen der Laptops und des Stand-PCs gemessen. Die Empfehlung nach TCO Band I bezieht sich auf einen Abstand von 30 cm zum Gerät und kann daher als Empfehlung nicht herangezogen werden.

Messung an der Oberfläche von Computermäusen

Es wurden vier Computermäuse an deren Oberfläche gemessen, wobei Maus 1 und Maus 3 drahtgebunden und Maus 2 und Maus 4 Funk-Mäuse sind. Die genaue Bezeichnung der Produkte ist dem Autor bekannt.

Bezeichnung	magnetische Flussdichte [nT]
Maus 1	110
Maus 2	132
Maus 3	98
Maus 4	116

Tabelle 33: Messung der magnetischen Flussdichte von Computermäusen (Autor, 2012)

Ergebnis und Schlussfolgerung zur Oberflächenmessung auf den Computermäusen

Die Werte der magnetischen Flussdichte direkt auf der Oberfläche der Computermäuse gemessen. Die Empfehlung nach TCO Band I bezieht sich auf einen Abstand von 30 cm zum Gerät und kann daher als Empfehlung nicht herangezogen werden.

11.7.12 Messung der Einschaltvorgänge vor den Laptops und dem Stand- PC an der Tastatur

Abbildung 123: Foto über die Messung der Einschaltvorgänge vor der Tastatur des Stand-PCs (Autor, 2012)

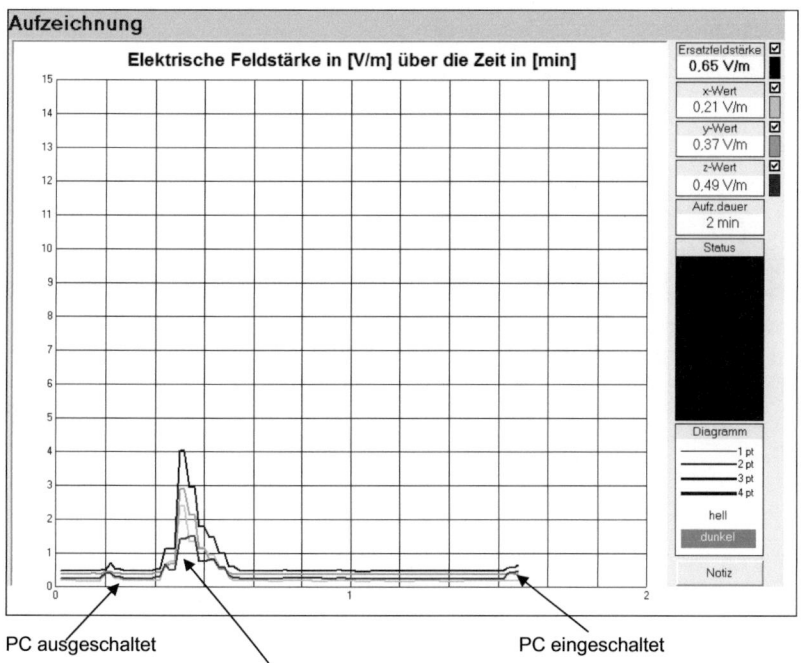

Abbildung 124: Diagramm über die Messung des elektrischen Feldes beim Einschaltvorgang des Stand-PCs, vor der Tastatur (Grabmann, 2012)

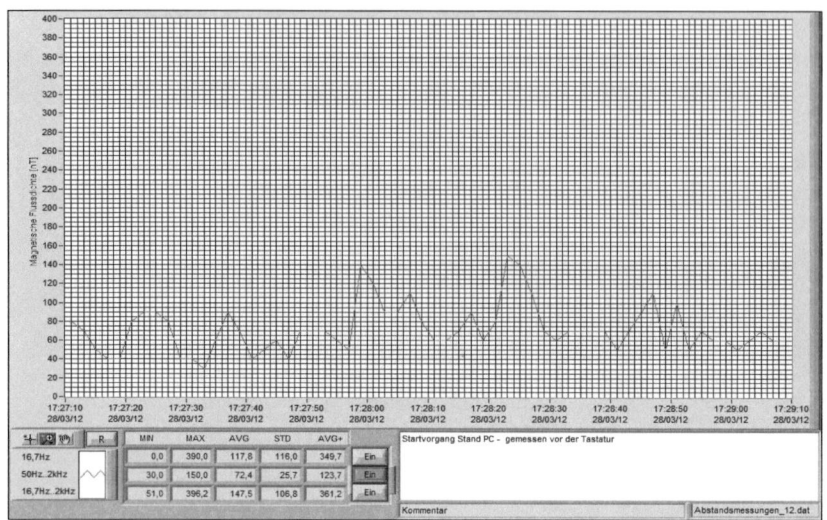

Abbildung 125: Diagramm über die Messung der magnetischen Flussdichte beim Einschaltvorgang des Stand-PCs, vor der Tastatur (Grabmann, 2012)

Abbildung 126: Foto zur Messung der Einschaltvorgänge vor der Tastatur des Laptops ohne Dockingstation, vor der Tastatur (Autor, 2012)

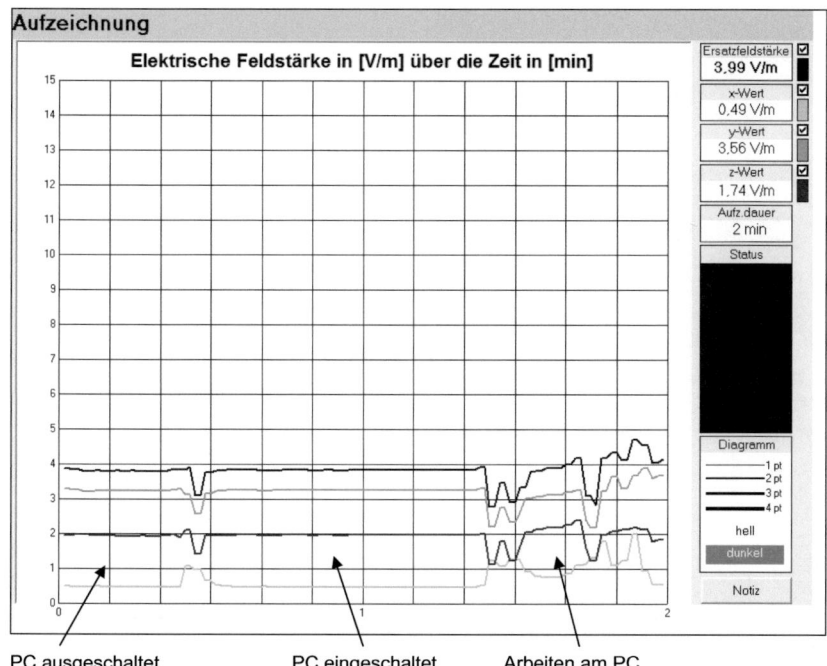

PC ausgeschaltet   PC eingeschaltet   Arbeiten am PC

Abbildung 127: Diagramm über die Messung des elektrischen Feldes beim Einschaltvorgang des Laptops ohne Dockingstation, vor der Tastatur (Grabmann, 2012)

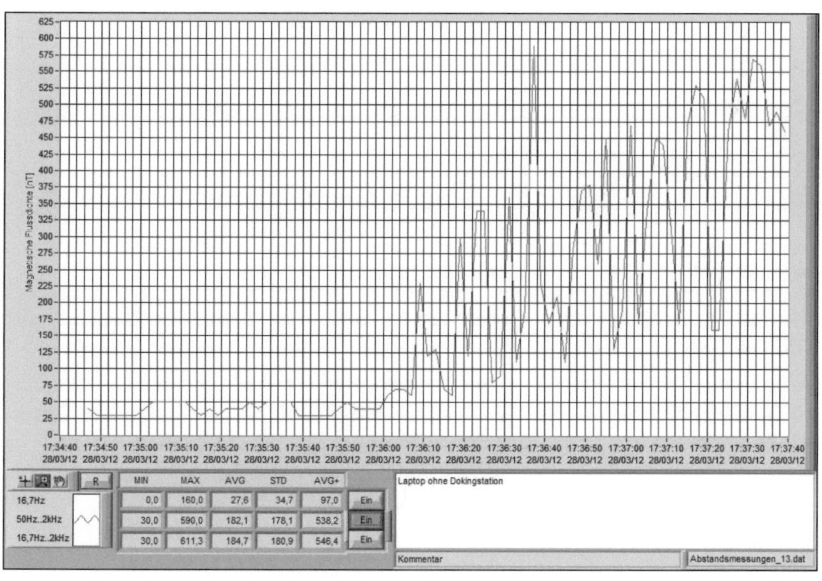

Abbildung 128: Diagramm über die Messung der magnetischen Flussdichte beim Einschaltvorgang des Laptops ohne Dockingstation, vor der Tastatur (Grabmann, 2012)

Abbildung 129: Foto über die Messung der Einschaltvorgänge vor der Tastatur des Laptops mit Dockingstation, vor der Tastatur (Autor, 2012)

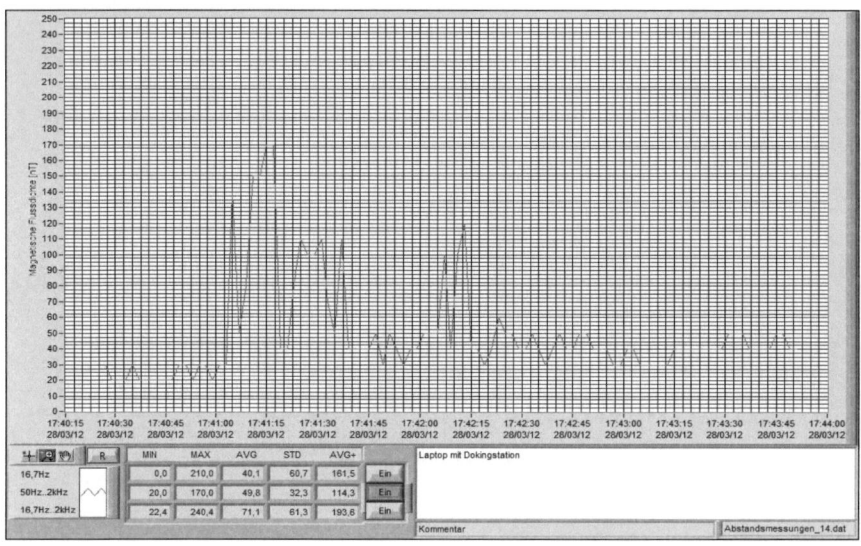

Abbildung 130: Diagramm über die Messung der magnetischen Flussdichte beim Einschaltvorgang des Laptops mit Dockingstation, vor der Tastatur (Grabmann, 2012)

Ergebnis und Schlussfolgerung zur Messung der Einschaltvorgänge vor den Laptops und dem Stand-PC

Bei den Messungen der elektrischen Felder konnten jeweils keine besonderen Veränderungen, wie Erhöhungen der Feldstärken während des Einschaltvorganges, festgestellt werden. Die Ursache in der Änderung der elektrischen Feldstärke während des Betriebes kann an der Bewegung des Bedieners liegen. Bei der Messung der magnetischen Flussdichte hingegen konnten erhebliche Schwankungen des Feldes aufgezeichnet werden. Während beim Einschaltvorgang die Werte zwischen 40 und 150 nT schwankten, wurden beim Arbeiten am PC Maximum-Werte von ca. 580 nT (beim Laptop ohne Dockingstation) erreicht.

12 Abgeleitete Senkungs-Maßnahmen zur Schaffung feldarmer Büro-Arbeitsplätze

Die Realisierung von feldarmen Büro-Arbeitsplätzen kann - aufbauend auf den Kapiteln über Dämpfungsmaßnahmen - durch diverse Produkte und den Einsatz von strahlungsarmen Geräten und strahlungsarmen Installationen erreicht werden. Durchgeführt wird dies mittels einzelner Maßnahmen als auch im Zusammenspiel mehrerer Punkte, was in den folgenden Kapiteln betrachtet wird.

12.1 Bau-technische Maßnahmen

Bei der Errichtung des Gebäudes bzw. bei Sanierungsmaßnahmen kann durch Auswahl entsprechender Materialien Einfluss auf die Reduzierung äußerer Felder im Büro-Arbeitsbereich genommen werden. Wie unter Kapitel 9 dargestellt, gibt es bereits eine erhebliche Anzahl von Produkten, die gute Dämpfungseigenschaften aufweisen.

12.1.1 Dämpfung im Außenbereich

An Hand der folgenden Abbildung werden Dämpfungsmaßnahmen im HF-Bereich, wie sie in den Kapiteln 9.1 bis 9.10 beschrieben wurden, gezeigt. Diese finden im Außenbereich Verwendung.

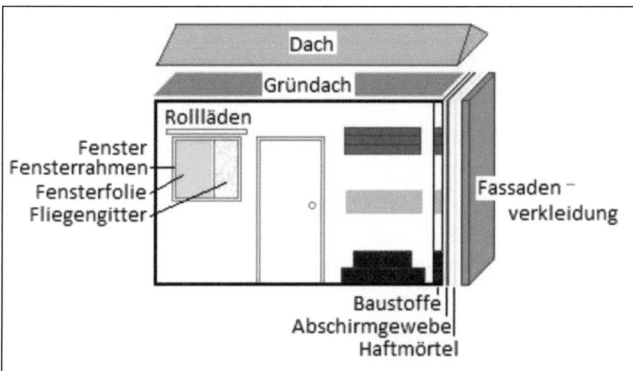

Abbildung 131: Schematische Darstellung der Außenhülle eines Gebäudes (Autor, 2011)

In der folgenden Tabelle werden die jeweils besseren Dämpfungswerte der einzelnen Produktgruppen angeführt. Betrachtet wird der niedrigste Dämpfungswert bezogen auf die drei ausgewählten Frequenzen (900 MHz, 1.900 MHz und 2.450 MHz).

Bezeichnung		Dämpfungswert [dB]
Dach und Dachaufbauten		
Dach	Bedeckung	25
	Wärmedämmsystem	57
	Dampfsperre	55
Gründach	mit Aufbau	28
Baustoffe und Fassade		
Baustoffe (in verschiedenen Stärken):	spezielle Ziegel	61
	Leichtbeton	20
	Stahlbeton	12
	Holzkonstruktion	15
Abschirmgewebe (feinmaschiges Kupfergewebe)		52
Haftmörtel		16
Fassadenverkleidung		38
Fenster und Zubehör		
Rollläden		25
Fenster		41
Fensterrahmen		21
Sonnenschutzglas		29
Fensterfolie		32
Fliegengitter		32

Tabelle 34: Die besseren Dämpfungswerte der einzelnen Produktgruppen (Autor, 2012)

Wie bereits in den Kapiteln 9.1 bis 9.10 festgestellt, kann hier zusammengefasst dargestellt werden: Bei der Dachdeckung konnten durch entsprechend ordentlich ausgeführte Verlegung beachtliche Dämmwerte erzielt werden. Im Vergleich der zu erreichenden Dämmwerte und der zu erwartenden Kosten für die einzelnen Produkte, ist eine Entscheidung für das Wärmedämmsystem bzw. der Dampfsperre die wahrscheinlichere.

Bei den Baustoffen werden stark divergente Dämpfungswerte abgebildet. Die Auswahl des Baustoffes zur Reduzierung elektromagnetischer Felder wird eher noch eine untergeordnete Rolle einnehmen, da meist für die Errichtung eines Gebäudes andere Kriterien zum Tragen kommen. Auch die Ausführung der Fassadenverkleidung unterliegt meist anderen Entscheidungskriterien (wie z.B. architektonische Festlegung), kann aber sehr gute Dämmwerte liefern. Bei den meisten Fassadenaufbauten ist die Anbringung von Abschirmgeweben anwendbar, was sehr gute Dämpfungswerte bringen kann.

Betrachtet man die ganze Außenhülle des Gebäudes, so stellen die Fenster mit ihren Glasflächen und Rahmen, und gleichermaßen auch die Eingangstüren, das schwächste Glied für die Dämpfung dar. Verbessern lässt sich die Situation durch zusätzliche Maßnahmen wie Fensterfolien, Fliegengitter und Rollläden, womit Gesamt-Dämpfungswerte um 40 dB erreicht werden können. Die Eingangstüren führen meist nicht direkt in ein Büro der Daueraufenthaltsbereich, daher kann man sie möglicherweise aus der Betrachtung für zusätzliche Dämpfungsmaßnahmen ausklammern, da aufgrund der Wände der Vorräume eine weitere Dämpfung erwartet werden kann. Befindet sich jedoch in der Eingangszone ein ständiger

Aufenthaltsbereich, wie z.B. eine Rezeption oder Verkaufsraum, so ist auch die Eingangstür in die Betrachtung mit einzuschließen.

12.1.2 Dämpfung im Innenbereich

Auch im inneren der Räumlichkeiten können durch verschiedene Materialien Dämpfungen im NF- und HF-Bereich durchgeführt werden. Die in den folgenden Tabellen enthaltenen Werte stammen aus den Kapiteln 9.7, 9.8, 9.11 und 10.5.

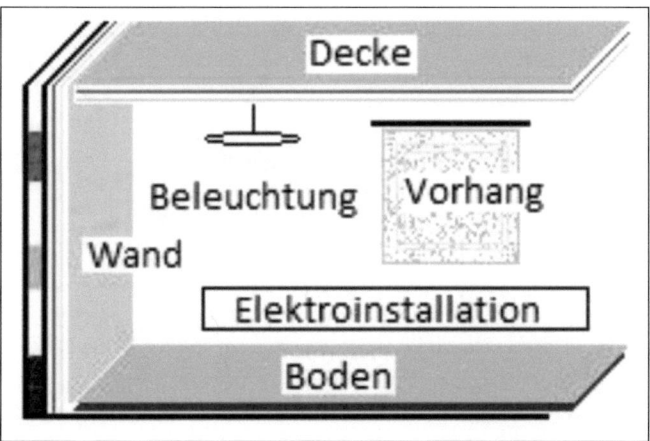

Abbildung 132: Schematische Darstellung des Innenraumes eines Büros (Autor, 2011)

Zur Abschirmung magnetischer Felder im NF-Bereich werden Abschirmplatten eingesetzt, deren Dämpfungswerte im Vergleich zu den Werten des Vlieses und der Dampfsperre niedrig ausfallen und auch noch mit hohen Kosten verbunden sind (siehe Tabelle 35). Bei der Aufstellung von Ständerwänden und bei der Durchführung von Innenausbauten können, wie in Tabelle 36 dargestellt, sehr gute Dämpfungswerte im HF-Bereich erzielt werden. Der in dieser Tabelle angeführte Gipskarton fällt zwar im Vergleich sehr stark ab, liefert jedoch auch noch einen Dämpfungsfaktor von über 90 %.

Bezeichnung	Dämpfungswert [dB]
Abschirmplatte Magno-Shield DUR (0,66 x 2,00 m)	12
Abschirmsystem PowerShield®	23

Tabelle 35: Dämpfungswerte von Wänden, Decken und Böden innen im NF-Bereich (Autor, 2012)

Bezeichnung	Dämpfungswert [dB]
Wände, Decken und Böden	
Vlies mit Kupferbeschichtung	54
Dampfsperre	55
Gipskartonplatte	12
Anstriche und Putze	
Wandfarbe beschichtet	28
Lehmputz	25
WDV-System + Kalkzement-Innenputz	43
Textilien	
Feinsilbergewebe	47
Baumwollgewebe mit Metallfäden	32
textiles Polyester-Gardinengewebe mit Metallfäden	13

Tabelle 36: Dämpfungswerte verschiedener Materialien im Innenraum, im HF-Bereich (Autor, 2012)

Die wahrscheinlich einfachste Möglichkeit eine Dämpfungsmaßnahme durchführen zu können, wird in den meisten Fällen das Aufbringen eines Anstriches oder Putzes sein. Bei diesen Maßnahmen werden schon Dämpfungsfaktoren von über 99 % erreicht. Das beste Ergebnis liefert hier ein WDV-System mit einem Dämpfungswert von über 40 dB und damit einen Dämpfungsfaktor von 99,99 %.

Bei den Textilien, welche vor allem als Vorhänge verwendet werden, ist auf die vorgeschriebenen Montagebedingungen (eventuell Erdung vorgeschrieben oder nicht möglich) zu achten. Die Vorhänge können als Zubehör zum Fenster im Innenbereich betrachtet werden und leisten somit einen erheblichen Beitrag zur Verbesserung der Dämpfungswerte um das Fenster.

12.1.3 Abschirmung von Elektroinstallationen

Elektroinstallationen, vom Hausanschluss über die Energieverteilung bis hin zur Steckdose, können bei der Errichtung bereits wesentlich für ein feldarmes Büro sorgen. So kann durch Vermeidung von Steigleitungen und Trassenführungen, welche sich nicht unbedingt an der angrenzenden Wand zum dahinter befindlichen Büro-Arbeitsplatz befinden sollten, der Einfluss elektrischer Felder aus der Gebäudeinstallation meist stark vermindert werden, da die niederfrequenten elektrischen Felder proportional der Entfernung zu Elektroinstallationen abnehmen. Bei der Elektroinstallation am Büroarbeitsplatz kann durch die Verwendung von geschirmten Leitungen für die Geräteanschlüsse und eine geordnete Verlegung der Leitungen und Steckdosen in Kabelkanälen bereits eine Senkung der elektrischen Felder erreicht werden. Dies war auch an Hand der durchgeführten Messungen an diversen Büro-Arbeitsplätzen nachweisbar (siehe Kapitel 11.5. und 11.7.1).

12.1.4 Abschirmung niederfrequenter magnetischer Felder

Des Weiteren konnten die niederfrequenten magnetischen Felder von Netzteilen durch Vergrößerung des Abstandes zum direkten Arbeitsbereich (>0,5 m) ebenfalls stark vermindert werden (siehe Kapitel 11.7.10). Im Einzelnen sind besonders ältere Geräte (wie Tischleuchten) zu messen und gegebenenfalls zu ersetzen. Besonders aufwendig und kostenintensiv sind beispielsweise Raumabschirmungen von Trafo-, Energieverteilungs- und Büroräumen (siehe Beispiele in den Kapiteln 11.1 und 11.2). Dies erfolgt meist durch Abschirmplatten, wie bereits im Kapitel 9.12 beschrieben wurde.

12.1.5 Antistatische Einrichtung

Um statische Aufladungen möglichst zu vermeiden, ist das Zusammenwirken mehrerer Faktoren erforderlich. Das beginnt mit dem Verlegen eines entsprechend leitfähigen Bodens. Auf diesem können antistatische Bürostühle eingesetzt werden, welche mit leitfähigen Polsterungen und ableitfähigen Rollen ausgestattet sind. Die Oberflächen der Möbel sollten ebenfalls antistatische Werte haben, um das Aufladen der Mitarbeiter über deren Kleidung möglichst in Grenzen zu halten. Für antistatische Vorhänge werden meist hochfrequenzdämpfende Materialien eingesetzt. Entsprechend der Produktdatenblätter sind Erdungsmaßnahmen vorzunehmen, um Potentialunterschiede zu vermeiden.

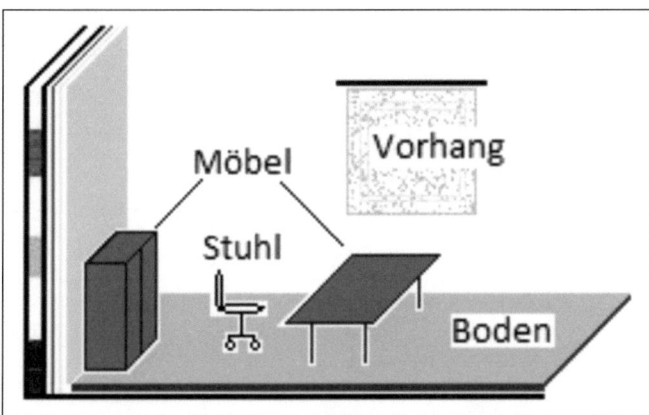

Abbildung 133: Schematische Darstellung der Möblierung eines Büros (Autor, 2011)

Antistatisches Bodenmaterial – antistatische Bodenbeläge

(aus Armstrong, 2007)

Bei Verwendung von ESD-Bodenbelägen in Verbindung mit leitfähigen Schuhen werden statische Ladungen über den Boden abgeleitet. Dissipative (elektrostatisch ableitende) Bodenbeläge verringern die Aufladung, welche beim Laufen [Gehen] und beim Bewegen von Stühlen und Rollen [z.B. von Rollcontainern] entsteht. Die entsprechenden Gegenstände müssen jedoch mit dissipativen oder leitfähigen Rollen und Räder ausgestattet sein, um das Abfließen der Ladung zum Boden zu ermöglichen.

Aus dem Technischen Handbuch für Bodenbeläge der Firma Armstrong wurde folgende Tabelle 37 entnommen, in der die EN-Normen für den elektrischen Widerstand und die Antistatik von Bodenbelägen definiert sind.

Elektrischer Widerstand	EN 1081 Piktogramme	Wird der Bodenbelag hinsichtlich der Eigenschaft Ableitfähigkeit/Leitfähigkeit gekennzeichnet, müssen folgende Werte erreicht werden. Elektrostatisch ableitende Bodenbeläge: Durchgangswiderstand maximal 1×10^9 Ω Elektrostatisch leitende Bodenbeläge: Durchgangswiderstand maximal 1×10^6 Ω
Antistatik	EN 1815 Piktogramm	Bei der Prüfung im Begehtest darf eine Personenaufladung von maximal 2,0 kV nicht überschritten werden.

Tabelle 37: Elektrischer Widerstand und Antistatik von Bodenbelägen (Armstrong, 2007)

VINYL-FLIESEN

Diese werden meist mit einem Streifen Kupferfolie geerdet und mit leitfähigem Acrylleim am Boden befestigt. Der Nachteil bei diesen Fliesen liegt in der geringen Resistenz gegen Hitze und Chemikalien.

GUMMI-FLIESEN

Die Befestigung erfolgt gleich wie bei den Vinyl-Fliesen, diese sind jedoch resistent gegen Hitze und Chemikalien.

TEPPICHE

Die Verlegung der Teppiche erfolgt meist in den Büros mit dem Nachteil, dass sie nicht besonders dissipativ sind.

HARZBÖDEN

Aus den Materialien wie Epoxydharz, Vinyl-Ester oder Polyurethan bestehende Harzböden sind je nach Beanspruchung in verschiedenen Dicken erhältlich. Sie sind beständig gegenüber Chemikalien, die oberste Schicht kann sich jedoch abnutzen und verkratzen.

Antistatische Vorhänge

Sämtliche wie im Kapitel 9.11, Seite 67 angeführte Textilien weisen antistatische Eigenschaften auf und werden auch als Vorhänge eingesetzt.

Antistatische Büro-Stühle

(aus Dauphin, 2011)

Alleine schon die Bewegung des Nutzers auf dem Büro-Stuhl kann elektrostatische Aufladung hervorrufen. Um solche Aufladungen zu minimieren, ist der Einsatz von Büro-Stühlen, wie sie in ESD-Bereichen verwendet werden, angebracht. Stühle für den ESD-Bereich weisen folgende Funktionsmerkmale auf:

- ✓ Die Polsterungen werden mit Metallfasern kaschiert, damit der Arbeitsstuhl elektrostatisch ableitfähig ist.
- ✓ Durch die antistatische Ausrüstung der Materialien reduziert sich die elektrostatische Aufladung.
- ✓ Die Leitfähigkeit des Stuhls beträgt entsprechend der DIN 61340-5-1 weniger als 10^6 Ohm

Antistatische Oberflächen der Möblierung

Unter Einhaltung der DIN 61340-1-5 mit weniger als 10^6 Ohm Oberflächenwiderstand für Schreibtische und Schränke können ebenfalls antistatische Werte erzielt werden, die zum Schutz vor elektrostatischer Aufladung beitragen.

12.2 Geräte-technische Maßnahmen

Nach dem durch bauliche Maßnahmen Einflüsse von „Außen" auf ein gewünschtes Maß unter entsprechender Verwendung von dämpfenden Materialien reduziert wurden, und die Einrichtungsgegenstände Oberflächenwiderstände von 10^5 bis 10^{12} Ohm (entsprechen dissipativer Materialien) aufweisen, werden nun die „inneren Quellen" im Büro betrachtet. In der folgenden schematischen Darstellung ist die technische Ausstattung eines Büros dargestellt.

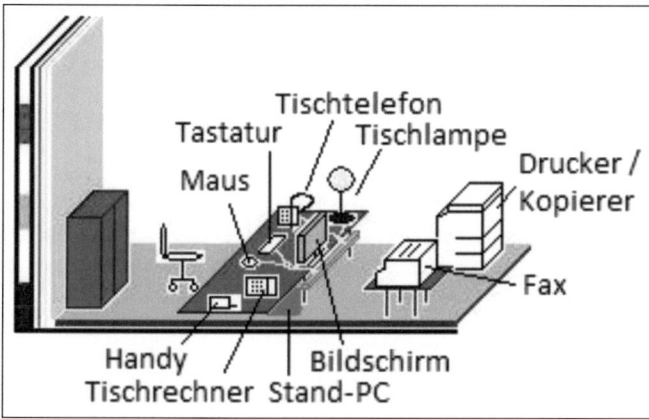

Abbildung 134: Schematische Darstellung der technischen Ausrüstung im Büro (Autor, 2011)

12.2.1 Technische Ausrüstung am Büro-Arbeitsplatz

Computer, Monitor, Laptop, Tastatur und Maus

Bei der heutigen Gerätegeneration unterscheidet man grundsätzlich zwischen kabelgebundener und kabelloser Datenübermittlung zwischen Computer und Zubehör. Die kabelgebundene Übermittlung der Daten erfolgt in geschirmten Kabeln und verursacht daher keine elektromagnetischen Felder (siehe Kapitel 4). Die kabellose Datenübermittlung erfolgt im HF-Bereich und führt zu elektromagnetischen Feldern im Nahbereich des bedienenden Menschen und der Geräte (siehe am Beispiel einer Bluetooth-Übertragung im Kapitel 11.7.6 mit einer Leistungsflussdichte von 3 mW/m²). Die kabelgebundene Datenübermittlung hat den Vorteil einer gewissen Erschwernis von Datendiebstahl durch die vorhandene Schirmung. (Wurde in dieser Arbeit jedoch nicht weiter behandelt.)

Im Kapitel 8.3 über innere Quellen von NF-Feldern im Büro-Arbeitsplatzbereich wurden magnetische Flussdichten eines Computers und Laptops, gemessen an den Tastaturen, in einer Tabelle dargestellt. Die Werte unterscheiden sich sehr stark, bei der Auswahl der Geräte wird hierauf jedoch nicht geachtet.

Bei der Messung an der Oberfläche der Computermäuse wurden keine großen Unterschiede zwischen drahtgebundenen und drahtlosen Geräten festgestellt.

Wie bereits im Kapitel 6 beschrieben, hat man durch Verwendung von TCO-zertifizierten Geräten (ausgestattet mit einem TCO-Prüfsiegel) technische Eigenschaften am Produkt, welche auf Sicherheit, Umweltfreundlichkeit und zum Schutz der Gesundheit der Nutzer ausgerichtet sind.

Drucker

Zur Ausbildung eines feldarmen Arbeitsplatzes ist ein Abstand von >1 m erforderlich (siehe Kapitel 8.3 und 11.7.10). Eine Aufstellung der Geräte, welche heute bereits in vielen Fällen das Kombinationsgeräte ausgeführt sind, in einem eigenen Druckerraum wäre eine zu bevorzugende Variante, da durch Ozon und die verwendeten Tonermaterialien zusätzliche Felder für den Menschen entstehen können. (Wird hier nicht weiter thematisiert.)

Tischleuchten

Diese werden immer wieder als zusätzliche Arbeitsplatzbeleuchtung verwendet. Beim Einsatz von Energiesparlampen ist auf elektromagnetische Felder zu achten und gegebenenfalls Abschirmmaßnahmen vorzunehmen, wie die Verwendung metallischer, geerdeter Lampenschirme und durchgängiger Schutzleiteranschlüsse an den Leuchten (siehe Kapitel 3.3.1 unter Felder im Hausbereich, Energiesparlampen).

Tischventilatoren

Tischventilatoren sind auf Grund des Ventilatormotors als potentielle Feldquelle zu betrachten und in die Beurteilung einer Gesamtsituation mit aufzunehmen. Eine Verwendung im Nahbereich sollte durch eine Messung beurteilt werden.

Schreibmaschinen

Diese verschwinden immer mehr aus dem Bürobereich bzw. werden meist nur mehr für bestimmte Formulare und Beschriftungen verwendet. Somit sind sie in den meisten Fällen nur mehr kurzzeitig im Einsatz. Bei der im Kapitel 11.7.11 angeführten elektrischen Schreibmaschine kam es zu einer Grenzwert-Überschreitung, welche an der Oberfläche der Tastatur gemessen wurde. Schreibmaschinen sind daher ebenfalls zur Betrachtung der Gesamtsituation am Büro-Arbeitsplatz mit einzubeziehen.

Rechenmaschinen (Tischrechner)

Diese wurden zwar bei der systematischen Erfassung nicht-ionisierender Quellen im NF-Bereich (siehe Kapitel 8.3) nicht angeführt, sollten aber auf Hinweis von Tappler bei der Betrachtung der Arbeitsplatzsituation als Feldquelle mit aufgenommen werden.

Klein-Transformatoren und Netzteile

Diese werden meist im Bereich des Fußraumes unterhalb des Schreibtisches abgelegt. Da jedoch Klein-Transformatoren und Netzteile, wie aus dem Kapitel 8.3, Tabelle 13, aus einer Messung zu entnehmen ist, sehr hohe magnetische Flussdichte-Werte aufweisen, sollte deren Lage so verändert werden, dass hier auch ein möglichst großer Abstand (>0,5 m) zum Menschen bei seiner sitzenden Tätigkeit gegeben ist.

Geschirmte Geräteanschlusskabel, geschirmte Verlängerungen und geschirmte Steckdosenleisten

Mit einer geschirmten Elektroinstallation von der Steckdose bis zum Verbraucher (neben der allgemeinen Hausinstallation) lassen sich die niederfrequenten elektrischen Felder sehr gut vermeiden und tragen daher sehr stark zu einem feldarmen Arbeitsplatz bei. Im Kapitel 11.5 Messungen an einem EDV-Arbeitsplatz konnte durch Schirmungsmaßnahmen die Reduktion der niederfrequenten elektrischen und magnetischen Felder an einem Beispiel sehr gut aufgezeigt und messtechnisch nachwiesen werden.

Verlegung der Netzkabel

In vielen Fällen werden die Geräteinstallationen und die damit verbundene Verlegung der Netzkabel meist ordentlich auf den Büro-Arbeitsplätzen ausgeführt. D.h. die Kabel werden in vorgesehene Installationskanäle und Wannen, welche bei heute üblicher Büro-Arbeitsplatz-Möblierung meist vorgesehen sind, verlegt oder gebündelt verlegt. Nach einiger Zeit befinden sich die Kabel durch kleine Veränderungen am Arbeitsplatz oftmals im Bereich der Beine und damit können möglicherweise höhere elektrische und magnetische Felder vorkommen. Daher ist die Verlegung der Kabel regelmäßig zu überprüfen. Hierzu nochmals der Hinweis auf die Messungen an einem EDV-Arbeitsplatz im Kapitel 11.5.

12.2.2 Vermeidung oder bedachter Einsatz

Die drahtlose Kommunikation ist heute bei einer Vielzahl an Firmen ein definierter Standard, der jedoch auch kritisch betrachtet werden kann und muss.

WLAN, WPAN, Bluetooth™ oder drahtgebundener Datenverkehr

Ein drahtloses, lokales Funknetzwerk (WLAN, WPAN), wie es im Kapitel 8.4 beschrieben wurde, hat für den Nutzer als auch den Errichter (kann auch Betreiber sein) dieses Netzwerkes gewisse Vorteile und Annehmlichkeiten gegenüber fest installiertem, über Datendosen drahtgebundenem System.

Unter dem Gesichtspunkt, den Mitarbeiter möglichst geringen elektromagnetischen Feldern auszusetzen, sind Kompromisse oft nicht vermeidbar. So sollte bei einer Tätigkeit am angestammten Arbeitsplatz ein drahtgebundenes Netzwerk zur Verfügung stehen. Die Computer und Laptops haben vielfach schon eingebaute WLAN-Mobilteile, die bei Inbetriebnahme des Gerätes ausgeschaltet und nur bei expliziter Nutzung des WLANs und WPANs eingesetzt werden sollten. Gleiches gilt auch für die Verwendung und Nutzung des Bluetooth™, welches in den meisten Fällen im kleinräumigen Bereich bzw. bei kurzen Abständen eingesetzt wird.

Handy, DECT-Schnurlos- oder Tischtelefon

Die klassische Ausstattung eines Büro-Arbeitsplatzes nur mit einem Tischtelefon, ist heute nicht mehr als Standard gültig. Viele Mitarbeiter benötigen, um flexibel, standortunabhängig im Betrieb und trotzdem ständig erreichbar zu sein, ein mobiles DECT-Schnurlostelefon. In solchen Fällen wird ein firmeninternes DECT-Netz errichtet. Dies ist vor allem für größere Betriebe mit vielen Teilnehmern und einer flächendeckenden Nutzung erforderlich. Bei kleineren Betrieben reicht oft eine Basisstation mit 5 bis 8 Mobilteilen. In weiterer Folge gibt es Mitarbeiter, die auch beim Verlassen des Firmenstandortes erreichbar sein müssen und daher mit einem Handy ausgestattet werden. Neben den Firmen-Handys besitzt mittlerweile fast jeder Österreicher ein Handy, welches er meist auf seinem Arbeitsplatz während der Dienstzeit abgelegt hat. Damit Handys am Büro-Arbeitsplatz eingesetzt werden können, ist eine entsprechende Empfangsqualität erforderlich.

Voraussetzungen zur Nutzung von DECT-Schnurlos und Handys in Büros

- Ausreichender Empfang im Büro, damit das Handy möglichst leistungsreduziert senden kann.
- Aufbau eines internen Netzes, wenn auf Grund zu starker äußerer Quellen Dämpfungsmaßnahmen erforderlich sind, die damit das Sende- und Empfangssignal zu stark schwächen. Dies würde wiederum bewirken, dass das DECT-Schnurlos und Handy ständig mit voller Sendeleistung betrieben werden müssten. (siehe Kapitel 3.3.2)

Reduzierung der Feld-Belastung beim Telefonieren auf dem Büro-Arbeitsplatz

- Verwendung von feldarmen Headsets (siehe Kapitel 8.4) unter möglichst weit entfernter Ablage des DECT-Schnurlos oder Handys am Schreibtisch.
- Verwendung von feldarmen Headsets für Tischtelefone zur Vermeidung von NF-Feldern.
- Nutzung der Freisprecheinrichtungen an den Tischtelefonen, soweit es die Büro-Situation zulässt.
- Verwendung von Tischtelefonen mit feldarmen Hörkapseln (siehe Kapitel 8.3).

12.3 Organisations-technische Maßnahmen

Bei der betrieblichen Organisation von Abläufen ist auch das persönliche Verhalten des einzelnen Mitarbeiters auf dessen Arbeitsplatz mit einzubeziehen. Gewisse Verhaltensregeln und Maßnahmen können hierbei zu einer bedingten Reduktion der Felder am Arbeitsplatz und im unmittelbaren Umfeld beitragen.

Diese wären wie folgt, wobei hier kein Anspruch auf Vollständigkeit besteht:

- Abschalten von nicht in Verwendung stehenden Geräten.
- Standby-Betrieb nur wenn nötig aufrecht erhalten. Eventuell bei Geräten mit langen Anlaufzeiten ist dies erforderlich (bei Geräten der jüngsten Generation kaum mehr der Fall).
- Automatische Monitor-Abschaltung: kann bei Geräten der jüngeren Generationen eingestellt werden; die Abschaltung erfolgt, wenn Maus und Tastatur über längere Zeit nicht bedient werden.
- Ersetzen alter PCs, Monitore und Zubehör durch neue Geräte.
- Ersetzen alter Druck-, Kopier- und Fax-Geräte durch neue Ausführungen.
- Unterbringung von peripheren Geräten in einem eigenen „Druckerraum".
- Verwendung abschaltbarer Steckdosenleisten für PC-Arbeitsplätze, womit Computer und Komponenten nach Dienstende einfach vom Netz getrennt (abgeschaltet) werden können (siehe Kapitel 10.8).
- Abstimmung der Betriebszeiten von Netzwerken und deren Komponenten mit den Nutzern (Drucker, Kopierer, Netzrechner usw.).
- Nutzung von Tischtelefonen mit neuester Technologie an Stelle von Schnurlostelefonen und Handys am Arbeitsplatz (siehe Kapitel 8.3, Absatz Tischtelefon).
- Verwendung der Freisprecheinrichtung bei den Tischtelefonen, wenn es das Arbeitsumfeld erlaubt (Störung benachbarter Mitarbeiter).

- Verwendung von drahtgebundenen Headsets gegenüber Bluetooth–Headsets bei allen Endgeräten, da hier die HF-Felder erheblich reduziert werden, was durch SAR–Messungen belegt wurde (siehe Kapitel 8.4, Absatz Headsets).
- Abschalten der Beleuchtung, wenn sie nicht gebraucht wird.

13 Empfehlungsleitfaden zur Ausführung von feldarmen Büro-Arbeitsplätzen

13.1 Anwendungsbereich des Leitfadens

Dieser Leitfaden kann grundsätzlich für die Planung baulicher Maßnahmen, wie Neu- und Umbau zur Ausstattung von Büro-Arbeitsplätzen (gemeint sind hier Einzelbüros wie auch Großraumbüros), verwendet werden. Er enthält Empfehlungen über die Vorgehensweise zur Planung und Umsetzung von feldarmen Büro-Arbeitsplätzen.

13.2 Grundsätzliche Festlegungen

Für die Umsetzung von feldarmen Büro-Arbeitsplätzen ist die Zusammenarbeit zwischen Bauherrn, Planer und Architekt, den ausführenden Firmen und der zur Messung beauftragten Fachfirma von großer Bedeutung.

Bauherr

Der Bauherr hat als Arbeitgeber die Richtlinie 2004/40/EG über Mindestvorschriften zum Schutz von Sicherheit und Gesundheit der Arbeitnehmer voraussichtlich ab 31. Oktober 2013 umzusetzen. Diese Richtlinie gibt Mindestwerte vor, die unbedingt einzuhalten sind.

Planer und Architekt

Planer und Architekt werden vom Bauherrn (= Kunde = Auftraggeber) über eigene Verträge (z.B. Architekten- und Ingenieurvertrag) beauftragt. Die Architekten und Planer haben eine fachliche und dem Stand der Technik entsprechende, die Gesetze und Vorschriften einhaltende Beratung, Planung und Bauausführung zu gewährleisten. Sie sind auch gefordert, dem Kunden entsprechende Lösungen zur Vermeidung etwaige EMF anzubieten.

Messtechniker

Zur Messung und Beurteilung von elektrischen, magnetischen und elektromagnetischen Feldern (EMF) sind entsprechende Fachfirmen wie Ziviltechniker, allgemein beeidete und gerichtlich zertifizierte Sachverständige, Amtssachverständige, technische Büros und ausdrücklich befugte Institute zu beauftragen.

Fachfirmen

Die Errichtung von Gebäuden und Anlagen hat durch entsprechende Fachfirmen mit fachlich ausgebildeten Mitarbeitern zu erfolgen.

Festlegung von Richtwerten

In Absprache zwischen Bauherr, Planer und Messtechnik sind einzuhaltende Richtwerte festzulegen. Diese haben die gesetzlichen Mindestanforderungen nach VORNORM Ö-VE/ÖNORM E 8850 und der EU-Richtlinie 2004/40/EG zu erfüllen oder können nach strengeren Kriterien festgelegt werden.

13.3 Ablauf zur Errichtung und Ausführung eines Gebäudes für feldarme Büroräume

ERFASSEN der örtlichen Gegebenheiten

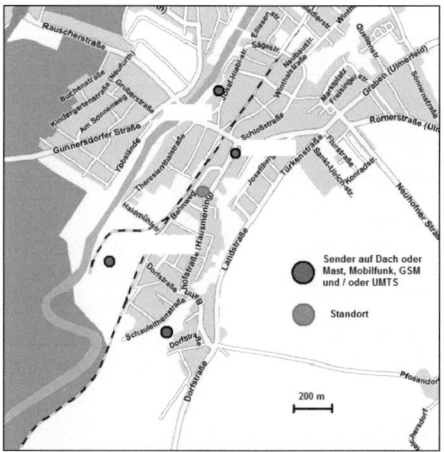

Abbildung 135: Lageplan mit nächstgelegenen Mobilfunk-Sendern (Autor, 2012)

- Aufnahme von Sende- und Empfangsanlagen der örtlichen Umgebung in einen Lageplan nach Sichtprüfung und Kontrolle der Daten aus dem Senderkataster in Bezug auf hochfrequente elektromagnetische Felder.
- Beachtung der Entfernung zu Bahnlinien und Transformatoren in Hinblick auf niederfrequente magnetische und elektrische Felder.
- Feststellung der Entfernung zu Hochspannungsleitungen als Einflussgröße für niederfrequente elektrische und magnetische Felder.
- Einholung von Informationen, ob noch weitere Feldquellen in der Umgebung geplant sind.

MESSEN der Umgebungsbedingungen
- **Messung sämtlicher EMF mit geeigneten Messgeräten**

  Es ist zu beachten, dass je nach den zu erwartenden Feldern verschiedene Messgeräte zum Einsatz kommen müssen, um auch richtige Messergebnisse zu erhalten. Die Problematik bei der Messung besteht darin, dass meist nur eine Momentaufnahme gemacht wird, und daher viele Einflüsse oft sofort nicht erkannt werden. Wenn möglich sollten Langzeitmessungen durchgeführt werden bzw. liegt es auch an der Erfahrung des Messtechnikers, ob die festgestellten Werte realistisch sind.

- **Aufnahme mehrerer Messpunkte**

  (flächendeckend) je nach Erfordernis (Feldquellen)

- **Auswertung und Analyse der Messergebnisse**
  - Woher kommen diese Felder?
    - Sind sie den planlich aufgenommenen Sende- und Empfangsanlagen zuordenbar?
    - Wurde ein sich nähernder Zug gemessen und in die Auswertung mit aufgenommen?
    - Sind die Hochspannungsanlagen und Trafostationen in Betrieb?
  - Wie hoch sind die Werte?
    - Wurden die Messungen zu Zeiten vorgenommen, an denen auch realistische Werte für Felder, denen der Mensch ausgesetzt wird, festzustellen sind?
    - Für die Messung von Hochspannungsanlagen und Trafostationen ist auch die Tageszeit von Bedeutung; eventuell auch Rückfrage beim Netzbetreiber halten hinsichtlich der übertragenen Leistung während der Messung.
  - Vergleich der Messergebnisse mit Richtwerten, Grenzwerten und Normen
    - Meist erfolgt eine Empfehlung des Messtechnikers entsprechend seiner persönlichen Erfahrung.
    - Unterscheidung zwischen nieder- und hochfrequenten Feldern.
    - Erwartung an Feldstärken im Gebäudeinneren, hervorgerufen durch die Feldwerte von außen – als ungefährer Anhaltspunkt.

PLANUNG und FESTLEGUNG von baulichen Maßnahmen

- **Analyse der Messergebnisse mit Bauherrn und Planer**
  - Welche EMF sind im Aufenthaltsbereich des Mitarbeiters, am Arbeitsplatz, von außen zu erwarten?
  - Wie hoch dürfen die durchschnittlichen bzw. maximalen Werte sein, gibt es hierzu Einschränkungen, wie beispielsweise gewünschte Werte des Bauherrn weit unter den Richtwerten und Empfehlungen?
  - Was bewirkt eine starke Dämpfung für die Übertragung nach außen (Handys, DECT–Schnurlos, WLAN)?
- **Festlegung von Maßnahmen zur Verringerung der zu erwartenden EMF im HF-Bereich an der Außenseite des Gebäudes**
  - Beseitigung von Feldquellen (wenn möglich).
  - Ausrichtung, Positionierung des Gebäudes am Grundstück dahingehend, dass ein Einfluss von EMF auf ein notwendiges Maß reduziert wird.
  - Anpassung und Ausrichtung der Büroaufteilung derart, dass Feldquellen von außen nur in einem erforderlichen Maß im HF-Bereich vorhanden sind, damit eine ausreichende Kommunikation mit Handys, DECT-Schnurlos und, wenn erforderlich mit WLAN stattfinden kann.
  - Auswahl der Baustoffe und Materialien zum Aufbau der Außenhülle des Gebäudes entsprechend der geforderten, zu erreichenden Werte.

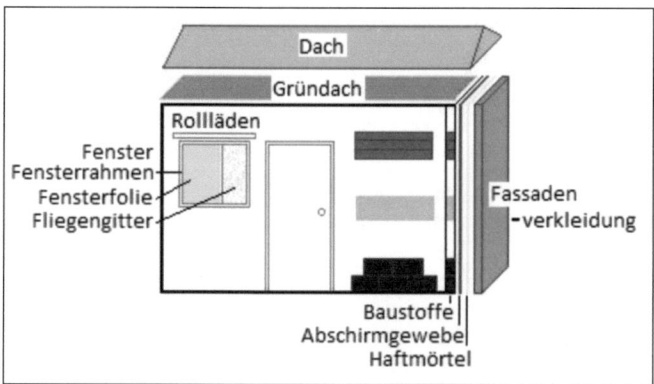

Abbildung 136: Schematische Darstellung der Außenhülle eines Gebäudes (Autor, 2012)

- Verwendung von Ziegeln mit entsprechender Dämpfung, wie aus Kalksandstein KS-protect.
- Einsatz von Lehmbaustoffen als Ziegel und/oder Verputz, z.B. Produkte der Firmen Lesando und Ziegelei Gumbel.
- Holzkonstruktionen, wobei hier auf die Art des Holzes und die Wandstärke zu achten ist. Besonders eignen sich hier Lärche, Fichte, Tanne und Kiefer bei Wandstärken von 37 bis 50 cm (auch in Kombination), z.B. Produkte der Firmen Thoma und Bau-Fritz.
- Fenster und Zubehör
  - Metallbedampfte Wärmeschutzgläser
  - Strahlenreflektierende Sonnenrollos
  - Alu-Rollläden
  - HF-Schutzgitter ähnlich einem Insekten-Schutzgitter
  - Sonnenschutzfolien
- Fensterrahmen aus Holz und Kunststoff mit möglichst geringen Spaltbreiten für eine hohe Dämpfungswirkung, wie geprüfte Produkte der Schreinerei Ziegelmeier und der Firma Weru.
- Fassaden
  - Fassadenverkleidung aus Aluminium, wie sie Firma Prefa anbietet.
  - Abschirmgewebe als metallfadenverstärktes Armierungsgewebe der Firma Sto
  - Haftmörtel der Firma Ernstbrunner
- Dachaufbauten
  - Wärmedämmsysteme auf den Sparren von Firma Bauder
  - Dampfsperren der Firmen Ampack und Dörken
  - Dachdeckung aus Aluminium der Firma Prefa

- **Festlegung von Maßnahmen zur Verringerung der zu erwartenden EMF im HF-Bereich an der Innenseite des Gebäudes**
  - Auswahl der Baustoffe und Materialien zum Aufbau der Innenhülle des Gebäudes entsprechend der geforderten, zu erreichenden Werte.

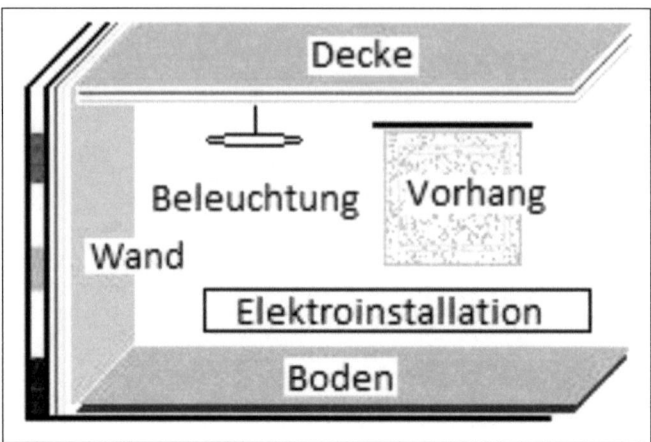

Abbildung 137: Schematische Darstellung des Innenraumes eines Büros (Autor, 2011)

- Textilien für Vorhänge
  - Feinsilber-Gewebe und -Netze von Biologa
  - Baumwoll- und Trevira-Gewebe von Biologa
- Anstriche und Putze für innen
  - Grundbeschichtungen, die elektrisch leitfähig sind, wie etwa das Produkt ElectroShield von DAW
  - Wärme-Dämm-Verbund-Systeme mit Kalkzement- oder Gips-Innenputz der Firma Ernstbrunner
- Wände, Böden und Vorhänge mit leitenden Materialien ausführen und potentialmäßig verbinden.
- Geschirmte Putz-, Hohlwand- und Gerätedosen einsetzen.
- Geschirmte Kabel und Leitungen für die Elektroinstallationen verwenden.
- Beleuchtungskörper mit Anschlüsse für Gehäuse- und Schirmerdung montieren.

- **Festlegung von Maßnahmen zur Verringerung der zu erwartenden EMF im NF-Bereich**
  - Beseitigung von Feldquellen (wenn möglich).
  - Ausrichtung, Positionierung des Gebäudes am Grundstück dahingehend, dass ein Einfluss von EMF im NF-Bereich auf ein möglichst niederes Maß reduziert wird.
  - Auswahl der Baustoffe und Materialien entsprechend der geforderten, zu erreichenden Werte

- Abschirmplatten zur Abschirmung und Dämpfung magnetischer Felder, was meist eine sehr teure Lösung darstellt.
- Elektroinstallationen mit geschirmten Kabeln und Leitungen durchführen.
- Wände, Böden und Vorhänge mit leitenden Materialien ausführen und potentialmäßig verbinden.
  - Anpassung und Ausrichtung der Büroaufteilung derart, dass niederfrequente Felder in einem möglichst geringen Maß auftreten können – durch Ausbildung entsprechender Abstände zu den Feldquellen.

UMSETZUNG von Maßnahmen

Nachdem die Baustoffe und Materialien festgelegt wurden, erfolgt die Errichtung des oder der Gebäude. Hierbei ist zu beachten:

- Die Fachfirmen sind durch die örtliche Bauleitung entsprechend der geforderten Leistungen zu unterweisen und auf eine ordnungsgemäße Ausführung der Gewerke aufmerksam zu machen.
- Die Überwachung der baulichen Ausführungen ist durch die örtliche Bauleitung durchzuführen, unter Beachtung und Einhaltung der geforderten Genauigkeit, welche für das Erreichen der gewünschten Dämpfungswerte notwendig ist.
- Nach Herstellung des Rohbaus ist eine Kontrollmessung zu empfehlen, die etwaige Mängel, verursacht durch die Professionisten, aufzeigen kann bzw. zeigt, dass weitere Dämpfungsmaßnahmen erforderlich sind oder bestenfalls von weiteren Maßnahmen abgesehen werden kann.
- Fachmännische Installation sämtlicher Gewerke mit entsprechender Erdungsanbindung und Herstellung eines Potentialausgleichs:
  - Elektroinstallation: Geschirmte Elektroinstallationsleitungen, geschirmte Installationsdosen, strahlungsarme Raumbeleuchtung
  - HKLS-Installation: Sämtliche Installationen sind geerdet auszuführen.
  - Anstriche und Abschirmmaterialien: Erdung soweit möglich und gefordert.

MESSUNG nach der Gebäudefertigstellung

Messung und damit Kontrolle des Ergebnisses der Abschirmmaßnahmen unter Einhaltung der selbst festgelegten Grenz- und Richtwerte sowie der Richtlinien der Europäischen Union.

- Prüfung der Dämpfungswirkung: Können Handys noch empfangen und senden oder ist auf Grund der erforderlich hohen Sendeleistung der Handys ein internes Netz erforderlich?
- Bewertungen, Messungen und/oder Berechnungen sind in angemessenen Zeitabständen sachkundig geplant durchzuführen und gemäß der Ratsempfehlung der Europäischen Union 1999/519/EG und der Richtlinie 2012/11/EU vom 19. April 2012 zur Änderung der Richtlinie 2004/40/EG, Artikel 13 Absatz 1, mit Datum „31. Oktober 2013" umzusetzen.
- Entsprechend der Richtlinie 2004/40/EG, Artikel 4, ist der Arbeitgeber verpflichtet, Ermittlung der Exposition und Bewertung der Risiken durchzuführen, wo im Absatz 1 festgehalten wird:

„Im Rahmen seiner Pflichten gemäß Artikel 6 Absatz 3 und Artikel 9 Absatz 1 der Richtlinie 89/391/EWG [über die Durchführung von Maßnahmen zur Verbesserung der Sicherheit und des Gesundheitsschutzes der Arbeitnehmer bei der Arbeit] nimmt der Arbeitgeber eine Bewertung, erforderlichenfalls eine Messung und/oder Berechnung der elektromagnetischen Felder vor, denen die Arbeitnehmer ausgesetzt sind. Bis alle einschlägigen Bewertungs-, Mess- und Berechnungsfälle durch harmonisierte Europäische Normen des CENELEC abgedeckt sind, kann die Bewertung, Messung und Berechnung gemäß den in Artikel 3 genannten wissenschaftlichen untermauerten Normen und Leitlinien erfolgen sowie gegebenenfalls unter Berücksichtigung der von den Herstellern der Arbeitsmittel angegebenen Emissionswerte, wenn die Arbeitsmittel in den Geltungsbereich der einschlägigen Gemeinschaftsrichtlinien fallen."

Dazu ist im Artikel 6 Absatz 3 der Richtlinie 89/391/EWG festgehalten:

„Unbeschadet der anderen Bestimmungen dieser Richtlinie hat der Arbeitgeber je nach Art der Tätigkeit des Unternehmens bzw. Betriebs folgende Verpflichtungen:

a) Beurteilung von Gefahren für Sicherheit und Gesundheit der Arbeitnehmer, unter anderem bei der Auswahl von Arbeitsmitteln, chemischen Stoffen oder Zubereitungen und bei der Gestaltung der Arbeitsplätze.

Die vom Arbeitgeber aufgrund dieser Beurteilung getroffenen Maßnahmen zur Gefahrenverhütung sowie die von ihm angewendeten Arbeits- und Produktionsverfahren müssen erforderlichenfalls

- einen höheren Grad an Sicherheit und einen besseren Gesundheitsschutz der Arbeitnehmer gewährleisten;

- in alle Tätigkeiten des Unternehmens bzw. des Betriebes und auf allen Führungsebenen einbezogen werden;

b) bei Übertragung von Aufgaben an einen Arbeitnehmer Berücksichtigung der Eignung dieses Arbeitnehmers in [B]ezug auf Sicherheit und Gesundheit;

c) bei der Planung und Einführung neuer Technologien sind die Arbeitnehmer bzw. ihre Vertreter zu den Auswirkungen zu hören, die die Auswahl der Arbeitsmittel, die Gestaltung der Arbeitsbedingungen und die Einwirkung der Umwelt auf den Arbeitsplatz für die Sicherheit und Gesundheit der Arbeitnehmer haben;

d) es ist durch geeignete Maßnahmen dafür zu sorgen, daß nur die Arbeitnehmer, die ausreichende Anweisungen erhalten haben, Zugang zu den Bereichen mit ersten und spezifischen Gefahren haben."

Und gemäß Artikel 9 Absatz 1 der Richtlinie 89/391/EWG:

„ Der Arbeitgeber muß

a) über eine Evaluierung der am Arbeitsplatz bestehenden Gefahren für die Sicherheit und die Gesundheit auch hinsichtlich der besonders gefährdeten Arbeitnehmergruppen verfügen;

b) die durchzuführenden Schutzmaßnahmen und, falls notwendig, die zu verwendenden Schutzmittel festlegen;

c) eine Liste der Arbeitsunfälle, die einen Arbeitsunfall von mehr als drei Arbeitstagen für den Arbeitnehmer zur Folge hatten, führen;

d) für die zuständige Behörde im Einklang mit den nationalen Rechtsvorschriften bzw. Praktiken Berichte über die Arbeitsunfälle ausarbeiten, die die bei ihm beschäftigten Arbeitnehmer erlitten haben."

Im Artikel 3 der Richtlinie 2004/40/EG wird festgehalten:

„Expositionsgrenzwerte und Auslösewerte

(1) Die Expositionsgrenzwerte entsprechen den im Anhang Tabelle 1 festgelegten Werten.

(2) Die Auslösewerte entsprechen den im Anhang Tabelle 2 festgelegten Werten.

(3) Bis alle einschlägigen Bewertungs-, Mess- und Berechnungsfälle durch harmonisierte Europäische Normen des Europäischen Komitees für elektrotechnische Normung (CENELEC) abgedeckt sind, können die Mitgliedsstaaten für die Bewertung, Messung und/oder Berechnung der Exposition des Arbeitnehmers gegenüber elektromagnetischen Feldern andere wissenschaftlich untermauerte Normen oder Leitlinien anwenden."

- Messung des elektrischen Feldes
  - Rasterfeldmessung im Arbeitsbereich, Bürobereich
  - Feststellung der Einflüsse von Installationen
- Messung der magnetischen Flussdichte
  - Feststellung der Einflüsse von Trafos, Eisenbahn ...
  - Eventuell auch als Langzeitmessung – Einflüsse der Eisenbahn, Hochspannungsleitungen
- Messung der elektrischen Oberflächenspannung
  - zur Prüfung von statischen Aufladungen von Bodenbelägen, Wänden, Vorhängen ...
- Hochfrequenzmessung am Arbeitsplatz, im Bürobereich
  - Feststellung der Felder einzelner Funkdienste, WLAN-Netzwerke, DECT-Schnurlostelefone,..
  - Überprüfung der Netzqualität
  - Frequenzüberlagerungen im Leitungsnetz erkennen

13.4 Ablauf zur Sanierung eines Gebäudes für feldarme Büroräume

ERFASSEN der örtlichen Gegebenheiten, der Umgebungs-Situation im Außenbereich

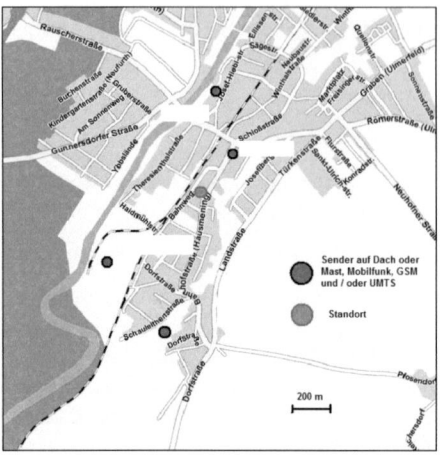

Abbildung 138: Lageplan mit nächstgelegenen Mobilfunk-Sendern (Autor, 2012)

- Aufnahme von Sende- und Empfangsanlagen der örtlichen Umgebung in einen Lageplan nach Sichtprüfung und Kontrolle der Daten aus dem Senderkataster in Bezug auf hochfrequente elektromagnetische Felder.
- Beachtung der Entfernung zu Bahnlinien und Transformatoren in Hinblick auf niederfrequente elektrische und magnetische Felder.
- Feststellung der Entfernung zu Hochspannungsleitungen als Einflussgröße für niederfrequente elektrische und magnetische Felder fest.
- Einholung von Informationen, ob noch weitere Feldquellen in der Umgebung geplant sind.

ERFASSEN der örtlichen Gegebenheiten, der Umgebungs-Situation im Innenbereich

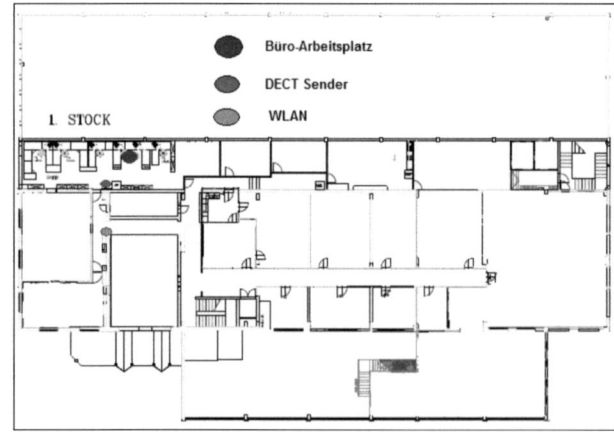

Abbildung 139: Bürogebäude mit gemessenem Büro-Arbeitsplatz (Autor, 2012)

- Aufnahme von Sende- und Empfangsanlagen der örtlichen Umgebung in einen Lageplan nach Sichtprüfung und Kontrolle in Bezug auf hochfrequente elektromagnetische Felder
- Feststellung der Entfernung von Hochspannungsleitungen zum Arbeitsplatz als Einflussgröße für niederfrequente elektrische und magnetische Felder.
- Befinden sich Energieverteilungsräume und Trafoanlagen im Umfeld vom Büro-Arbeitsplatz?
- Einholung von Informationen, ob noch weitere Feldquellen in der Umgebung geplant sind.
- Sind bereits abschirmende Einrichtungen und Einbauten vorhanden?

MESSEN der Umgebungsbedingungen

- **Messung sämtlicher äußerer und innerer EMF mit geeigneten Messgeräten**

  Es ist zu beachten, dass je nach den zu erwartenden Feldern verschiedene Messgeräte zum Einsatz kommen müssen, um auch richtige Messergebnisse zu erhalten. Die Problematik bei der Messung besteht darin, dass meist nur eine Momentaufnahme gemacht wird, und daher viele Einflüsse oft sofort nicht erkannt werden. Wenn möglich sollten Langzeitmessungen durchgeführt werden bzw. liegt es auch an der Erfahrung des Messtechnikers, ob die festgestellten Werte realistisch sind.

- **Aufnahme mehrerer Messpunkte**

  (flächendeckend) je nach Erfordernis (Feldquellen)

  o Feststellung der Werte von internen Übertragungseinrichtungen wie WLAN und DECT

  o Messung von Beleuchtungssystemen

  o Messungen im Bereich von Elektroinstallationen, Kabeltrassen, Energieverteilerräume

  o Messung an HKLS(Heizung, Klima, Lüftung, Sanitär)-Installationen

- **Auswertung und Analyse der Messergebnisse**

  o Woher kommen diese Felder?
  - Sind sie den planlich aufgenommenen Sende- und Empfangsanlagen zuordenbar?
  - Wurde ein sich nähernder Zug gemessen und in die Auswertung mit aufgenommen?
  - Sind die Hochspannungsanlagen und Trafostationen in Betrieb? Wie hoch ist die Auslastung der Anlage?

  o Wie hoch sind die Werte?
  - Wurden die Messungen zu Zeiten vorgenommen, an denen auch realistische Werte für Felder, denen der Mensch ausgesetzt wird, festzustellen sind?
  - Für die Messung von Hochspannungsanlagen und Trafostationen ist auch die Tageszeit von Bedeutung; eventuell auch Rückfrage halten beim Netzbetreiber, bei den betriebsverantwortlichen Haustechnikern und beim Facility Management hinsichtlich der übertragenen Leistung während der Messung und der Messphasen.

  o Vergleich der Messergebnisse mit Richtwerten, Grenzwerten und Normen

- Meist erfolgt eine Empfehlung des Messtechnikers entsprechend seiner persönlichen Erfahrung.
- Unterscheidung zwischen nieder- und hochfrequenten Feldern.
- Erwartung an Feldstärken im Gebäudeinneren, hervorgerufen durch die Feldwerte von außen und innen – als ungefährer Anhaltspunkt.

PLANUNG und FESTLEGUNG von baulichen Maßnahmen
- **Analyse der Messergebnisse mit Bauherrn und Planer**
  - Welche EMF sind im Aufenthaltsbereich des Mitarbeiters, am Arbeitsplatz, von außen zu erwarten?
  - Wie hoch dürfen die durchschnittlichen bzw. maximalen Werte sein? Gibt es hierzu Einschränkungen, wie beispielsweise gewünschte Werte des Bauherrn weit unter den Richtwerten und Empfehlungen?
  - Was bewirkt eine starke Dämpfung für die Übertragung nach außen (Handys, DECT–Schnurlos, WLAN)?
  - Sind im Bereich von vorhandenen Übertragungseinrichtungen (WLAN, DECT...) erhöhte Werte vorhanden?
- **Festlegung von Maßnahmen zur Verringerung der zu erwartenden EMF im HF-Bereich an der Außenseite des Gebäudes**
  - Beseitigung von Feldquellen (wenn möglich).
  - Anpassung und Ausrichtung der Büroaufteilung derart, dass Feldquellen von außen nur in einem erforderlichen Maß im HF-Bereich vorhanden sind, damit eine ausreichende Kommunikation mit Handys, DECT-Schnurlos und, wenn erforderlich, mit WLAN stattfinden kann.
  - Auswahl der Baustoffe und Materialien zur Sanierung der Außenhülle des Gebäudes entsprechend der geforderten, zu erreichenden Werte.

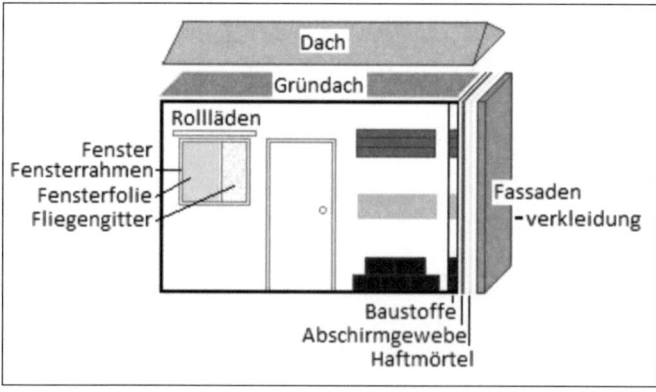

Abbildung 140: Schematische Darstellung der Außenhülle eines Gebäudes (Autor, 2011)

- Fenster und Zubehör
  - Metallbedampfte Wärmeschutzgläser
  - Strahlenreflektierende Sonnenrollos
  - Alu-Rollläden
  - HF-Schutzgitter ähnlich einem Insekten-Schutzgitter
  - Sonnenschutzfolien
- Fensterrahmen aus Holz und Kunststoff mit möglichst geringen Spaltbreiten für eine hohe Dämpfungswirkung, wie geprüfte Produkte der Schreinerei Ziegelmeier und der Firma Weru.
- Fassaden
  - Fassadenverkleidung aus Aluminium, wie sie Firma Prefa anbietet.
  - Abschirmgewebe als metallfadenverstärktes Armierungsgewebe der Firma Sto
  - Haftmörtel der Firma Ernstbrunner
- Dachaufbauten
  - Wärmedämmsysteme auf den Sparren von Firma Bauder
  - Dampfsperren der Firmen Ampack und Dörken
  - Dachdeckung aus Aluminium der Firma Prefa
- **Festlegung von Maßnahmen zur Verringerung der zu erwartenden EMF im HF-Bereich an der Innenseite des Gebäudes**
  - Auswahl der Baustoffe und Materialien zum Aufbau der Innenhülle des Gebäudes entsprechend der geforderten, zu erreichenden Werte.

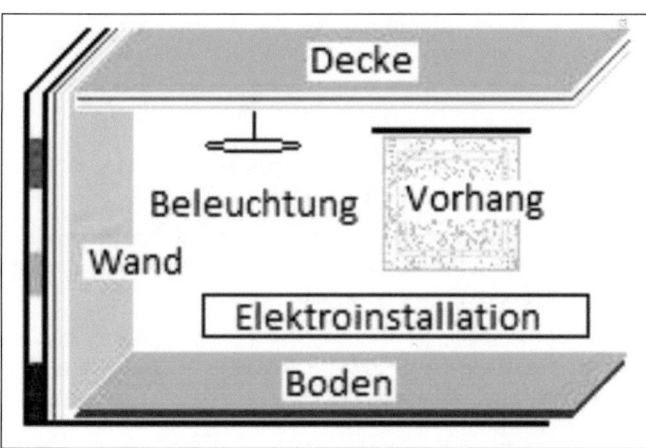

Abbildung 141: Schematische Darstellung des Innenraumes eines Büros (Autor, 2011)

- Textilien für Vorhänge
  - Feinsilber-Gewebe und -Netze von Biologa

- ➢ Baumwoll- und Trevira-Gewebe von Biologa
- Anstriche und Putze für innen
  - ➢ Grundbeschichtungen, die elektrisch leitfähig sind, wie etwa das Produkt ElectroShield von DAW
  - ➢ Wärme-Dämm-Verbund-Systeme mit Kalkzement- oder Gips-Innenputz der Firma Ernstbrunner
- Wände, Böden und Vorhänge mit leitenden Materialien ausführen und potentialmäßig verbinden.
- Geschirmte Putz-, Hohlwand- und Gerätedosen verwenden.
- Geschirmte Kabel und Leitungen für die Elektroinstallationen benutzen.
- Beleuchtungskörper mit Anschlüsse für Gehäuseerdung und Schirmerdung montieren.

- **Festlegung von Maßnahmen zur Verringerung der zu erwartenden EMF im NF-Bereich**
  - o Beseitigung von Feldquellen (wenn möglich).
  - o Auswahl der Baustoffe und Materialien entsprechend der geforderten, zu erreichenden Werte.
    - Abschirmplatten zur Abschirmung und Dämpfung magnetischer Felder, was meist eine sehr teure Lösung darstellt.
    - Elektroinstallationen mit geschirmten Kabeln und Leitungen ausstatten.
    - Wände, Böden und Vorhänge mit leitenden Materialien ausführen und potentialmäßig verbinden.
  - o Anpassung und Ausrichtung der Büroaufteilung derart, dass niederfrequente Felder in einem möglichst geringen Maß auftreten können – durch Ausbildung entsprechender Abstände zu den Feldquellen.

UMSETZUNG von Maßnahmen

Nachdem die Baustoffe und Materialien festgelegt wurden, erfolgt die Sanierung des oder der Gebäude. Hierbei ist zu beachten:

- Die Fachfirmen sind durch die örtliche Bauleitung entsprechend der geforderten Leistungen zu unterweisen und auf eine ordnungsgemäße Ausführung der Gewerke aufmerksam zu machen.
- Die Überwachung der baulichen Ausführungen ist durch die örtliche Bauleitung durchzuführen, unter Beachtung und Einhaltung der geforderten Genauigkeit, welche für das Erreichen der gewünschten Dämpfungswerte notwendig ist.
- Nach Sanierung der Außenhülle ist eine Kontrollmessung zu empfehlen, die etwaige Mängel, verursacht durch die Professionisten, aufzeigen kann bzw. zeigt, dass weitere Dämpfungs-Maßnahmen erforderlich sind oder bestenfalls von weiteren Maßnahmen abgesehen werden kann.

- Fachmännische Installation sämtlicher Gewerke mit entsprechender Erdungsanbindung und Herstellung eines Potentialausgleichs:
  - Elektroinstallation: Geschirmte Elektroinstallationsleitungen, geschirmte Installationsdosen, strahlungsarme Raumbeleuchtung
  - HKLS-Installation: Sämtliche Installationen sind geerdet auszuführen.
  - Anstriche und Abschirmmaterialien: Erdung soweit möglich und gefordert.
  - Überprüfung und Messung interner Sende- und Empfangseinrichtungen wie DECT und WLAN. Wenn erforderlich, Reduzierung der Sendeleistung durch Positionierung zusätzlicher Sender.

MESSUNG nach der Sanierung

Messung und damit Kontrolle des Ergebnisses der Abschirmmaßnahmen unter Einhaltung der selbst festgelegten Grenz- und Richtwerte sowie der Richtlinien der Europäischen Union.

- Prüfung der Dämpfungswirkung: Können Handys noch empfangen und senden oder ist auf Grund der erforderlich hohen Sendeleistung der Handys ein internes Netz erforderlich?
- Bewertungen, Messungen und/oder Berechnungen sind in angemessenen Zeitabständen sachkundig geplant durchzuführen und gemäß der Ratsempfehlung der Europäischen Union 1999/519/EG und der Richtlinie 2012/11/EU vom 19. April 2012 zur Änderung der Richtlinie 2004/40/EG, Artikel 13 Absatz 1, mit Datum „31. Oktober 2013" umzusetzen.
- Entsprechend der Richtlinie 2004/40/EG, Artikel 4, ist der Arbeitgeber verpflichtet, Ermittlung der Exposition und Bewertung der Risiken durchzuführen, wo im Absatz 1 festgehalten wird:

    „Im Rahmen seiner Pflichten gemäß Artikel 6 Absatz 3 und Artikel 9 Absatz 1 der Richtlinie 89/391/EWG [über die Durchführung von Maßnahmen zur Verbesserung der Sicherheit und des Gesundheitsschutzes der Arbeitnehmer bei der Arbeit] nimmt der Arbeitgeber eine Bewertung, erforderlichenfalls eine Messung und/oder Berechnung der elektromagnetischen Felder vor, denen die Arbeitnehmer ausgesetzt sind. Bis alle einschlägigen Bewertungs-, Mess- und Berechnungsfälle durch harmonisierte Europäische Normen des CENELEC abgedeckt sind, kann die Bewertung, Messung und Berechnung gemäß den in Artikel 3 genannten wissenschaftlichen untermauerten Normen und Leitlinien erfolgen sowie gegebenenfalls unter Berücksichtigung der von den Herstellern der Arbeitsmittel angegebenen Emissionswerte, wenn die Arbeitsmittel in den Geltungsbereich der einschlägigen Gemeinschaftsrichtlinien fallen."

    Dazu ist im Artikel 6 Absatz 3 der Richtlinie 89/391/EWG festgehalten:

    „Unbeschadet der anderen Bestimmungen dieser Richtlinie hat der Arbeitgeber je nach Art der Tätigkeit des Unternehmens bzw. Betriebs folgende Verpflichtungen:

    a) Beurteilung von Gefahren für Sicherheit und Gesundheit der Arbeitnehmer, unter anderem bei der Auswahl von Arbeitsmitteln, chemischen Stoffen oder Zubereitungen und bei der Gestaltung der Arbeitsplätze.

Die vom Arbeitgeber aufgrund dieser Beurteilung getroffenen Maßnahmen zur Gefahrenverhütung sowie die von ihm angewendeten Arbeits- und Produktionsverfahren müssen erforderlichenfalls

- einen höheren Grad an Sicherheit und einen besseren Gesundheitsschutz der Arbeitnehmer gewährleisten;
- in alle Tätigkeiten des Unternehmens bzw. des Betriebes und auf allen Führungsebenen einbezogen werden;

b) bei Übertragung von Aufgaben an einen Arbeitnehmer Berücksichtigung der Eignung dieses Arbeitnehmers in [B]ezug auf Sicherheit und Gesundheit;

c) bei der Planung und Einführung neuer Technologien sind die Arbeitnehmer bzw. ihre Vertreter zu den Auswirkungen zu hören, die die Auswahl der Arbeitsmittel, die Gestaltung der Arbeitsbedingungen und die Einwirkung der Umwelt auf den Arbeitsplatz für die Sicherheit und Gesundheit der Arbeitnehmer haben;

d) es ist durch geeignete Maßnahmen dafür zu sorgen, daß nur die Arbeitnehmer, die ausreichende Anweisungen erhalten haben, Zugang zu den Bereichen mit ersten und spezifischen Gefahren haben."

Und gemäß Artikel 9 Absatz 1 der Richtlinie 89/391/EWG:

„ Der Arbeitgeber muß

a) über eine Evaluierung der am Arbeitsplatz bestehenden Gefahren für die Sicherheit und die Gesundheit auch hinsichtlich der besonders gefährdeten Arbeitnehmergruppen verfügen;

b) die durchzuführenden Schutzmaßnahmen und, falls notwendig, die zu verwendenden Schutzmittel festlegen;

c) eine Liste der Arbeitsunfälle, die einen Arbeitsunfall von mehr als drei Arbeitstagen für den Arbeitnehmer zur Folge hatten, führen;

d) für die zuständige Behörde im Einklang mit den nationalen Rechtsvorschriften bzw. Praktiken Berichte über die Arbeitsunfälle ausarbeiten, die die bei ihm beschäftigten Arbeitnehmer erlitten haben."

Im Artikel 3 der Richtlinie 2004/40/EG wird festgehalten:

„Expositionsgrenzwerte und Auslösewerte

(1) Die Expositionsgrenzwerte entsprechen den im Anhang Tabelle 1 festgelegten Werten.

(2) Die Auslösewerte entsprechen den im Anhang Tabelle 2 festgelegten Werten.

(3) Bis alle einschlägigen Bewertungs-, Mess- und Berechnungsfälle durch harmonisierte Europäische Normen des Europäischen Komitees für elektrotechnische Normung (CENELEC) abgedeckt sind, können die Mitgliedstaaten für die Bewertung, Messung und/oder Berechnung der Exposition des Arbeitnehmers gegenüber elektromagnetischen Feldern andere wissenschaftlich untermauerte Normen oder Leitlinien anwenden."

- Messung des elektrischen Feldes
  - Rasterfeldmessung im Arbeitsbereich, Bürobereich
  - Feststellung der Einflüsse von Installationen
- Messung der magnetischen Flussdichte
  - Feststellung der Einflüsse von Trafos, Eisenbahn ...
  - Eventuell auch als Langzeitmessung – Einflüsse der Eisenbahn, Hochspannungsleitungen
- Messung der elektrischen Oberflächenspannung
  - zur Prüfung von statischen Aufladungen von Bodenbelägen, Wänden, Vorhängen ...
- Hochfrequenzmessung am Arbeitsplatz, im Bürobereich
  - Feststellung der Felder einzelner Funkdienste, WLAN-Netzwerke, DECT-Schnurlostelefone,..
  - Überprüfung der Netzqualität
  - Frequenzüberlagerungen im Leitungsnetz erkennen

13.5 Einrichten eines feldarmen Büro-Arbeitsplatzes

Nach dem die räumlichen Voraussetzungen für einen feldarmen Büroraum geschaffen wurden, ist darauf zu achten, dass die Intensität der Feldquellen im Bereich des Arbeitsplatzes möglichst gering ausfällt. Dies kann unterstützt werden durch folgende Maßnahmen:

Raumgestaltung und Möblierung

- Antistatische Bürostühle mit leitfähigen Polsterungen und ableitfähigen Rollen
- Antistatische Oberflächen für Schreibtische und Schränke vorsehen.
- Antistatische Böden (Erdung, Potentialausgleich beachten) - Vermeidung statischer Aufladung durch Verlegen leitfähiger Böden.
- Antistatische Vorhänge verwenden (Erdung, Potentialausgleich beachten).

Diese bestehen meist aus hochfrequenzdämpfenden Materialien durch eingewebte Metall- und Silberfäden.

Technische Ausrüstung des Arbeitsplatzes

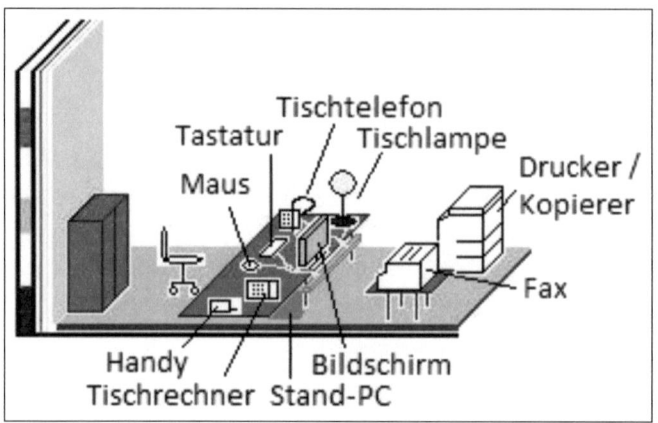

Abbildung 142: Schematische Darstellung der technischen Ausrüstung im Büro (Autor, 2011)

- Elektrisch geschirmte Installationen und Zuleitungen im Fensterbankkanal aus Aluminium, Stahlblech und Kunststoff
- Geschirmte Steckdosenleisten

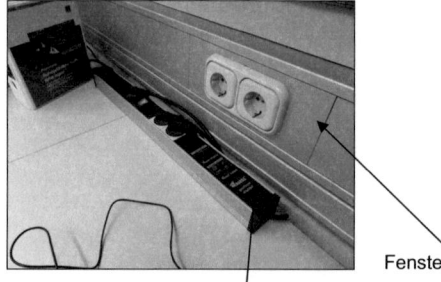

Abbildung 143: Fensterbankkanal und geschirmte Steckdosenleiste (Autor, 2012)

- Geschirmte Geräteanschlusskabel und geschirmte Verlängerungen für alle Geräte

Abbildung 144: Geschirmtes Geräteanschlußkabel (Autor, 2013)

- Notebooks mit 3poligem Netzstecker
- Sämtliche Geräte, wie Computerbildschirme, Drucker, Kopierer, Scanner, Fax mit TCO-Prüfzeichen

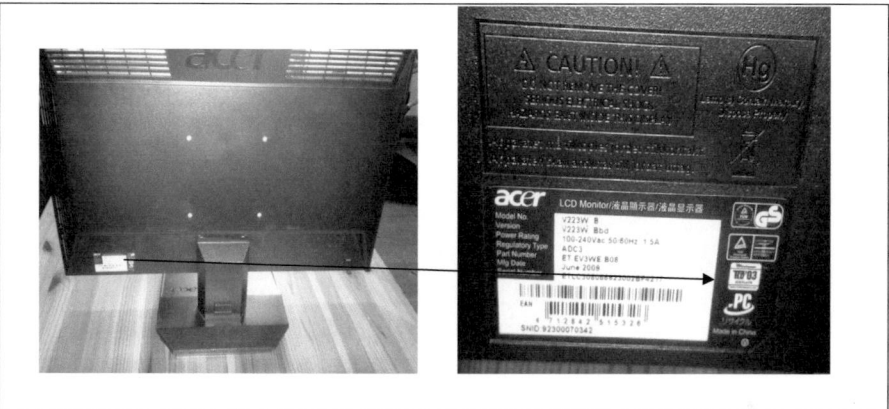

Abbildung 145: Computerbildschirm mit TCO-Prüfzeichen (Autor, 2013)

   o Geschirmte Schreibtisch- und Stehleuchten mit geschirmten Anschlusskabeln

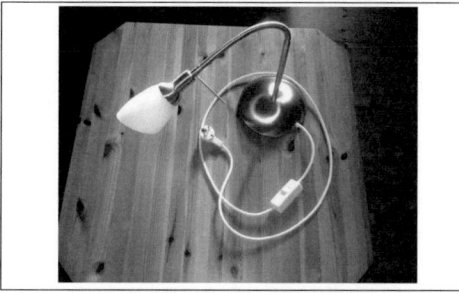

Abbildung 146: Geschirmte Schreibtischlampe mit geschirmtem Anschlusskabel (Autor, 2013)

- Tischtelefon mit Freisprecheinrichtung
- Strahlungsarme Headsets
- Schnurgebundene Computer-Peripheriegeräte
- Drahtgebundene Netzwerktechnik (LAN)
- Strahlungsarme DECT-Schnurlostelefone
- Durch entsprechende Raumplanung können Dämpfungsmaßnahmen für innenliegende Strahlungsquellen meist sehr gering ausfallen, wenn ein größtmöglicher Abstand zwischen Strahlungsquelle (wie etwa Energieverteilungseinrichtungen und -räumen) und Arbeitsplatz vorgesehen wird.

Vermeidung bzw. eingeschränkte Verwendung von
- Drahtlosen Computer-Netzwerken (WLAN)

- Handys im Büro
- Bluetooth-Anwendungen
- Notebooks mit eingeschaltetem WLAN
- Notebooks ohne Netzteil
- Geräte mit Trafos mit einem Abstand <0,5 m zum Körper
- Ladegeräte und andere Trafos im Nahbereich des Körpers (<0,5 m)

Messen

Messung und damit Kontrolle des Ergebnisses der Abschirmmaßnahmen unter Einhaltung der selbst festgelegten Grenz- und Richtwerte sowie der Richtlinien der Europäischen Union.

- Bewertungen, Messungen und/oder Berechnungen sind in angemessenen Zeitabständen sachkundig geplant durchzuführen und gemäß der Ratsempfehlung der Europäischen Union 1999/519/EG und der Richtlinie 2012/11/EU vom 19. April 2012 zur Änderung der Richtlinie 2004/40/EG, Artikel 13 Absatz 1, mit Datum „31. Oktober 2013" umzusetzen.

- Entsprechend der Richtlinie 2004/40/EG, Artikel 4, ist der Arbeitgeber verpflichtet, Ermittlung der Exposition und Bewertung der Risiken durchzuführen, wo im Absatz 1 festgehalten wird:

„Im Rahmen seiner Pflichten gemäß Artikel 6 Absatz 3 und Artikel 9 Absatz 1 der Richtlinie 89/391/EWG [über die Durchführung von Maßnahmen zur Verbesserung der Sicherheit und des Gesundheitsschutzes der Arbeitnehmer bei der Arbeit] nimmt der Arbeitgeber eine Bewertung, erforderlichenfalls eine Messung und/oder Berechnung der elektromagnetischen Felder vor, denen die Arbeitnehmer ausgesetzt sind. Bis alle einschlägigen Bewertungs-, Mess- und Berechnungsfälle durch harmonisierte Europäische Normen des CENELEC abgedeckt sind, kann die Bewertung, Messung und Berechnung gemäß den in Artikel 3 genannten wissenschaftlichen untermauerten Normen und Leitlinien erfolgen sowie gegebenenfalls unter Berücksichtigung der von den Herstellern der Arbeitsmittel angegebenen Emissionswerte, wenn die Arbeitsmittel in den Geltungsbereich der einschlägigen Gemeinschaftsrichtlinien fallen."

Dazu ist im Artikel 6 Absatz 3 der Richtlinie 89/391/EWG festgehalten:

„Unbeschadet der anderen Bestimmungen dieser Richtlinie hat der Arbeitgeber je nach Art der Tätigkeit des Unternehmens bzw. Betriebs folgende Verpflichtungen:

a) Beurteilung von Gefahren für Sicherheit und Gesundheit der Arbeitnehmer, unter anderem bei der Auswahl von Arbeitsmitteln, chemischen Stoffen oder Zubereitungen und bei der Gestaltung der Arbeitsplätze.

Die vom Arbeitgeber aufgrund dieser Beurteilung getroffenen Maßnahmen zur Gefahrenverhütung sowie die von ihm angewendeten Arbeits- und Produktionsverfahren müssen erforderlichenfalls

- einen höheren Grad an Sicherheit und einen besseren Gesundheitsschutz der Arbeitnehmer gewährleisten;
- in alle Tätigkeiten des Unternehmens bzw. des Betriebes und auf allen Führungsebenen einbezogen werden;

b) bei Übertragung von Aufgaben an einen Arbeitnehmer Berücksichtigung der Eignung dieses Arbeitnehmers in [B]ezug auf Sicherheit und Gesundheit;

c) bei der Planung und Einführung neuer Technologien sind die Arbeitnehmer bzw. ihre Vertreter zu den Auswirkungen zu hören, die die Auswahl der Arbeitsmittel, die Gestaltung der Arbeitsbedingungen und die Einwirkung der Umwelt auf den Arbeitsplatz für die Sicherheit und Gesundheit der Arbeitnehmer haben;

d) es ist durch geeignete Maßnahmen dafür zu sorgen, daß nur die Arbeitnehmer, die ausreichende Anweisungen erhalten haben, Zugang zu den Bereichen mit ersten und spezifischen Gefahren haben."

Und gemäß Artikel 9 Absatz 1 der Richtlinie 89/391/EWG:

„ Der Arbeitgeber muß

a) über eine Evaluierung der am Arbeitsplatz bestehenden Gefahren für die Sicherheit und die Gesundheit auch hinsichtlich der besonders gefährdeten Arbeitnehmergruppen verfügen;

b) die durchzuführenden Schutzmaßnahmen und, falls notwendig, die zu verwendenden Schutzmittel festlegen;

c) eine Liste der Arbeitsunfälle, die einen Arbeitsunfall von mehr als drei Arbeitstagen für den Arbeitnehmer zur Folge hatten, führen;

d) für die zuständige Behörde im Einklang mit den nationalen Rechtsvorschriften bzw. Praktiken Berichte über die Arbeitsunfälle ausarbeiten, die die bei ihm beschäftigten Arbeitnehmer erlitten haben."

Im Artikel 3 der Richtlinie 2004/40/EG wird festgehalten:

„Expositionsgrenzwerte und Auslösewerte

(1) Die Expositionsgrenzwerte entsprechen den im Anhang Tabelle 1 festgelegten Werten.

(2) Die Auslösewerte entsprechen den im Anhang Tabelle 2 festgelegten Werten.

(3) Bis alle einschlägigen Bewertungs-, Mess- und Berechnungsfälle durch harmonisierte Europäische Normen des Europäischen Komitees für elektrotechnische Normung (CENELEC) abgedeckt sind, können die Mitgliedstaaten für die Bewertung, Messung und/oder Berechnung der Exposition des Arbeitnehmers gegenüber elektromagnetischen Feldern andere wissenschaftlich untermauerte Normen oder Leitlinien anwenden."

- Messung des elektrischen Feldes
  - Rasterfeldmessung im Arbeitsbereich, Bürobereich
  - Feststellung der Einflüsse von Installationen, Verkabelungen und Geräten
- Messung der magnetischen Flussdichte
  - Feststellung der Einflüsse von Trafos, Eisenbahn …
  - Eventuell auch als Langzeitmessung – Einflüsse der Eisenbahn, Hochspannungsleitungen

- Messung statischer magnetischer Felder
    - an Handys, Laptops, Tischrechner...
- Messung der elektrischen Oberflächenspannung
    - zur Prüfung von statischen Aufladungen von Schreibtischen, Schränken, Rollcontainern, Stühlen, Bodenbelägen...
- Hochfrequenzmessung am Arbeitsplatz, im Bürobereich
    - Feststellung der Felder einzelner Funkdienste, WLAN-Netzwerke, DECT-Schnurlostelefone...
    - Überprüfung der Netzqualität
    - Frequenzüberlagerungen im Leitungsnetz erkennen

14 Ergebnisse, Schlussfolgerungen

Das erwartete Ergebnis, einen Empfehlungsleitfaden zur Ausführung von feldarmen Büro-Arbeitsplätzen und damit zur Vermeidung allfälliger Gesundheitsbeeinträchtigungen auszuarbeiten konnte bis zu einem gewissen Grad erreicht werden.

Anhand von Musterbeispielen konnte die Ausbildung von feldarmen Büro-Arbeitsplätzen messtechnisch belegt werden. Des Weiteren wurden Dämpfungseigenschaften verschiedener Baustoffe verglichen, die auch von einem wissenschaftlich anerkannten Institut geprüft wurden. Für die Vergleichbarkeit von Kosten-Nutzen-Verhältnisse verschiedener Bauelemente wurde eine Verhältnisgröße auf Basis von Kosten zu Dämpfungseigenschaften (=Nutzen) gebildet.

In den meisten Fällen kann bereits durch einfache und großteils auch kostengünstige Maßnahmen im unmittelbaren Arbeitsbereich eine erhebliche Feldreduktion erreicht werden. Ausgenommen hiervon sind jedoch Maßnahmen zur Schirmung niederfrequenter magnetischer Felder. Es konnte an einem Beispiel gezeigt werden, dass eine Reduktion der EMF möglich ist, diese Maßnahme jedoch sehr hohe Kosten verursacht. Hier sind die Planer gefordert, wenn möglich bereits bei der Planung entsprechend Einfluss zu nehmen.

Die möglichen gesundheitlichen Auswirkungen von EMF mit niederen Feldstärken im Arbeitsbereich sind noch zu wenig erforscht. Dies liegt wohl auch daran, dass sich die Nutzung von EMF vor allem erst in den letzten Jahrzehnten so stark entwickelt hat und daher auch noch zu wenige Studien über die belastende Wirkung auf den Menschen zur Verfügung stehen.

Mit der geplanten, verbindlichen Einführung der Richtlinie 2004/40/EG mit 31. Oktober 2013 in der EU wird eine Mindestvorschrift zum Schutz von Sicherheit und Gesundheit der Arbeitnehmer vor der Gefährdung durch physikalische Einflüsse (elektromagnetische Felder) erlassen. Diese Mindestvorschrift bezieht sich jedoch nur auf bekannte schädliche Kurzzeitwirkungen im menschlichen Körper. Es besteht weiterer Forschungsbedarf bezüglich gesundheitlicher Einflussnahme der EMF auf den menschlichen Organismus und Weiterentwicklung der Messtechnik, um fundierte Mindestvorschriften hinsichtlich Langzeitwirkungen im menschlichen Körper entwickeln zu können.

Für die Messung von EMF sind einheitliche Vorgaben für die Messtechnik im Arbeitsbereich zu erarbeiten. Um die EU-Richtlinie auch entsprechend umsetzen zu können, bedarf es gut ausgebildeter Messtechniker, um die Messungen richtig durchführen zu können und die richtigen Schlüsse aus den Auswertungen zu ziehen.

Abschließend ist anzumerken, dass noch Handlungsbedarf in der Prüfung von Bauelementen und Produkten auf ihre Abschirm- und Dämpfungseigenschaften besteht.

Glossar

Absorption: Bei der Ausbreitung von Radiowellen die Schwächung der Radiowellen durch Dissipation ihrer Energie, d.h. die Umwandlung ihrer Energie in eine andere Form wie z.B. Wärme.

Attribution/Attribuierung: Zuschreibung von Ursache und Wirkung von Handlungen und Vorgängen

Berufliche Exposition: Jede Exposition durch EMF, die Personen während der Ausübung ihrer Arbeit erfahren.

Blut-Hirn-Schranke: Funktionelles Konzept, das entwickelt wurde, um zu klären, warum viele vom Blut transportierte Stoffe zwar leicht in andere Gewebe, nicht jedoch in das Gehirn gelangen; diese Barriere funktioniert wie eine permanente Membran, die das Gefäßsystem des Gehirns auskleidet. Die Endothelzellen der Hirnkapillare bilden die nahezu dauerhafte Schranke, die verhindert, dass Substanzen vom Blut in das Gehirn gelangen.

CW (continuous wave): Kontinuierliche Welle mit konstanter Amplitude. Im Gegensatz zu pulsförmigen Wellenpaketen oder amplitudenmodulierten Wellen.

Dielektrizitätskonstante: siehe Permittivität

dissipativ: elektrostatisch ableitend

Dosimetrie: Messung oder Berechnung der internen elektrischen Feldstärke oder der induzierten Stromdichte, der spezifischen Energieabsorption oder der Verteilung der spezifischen Energieabsorptionsrate bei Menschen oder Tieren, die elektromagnetischen Feldern ausgesetzt sind.

DSL-Modem: Digital Subscriber Line

Ebene Welle: Elektromagnetische Welle, bei der die elektrischen und magnetischen Feldvektoren in einer zur Wellenausbreitungsrichtung senkrecht stehenden Ebene liegen und deren magnetische Feldstärke (multipliziert mit der Impedanz der Umgebung) gleich der elektrischen Feldstärke ist.

Eindringtiefe: Bei ebenen Wellen eines elektromagnetischen Feldes (EMF), die auf die Grenzfläche eines guten Leiters auftreffen, ist die Eindringtiefe dieser Welle jene Tiefe, bei der die Feldstärke der Welle auf 1/e oder rund 37 % des ursprünglichen Wertes abgesunken ist.

Elektrische Feldstärke: Die Kraft E auf eine ruhende positive Einheitsladung an einem bestimmten Ort in einem elektrischen Feld; gemessen in Volt pro Meter ($V\,m^{-1}$).

Elektromagnetische Energie: Die in einem elektromagnetischen Feld gespeicherte Energie; ausgedrückt in Joule (J).

ELF: extrem niedrige Frequenz; Frequenzen unter 300 Hz

EMF: elektrische, magnetische und elektromagnetische Felder

ESD: Ist die Abkürzung für „Electro Static Discharge" also elektrostatische Entladung und wird durch den Ladungsaustausch zwischen zwei Körpern mit unterschiedlichen Spannungspotenzialen hervorgerufen.

Faradaysche Käfig (auch **Faraday-Käfig**): Ist eine allseitig geschlossene Hülle aus einem elektrischen Leiter (z. B. Drahtgeflecht oder Blech), die als elektrische Abschirmung wirkt. Bei äußeren statischen oder quasistatischen elektrischen Feldern bleibt der innere Bereich zufolge der Influenz feldfrei. Bei zeitlich veränderlichen Vorgängen wie elektromagnetischen Wellen beruht die Abschirmwirkung auf den sich in der leitfähigen Hülle ausbildenden Wirbelströmen, die dem äußeren elektromagnetischen Feld entgegen wirken.

Feldwellenwiderstand: Das Verhältnis der komplexen Zahl (Vektor), die das transversale elektrische Feld an einem bestimmten Ort repräsentiert, zu der, die das transversale Magnetfeld an diesem Ort repräsentiert; ausgedrückt in Ohm (Ω).

Fernfeld: Der Bereich, in dem der Abstand von einer abstrahlenden Antenne größer ist als die Wellenlänge der abgestrahlten EMF; im Fernfeld stehen sowohl die Feldkomponenten (E und H) als auch die Ausbreitungsrichtung senkrecht aufeinander, und die Form des Feldes ist unabhängig vom Abstand von einer Quelle.

Frequenz: Anzahl der vollen sinusförmigen Schwingungen elektromagnetischer Wellen pro Sekunde; gewöhnlich in Hertz (Hz) ausgedrückt.

Kardiovaskulär: bedeutet "das Herz und das Gefäßsystem betreffend"

Leistungsdichte: Die Leistung, die bei der Ausbreitung von Radiowellen durch eine Einheitsfläche senkrecht zur Ausbreitungsrichtung der Wellen geht; ausgedrückt in Watt pro Quadratmeter (W/m^2).

Leitfähigkeit, elektrische: Der Skalar oder Vektorbetrag, der, multipliziert mit der elektrischen Feldstärke, die Leistungsstromdichte ergibt; sie ist der Kehrwert des Leitungswiderstandes. Ausgedrückt in Siemens pro Meter ($S\ m^{-1}$).

Leitwert: Kehrwert des Widerstands; Ausgedrückt in Siemens (S).

Magnetische Feldstärke: Eine axiale Vektorgröße (H), die neben der magnetischen Flussdichte ein Magnetfeld irgendwo im Raum spezifiziert und in Ampere pro Meter ($A\ m^{-1}$) ausgedrückt wird.

Magnetische Flussdichte: Eine Vektorgröße (B), die aus der Kraft resultiert, die auf eine bewegte Ladung oder bewegte Ladungen wirkt und in Tesla (T) ausgedrückt wird.

Magnetische Permeabilität: Der Skalar oder Vektorbetrag, der, multipliziert mit der magnetischen Feldstärke, die magnetische Flussdichte ergibt; ausgedrückt in Henry pro Meter ($H\ m^{-1}$). *Anmerkung:* Bei isotropen Medien ist die magnetische Permeabilität ein Skalar, bei anisotropen Medien eine Tensorgröße.

Mikrowellen: Elektromagnetische Strahlung genügend kurzer Wellenlänge, zu deren praktischen Gebrauch Wellenleiter und verwandte Hohlraumtechniken für Übertragung und Empfang genutzt werden können. *Anmerkung:* Der Terminus dient zur Bezeichnung von Strahlungen oder Feldern im Frequenzbereich von 300 MHz - 300 GHz.

Nahfeld: Der Bereich, in dem der Abstand von der abstrahlenden Antenne kleiner ist als die Wellenlänge der abgestrahlten EMF. *Anmerkung:* Die Magnetfeldstärke (multipliziert mit der Impedanz der Umgebung) und die elektrische Feldstärke sind verschieden und variieren bei Abständen von weniger als einem Zehntel der Wellenlänge von einer Antenne umgekehrt mit dem Quadrat oder der dritten Potenz des Abstands, wenn die Antenne im Vergleich zu diesem kurz ist.

negativer Affekt: negative Gemütsregung

Nicht-ionisierende Strahlung (NIR): Umfasst alle Strahlungen und Felder des elektromagnetischen Spektrums, die normalerweise nicht genügend Energie besitzen, um in Stoffen eine Ionisierung zu bewirken; charakterisiert durch eine Energie pro Photon von unter rund 12 eV, Wellenlängen von über 100 nm und Frequenzen von unter 3×10^{15} Hz.

Nichtthermischer Effekt: Die Wirkung elektromagnetischer Energie auf einen Körper, die nicht mit Wärme verbunden ist.

Öffentliche Exposition: Jegliche Exposition durch EMF, die Mitglieder der Normalbevölkerung erfahren, ausgenommen der beruflichen Exposition sowie der Exposition während medizinischer Untersuchungen.

Permittivität: Eine Konstante, die den Einfluss eines isotropen Mediums auf die Anziehungs- und Abstoßungskräfte zwischen elektrisch geladenen Körpern definiert und in Farad pro Meter ($F\ m^{-1}$) ausgedrückt wird; die relative Permittivität ist die Permittivität eines Stoffes oder Mediums dividiert durch die Permittivität des Vakuums.

Quadratisches Mittel: Bestimmte elektrische Effekte sind proportional zur Quadratwurzel des Durchschnitts des Quadrats einer periodischen Funktion (über eine Periode). Das quadratische Mittel, auch Effektivwert genannt, wird gebildet, indem die Funktion zunächst quadriert, sodann der Durchschnitt der erhaltenen Quadrate und schließlich die Quadratwurzel dieses Durchschnitts gebildet wird.

Peak-Detektor: Spitzenwertdetektor

Radiofrequenz (RF): Alle Frequenzen, bei denen elektromagnetische Strahlung für die Telekommunikation nützlich ist. *Anmerkung:* In dieser Publikation bezieht sich der Begriff *Radiofrequenz* auf den Frequenzbereich von 300 Hz - 300 GHz.

Resonanz: Die Änderung der Amplitude, die eintritt, wenn sich die Frequenz der Welle der Eigenfrequenz des Mediums annähert oder mit ihr identisch ist; die Ganzkörper-Absorption elektromagnetischer Wellen bildet ihren Höchstwert, d.h. die Resonanz bei Frequenzen (in MHz) von ungefähr 114/L, wobei L die Größe der betreffenden Person in Meter ist.

Spezifische Energieabsorption: Die pro Masseneinheit eines biologischen Gewebes absorbierte Energie (SA), ausgedrückt in Joule pro Kilogramm ($J\ kg^{-1}$); die spezifische Energieabsorption ist das Zeitintegral der spezifischen Energieabsorptionsrate.

Spezifische Energieabsorptionsrate (SAR): Die Rate, mit der Energie vom Körpergewebe absorbiert wird, ausgedrückt in Watt pro Kilogramm ($W\ kg^{-1}$); die SAR ist das dosimetrische Maß, das bei Frequenzen von über rund 100 kHz weitgehend anerkannt ist.

Stromdichte: Ein Vektor, dessen Integral über eine gegebene Fläche gleich dem elektrischen Strom ist, der durch diese Fläche tritt; die mittlere Dichte in einem linearen Leiter ist gleich dem Strom dividiert durch die Fläche des Leiterquerschnitts. Ausgedrückt in Ampere pro Quadratmeter ($A\ m^{-1}$).

Wellenlänge: Der Abstand zwischen zwei in Ausbreitungsrichtung einer periodischen Welle aufeinanderfolgenden Punkten, an denen die Schwingung die gleiche Phase besitzt.

Abkürzungsverzeichnis

AGW	Anlagegrenzwert
Alu	Aluminium
BCCH	Board Cast Control Channel
BfS	Bundesamt für Strahlenschutz
BImSchV	Bundes-Immissionsschutzgesetzes-Verordnung
bzw.	beziehungsweise
ca.	circa
CW	Continues Wave
d.h.	das heißt
el Felder	elektrische Felder
EG	Erdgeschoß
EHS	Elektromagnetic Hypersensitivity
EN	Euro-Norm
ESD	Electro Static Discharge
etc.	et cetera
FM	Facility Management
FNA	Fachnormenausschuss
ggf.	gegebenenfalls
GW	Grenzwert
HF	Hochfrequenz
HKLS	Heizung-Lüftung-Klima-Sanitär
HP	Handelspreis
HSPA	High Speed Packet Access
Hz	Hertz
ICNIRP	International Commission on Non-Ionizing Radiation Protection
ISG	Insektenschutzgitter
k.A.	keine Angaben
KNV	Kosten-Nutzen-Verhältnis
m.F	magnetisches Feld
MP	Messpunkt
µT	Microtesla
MΩ	Mega Ohm

n.g.	nicht gemessen
NF	Niederfrequenz
nT	Nanotesla
NISV	nicht-ionisierende Strahlen-Verordnung
o.E.	ohne Erdung
OG	Obergeschoß
ÖNORM	Österreichnorm
OSR	Oberster Sanitätsrat
PF 3D	Potentialfreie Messung dreidimensional
RW	Richtwert
SSK	Strahlenschutzkommission
st.F.	statisches Feld
Stk.	Stück
TCO	Tjänstemännens Centralorganisation
Trafo	Transformator
u.a.	und andere
UMTS	Universal Mobile Telecommunication Systems
USV	Unterbrechungslose Spannungsversorgung
VDB	Verband Deutscher Baubiologen
WDV-System	Wärme-Dämm-Verbund-System
WHO	Weltgesundheitsorganisation
WLAN	Wireless Local Area Network

Quellenverzeichnis

Aaronia AG (2012): Entwicklung, Handel und Vertrieb von Abschirmungen nieder- und hochfrequenter Felder jeglicher Art, Euscheid in der Eifel, Online im Internet: URL: http://www.aaronia.de [27.04.2012]

Ampack Handels GmbH (2011): Rundumschutz der Gebäudehülle, Online im Internet: URL: http://www.ampack.at/ [Stand 27.04.2012]

Armstrong DLW AG (2007): Technische Information, Produkttechnik Nr. 2.2, Ausgabe 09

AustroDach HandelsgesmbH & Co KG (2011): Systeme für Dach, Fassade und Ausbau, Online im Internet: URL: http://www.austrodach.at [Stand 27.04.2012]

Bajog (2012): Auskoppeladapter zur Störspannungs-Messung, Online im Internet: URL: http://www.emv-newline.de/emv_newline/Auskoppeladapter_13-04-10.pdf

Bau-Fritz GmbH & Co. KG (2011): Holztafelbau in Großelemente-Bauweise, Online im Internet: URL: http://www.baufritz.com/de/ [Stand 27.04.2012]

Bauder Ges.m.b.H (2011): Dachsysteme: Materialien zum Dichten, Dämmen und Begrünen, Online im Internet: URL: http://www.bauder.at [Stand 27.04.2012]

Berger C (2010): "Vorher - Nachher" Beispiel an einem EDV Arbeitsplatz, Messung elektrischer und magnetischer Wechselfelder, Online im Internet: URL: http://www.ib-elektrosmog.at/messanalyse-aktuell.html [Stand: 18.04.2011]

Biologa Elektrotechnik GmbH & Co. KG (2011): Produkte und Schutzlösungen gegen Elektrosmog, Online im Internet: URL: http://www.biologa.de/de/ [Stand 27.04.2012]

Bornkessel C, Schubert M, Wuschek M (2008), Bestimmung der Exposition durch WiMAX, Studie im Auftrag des Bundesamtes für Strahlenschutz, Abschlussbericht, Kamp-Lintfort, 2008

Bornkessel C, Schubert M (2005): Entwicklung von Mess- und Berechnungsverfahren zur Ermittlung der Exposition der Bevölkerung durch elektromagnetische Felder in der Umgebung von Mobilfunk Basisstationen, Studie im Auftrag des Bundesamtes für Strahlenschutz, Abschlussbericht Entwicklung geeigneter Mess- und Berechnungsverfahren, Kamp-Lintfort, Online im Internet: URL: http://www.emf-forschungsprogramm.de/forschung/dosimetrie/dosimetrie_abges/dosi_015_AB.pdf [Stand: 07.04.2011]

Bornkessel C, Schubert M, Wuschek M, Brüggemeyer H, Weiskopf D (2011): Systematische Erfassung aller Quellen nichtionisierender Strahlung, die einen relevanten Beitrag zur Exposition der Bevölkerung liefern können, Abschlussbericht, Bundesamt für Strahlenschutz (BfS).

Bornkessel C, Schubert M, Wuschek M, Schmidt P (2006): Bestimmung der realen Feldverteilung von hochfrequenten elektromagnetischen Feldern in der Umgebung von UMTS-Sendeanlagen, Bundesamt für Strahlenschutz (BfS), Online im Internet: URL: http://www.bmu.de/files/pdfs/allgemein/application/pdf/schriftenreihe_rs703.pdf [Stand: 06.04.2011]

Brezansky A, Hutter H P, Kundi M, Molla-Djafari H, Mosgoeller W, Moshammer H, Poinstingl F, Witke J (2012): Leitfaden Senderbau, Vorsorgeprinzip bei Errichtung, Betrieb,

Um-und Ausbau von ortsfesten Sendeanlagen, Allgemeine Unfallversicherungsanstalt, Wien, Online im Internet: URL: http://www.elektrosmog-messung.at/wp-content/uploads/2012/04/Leitfaden_Senderbau_LSB.pdf [Stand: 22.04.2012]

Bundesamt für Strahlenschutz (BfS) (Hrsg.) (2008): Das Deutsche Mobilfunk Forschungsprogramm *"Das Deutsche Mobilfunk Forschungsprogramm – Ein wichtiger Beitrag zur transparenten Wissenschaft und zu offenen Fragen des Strahlenschutzes"*, Online im Internet: URL: http://www.bfs.de/de/bfs/druck/broschueren/bro_dmf.pdf.

Bundesamt für Strahlenschutz (BfS) (Hrsg.) (2009): Informationen zu elektromagnetischen Emissionen von Kompaktleuchtstofflampen (Energiesparlampen), Online im Internet: URL: http://doris.bfs.de/jspui/ DORIS - Digitales Online Repositorium und Informations-System > Fachthemen > Elektromagnetische Felder > BfS_2009_Informationen_zu_Energiesparlampen.pdf [Stand: 04.04.2011].

Bundesamt für Strahlenschutz (BfS) (Hrsg.) (2010): Strahlungsarme DECT-Schnurlostelefone, Online im Internet: URL: www.bfs.de > Elektromagnetische Felder > strahlungsarme DECT-Schnurlostelefone [Stand: 05.05.2011].

Bundesamt für Strahlenschutz (BfS) (Hrsg.) (2011): SAR-Werte der auf dem deutschen Markt aktuell verfügbaren Handy-Modelle, Online im Internet: URL: www.bfs.de > Elektromagnetische Felder > SAR-Werte von Handys [Stand: 11.09.2011]

Bundesministerium für Verkehr, Innovation und Technologie (bmvit) (Hrsg.) (2009): Amateurfunk, Online im Internet: URL: http://www.bmvit.gv.at/ Telekommunikation > Funk > Funkdienste > Informationen zum Amateurfunk (pdf) [Stand: 04.04.2011]

CENELEC (2001): EN 50361, Grundnorm zur Messung der Spezifischen Absorptionsrate (SAR) in Bezug auf die Sicherheit von Personen in elektromagnetischen Feldern von Mobiltelefonen (300 MHz bis 3 GHz), Brüssel.

CENELEC (2002): EN 50371, Fachgrundnorm zum Nachweis der Übereinstimmung von elektronischen und elektrischen Geräten kleiner Leistung mit den Basisgrenzwerten für die Sicherheit von Personen in elektromagnetischen Feldern (10MHz bis 300 GHz) – Allgemeine Öffentlichkeit, Brüssel.

CENELEC (2003): EN 50392, Fachgrundnorm zur Demonstration der Konformität elektronischer und elektrischer Geräte mit den Basisgrenzwerten für die Exposition von Personen gegenüber elektromagnetischen Feldern (0 Hz bis 300 GHz), Brüssel.

CLAYTEC e. K. (2011): Baustoffe aus Lehm, Online im Internet: URL: http://www.claytec.de/ [Stand 27.04.2012]

Dauphin Human Design Company (Hrsg.) (2011): Bürostühle im ESD-Beeich, Online im Internet: URL: http://www.dauphin.de/dauphin/de/deutsch/Produkte/630_esd_bereich.php

Der Schweizerische Bundesrat (Hrsg.) (2009): Verordnung über den Schutz vor nichtionisierender Strahlung (NISV), Online im Internet: URL: www.admin.ch/ch/d/sr/c814_710.html [Sand: 06.04.2011].

DAW Deutsche Amphibolin-Werke von Robert Murjahn Stiftung & Co KG (2011): Elektrisch leitfähiger Spezial-Beschichtungsstoff zur großflächigen Reduzierung von elektrischen Wechselfeldern (Niederfrequenz) und elektromagnetischen Wellen (Hochfrequenz) Online im Internet: URL:**http://www.daw.de/** [Stand 27.04.2012]

Deutsches GeoForschungszentrum (2009): Das erdmagnetische Kernfeld, Helmholz-Zentrum Potsdam, Online im Internet: URL: http://www.gfz-potsdam.de/portal/gfz/Struktur/Departments/Department+2/sec23/topics/mainfield [Stand: 03.04.2011]

Dörken GmbH & Co. KG (2011): Steildachbahnen mit Systemzubehör, Grundmauerschutz-Abdichtungs- und Dränsysteme, Abdeck- und Gerüstplanen sowie Garten- und Teichfolien, Online im Internet: URL: http://www.doerken.de/bvf-de/ [Stand 27.04.2012]

Ecolog Institut Deutschland (2003): Online im Internet: URL: http://www.ecolog-institut.de/BiologischeWirkungen_HF.pdf

Empfehlung Landessanitätsdirektion Salzburg (2003): Online im Internet: URL: http://www.izgmf.de/Aktionen/Meldungen/Archiv_-03/Salzburger_Modell/salzburger_modell.html [Stand: 22.04.2012]

Empfehlung Oberster Sanitätsrat Österreich (2010):
http://www.bmg.gv.at/cms/home/attachments/1/9/2/CH1238/CMS1202111739767/osr-empfehlung_mobilfunk_stand_17.12.2010.pdf [Stand: 22.04.2012]

EP-STOA Empfehlung (2001): Hyland, G (2001), Die physiologischen und umweltrelevanten Auswirkungen nicht-ionisierender Strahlung. EP-STOA Options Report PE 297.574, 03/2001

Ernstbrunner Kalktechnik GmbH (2011): Fassaden, Putze und Estriche für Neubau, Renovierung und Sanierung, Online im Internet: URL: http://www.profibaustoffe.at/ [Stand 27.04.2012]

EU-Ratsempfehlung (1999): 1999/519/EG, Amtsblatt L199/59-70, Online im Internet: URL: http://eur-lex.europa.eu/LexUriServ/LexUriServ.do?uri=OJ:L:1999:199:0059:0070:DE:PDF [Stand: 13.03.2012]

Fidler J (2006): Physikalische Messverfahren, Sommer Semester 2006 VO 134.047, TU Wien, Online im Internet: URL: http://magnet.atp.tuwien.ac.at/download/PMV_fidler_3_5_06.pdf

GARDINIA HOME DECOR GMBH (2011): Sonnenschutzsysteme, Online im Internet: URL: http://www.gardinia.de/uploads/media/Gardinia__Rollos.pdf

Gauger, J R (1987): Household Appliance Magnetic Field Survey, IIT Research Institute, IIT E06549-2, Chicago, 1984

Geirhofer+Bachl Maler GmbH (2011): Malereibetrieb, Online im Internet: URL: http://www.geirhofer-malerei.at/

GENITEX Forschungsgesellschaft mbH (2011): Technische Textilien, elektrisch leitfähige Gewebe, Bänder und Tapeten - zur Abschirmung von Hochfrequenz und Ableitung elektrostatischer Ladung, Online im Internet: URL: http://www.genitex.de/ [Stand 27.04.2012]

Gigahertz Solutions GmbH (Hrsg.) (2011): HEADSET ENVi 125 / ENVi 335, Bedienungsanleitung, Online im Internet: URL:
http://www.gigahertzsolutions.de/media/downloads/manuals/861-097_ENVi-125_DE.pdf [Stand: 08.04.2011]

Glaszentrum Ernst Knoch GmbH & Co. KG (2011): Wärmeschutzisolierglas, Online im Internet: URL: http://graefinau.glas-knoch.de/

Grabmann M (Hrsg.) (2008): Gutachten über die Abschirmung elektromagnetischer Felder in einem Büro- und Geschäftsgebäude, Bad Kreuzen.

Grabmann M (Hrsg.) (2011): Gutachten über die Abschirmung des Zubaus eines Schulgebäudes, Bad Kreuzen.

Grabmann M (Hrsg.) (2012): Gutachten über die Messung und Sanierung eines Büro-Arbeitsplatzes, Bad Kreuzen.

GROTHUSEN Electronic Systems Vertriebs GmbHh (Hrsg.) (2011): ESD-LEITFADEN, Schutz vor elektrostatischer Entladung in Elektronikbereichen, Online im Internet: URL: http://www.grothusen.at/ges/pdf/ESD_Leitfaden.pdf [Stand: 17.09.2011]

Hutter H-P (2007): Mobilfunk und Gesundheit, Tagungsband, Messezentrum WienNeu, Wien.

Hyland G (2001): Die physiologischen und umweltrelevanten Auswirkungen nichtionisierender elektromagnetischer Strahlung, EP-STOA-Bewertung Wissenschaftlicher und Technologischer Optionen, Options Brief und Zusammenfassung, PE 297.574, 03/2001, Online im Internet: URL http://www.next-up.org/pdf/00-07-03sum_de.pdf [Stand: 20.03.2012]

IBO Innenraumanalytik OG (Hrsg.) (2008): Untersuchungsbericht über die Durchführung von frequenzspezifischen Messungen auf elektromagnetische Felder im Hochfrequenzbereich, Wien

IBO Innenraumanalytik OG (Hrsg.) (2011): Gutachterliche Stellungnahme zum Untersuchungsbericht über die Durchführung von frequenzspezifischen Messungen auf elektromagnetische Felder im Hochfrequenzbereich, Wien

ICNIRP (1998): Guidlines for Limiting Exposure to Time-Varying Electric, Magnetic, and Electromagnetic Fields (up to 300 GHz), Health Physics Vol. 74, No 4, Online im Internet: URL: http://www.icnirp.de/documents/emfgdl.pdf [Stand: 13.03.2012]

Imtratex (2011): Strahlung bei DECT- und Bluetooth-Headsets, Online im Internet: URL: http://www.imtradex.at/imtradex/strahlung.htm

Innenraum Mess- und Beratungsservice (2007): Bewertung elektromagnetischer Felder, Online im Internet: URL: http://www.innenraumanalytik.at/pdfs/bewertungele.pdf

IZMF, IMST GmbH (2009), Wissenschaf(f)t Vertrauen – Eine Initiative des IZMF unter der Schirmherrschaft des Bayerischen Landesamtes für Umwelt, Broschüre.

Jütterschenke P (2007): Ist Elektrosmog eine Herausforderung für die Bautechnik? in: Elektrosmog – bauliche Schutzmaßnahmen, Fraunhofer IRB Verlag, Schorndorf.

Karus M, Ebert L, Schneider W, Köhnecke W, Löfflad H, Plotzke O, Nießen P (1994): Elektrosmog: Gesundheitsrisiken, Grenzwerte, Verbraucherschutz. C.F. Müller, Reinheim.

Kasper P (2007): EMS eine unwahrnehmbare Gefahr in: Elektrosmog – bauliche Schutzmaßnahmen, Fraunhofer IRB Verlag, Schorndorf.

Katalyse e.V. (1994): Elektrosmog – Gesundheitsrisiken, Grenzwerte, Verbraucherschutz; Verlag C.F. Müller, 1994

Kessel W (2011): Cuprotect® Abschirmsysteme, Online im Internet: URL: http://www.cuprotect.de/ [Stand 27.04.2012]

Knauf Ges.m.b.H. (2011): Trockenbau-Systeme: Online im Internet: URL: http://www.knauf.at/ [Stand 27.04.2012]

Kundi M (2007): Gesundheitliche Wirkungen von hochfrequenten EMF in der Wohnumwelt, Tagungsband, Messezentrum WienNeu, Wien.

Korff AG (2011): Aluminiumfolien, Online im Internet: URL: http://www.korff.ch/ [Stand 27.04.2012]

Kunsch B, Neubauer G, Garn H, Bornek E, Leitgeb N, Magerl G, Jahn O (1997): Studie dokumentierter Forschungsresultate über die Wirkung elektromagnetischer Felder, Österreichisches Forschungszentrum Seibersdorf GmbH, OEFZA-A–1909

Lana Therm (2011): Karphosit Lehmbauelemente, Online im Internet: URL: http://www.lanatherm.ch/lehm-lehmbauelemente.htm [Stand 27.04.2012]

Landesanstalt für Umwelt, Messungen und Naturschutz Baden-Württemberg (LUBW), Bayerisches Landesamt für Umwelt (LfU) (Hrsg.) (2010): Elektromagnetische Felder im Alltag, LUBW Landesanstalt für Umwelt, Messungen und Naturschutz Baden-Württemberg und LfU Bayerisches Landesamt für Umwelt, Kempten, Online im Internet: URL: http://www.lubw.de > Publikationen > Suche: Elektromagnetische Felder im Alltag > Warenkorb/Bestellen und unter http.// www.bestellen.bayern.de > Elektrosmog [Stand: 02.04.2011].

Leitgeb N, Cech R, Schröttner J (2007): Messtechnische Erfassung der Exposition der Bevölkerung durch niederfrequente und hochfrequente elektromagnetische Felder, die beim Betrieb von Geräten entstehen, Forschungsbericht (intern), Bundesamt für Strahlenschutz (BfS), Graz.

Lesando GmbH (2011): Innovation in Lehm, Online im Internet: URL: http://www.lesando.de [Stand 27.04.2012]

LFU, Bayerisches Landesamt für Umwelt (2009): Elektromagnetische Felder im Alltag – Aktuelle Informationen über Quellen, Einsatz und Wirkungen

Lindemann M, Leimer H-P, Rusteberg C (2007): Abschirmung von Gebäuden gegen elektromagnetische Wellen – Grundlagen und praktische Anwendung im Mobilfunkbereich in: Elektrosmog – bauliche Schutzmaßnahmen, Fraunhofer IRB Verlag, Schorndorf.

Magog GmbH & Co. KG (2011): Schiefer-Produkte, Online im Internet: URL: http://www.magog.de/ [Stand 27.04.2012]

Minke G (2001): Gründächer und Lehmgewölbe bieten idealen Schutz gegen elektromagnetische Wellen, UNI GH Kassel, Online im Internet: URL: http://www.uni-kassel.de/presse/pm/archiv/jun01-01.ghk [Stand: 07.04.2011]

Müller K-P, Kurz T (2008): EMF-Monitoring in Bayern 2006/07,Messung von elektromagnetischen Feldern (EMF) in Wohngebieten, BayerischesLandesamt für Umwelt, Augsburg

Narda Industries Inc (2011): SRM 3000, Datenblatt,., http://www.nardasts.de/de/produkte/hochfrequenz/selektive-messgeraete/srm-3000.html [Stand: 02.2011].

NEHER Systeme GmbH & Co. KG (2011): Elektrosmog- und Insektenschutzgitter, Online im Internet: URL: http://www.neher.de/fileadmin/data/neher.de/Dokumente/Neher_Flyer-Elektrosmog.pdf [Stand 27.04.2012]

NIS Verordnung, Schweiz (1999): Verordnung über den Schutz vor nichtionisierender Strahlung (NISV), Online im Internet: URL: http://www.admin.ch/ch/d/sr/8/814.710.de.pdf [Stand: 13.03.2012]

Nova-Institut für Ökologie und Innovation (2000): Online im Internet: URL: http://www.nova-institut.de/es-info-vorsorgewerte.htm

Nova-Institut für Ökologie und Innovation (2001): Gutachten zur Feststellung der Belastung durch hochfrequente elektromagnetische Strahlung durch Funk-Netzwerke an der Universität Bremen, Online im Internet: URL: http://www-rn.informatik.uni-bremen.de/wlan/wlan-emvu-gutachten-bremen.pdf [Stand: 08.04.2011].

Nova-Institut für Ökologie und Innovation (2004): Gutachten zur Feststellung der Belastung durch hochfrequente elektromagnetische Strahlung durch Funk-Netzwerke an der Universität Bremen, Online im Internet: URL: http://www.personalrat.uni-bremen.de/downloads/Thema%20Elektrosmog/GutachtenFunknetz2004.pdf [Stand: 08.04.2011]

Nova-Institut für Ökologie und Innovation (2005): Online im Internet: URL: http//www.nova-institut.de/es-info-vorsorgewerte.htm [Stand: 10.03.2012].

Oberster Sanitätsrat (2010): Gesichtspunkt zur aktuellen gesundheitlichen Bewertung des Mobilfunks, Empfehlung des Obersten Sanitätsrates, Ausgabe 12/10, Online im Internet: URL: http://www.bmg.gv.at/cms/home/attachments/1/9/2/CH1238/CMS1202111739767/osr-empfehlung_mobilfunk_stand_17.12.2010.pdf [Stand: 11.05.2013].

Parlament und Rat der Europäischen Union (2004): Richtlinie 2004/40/EG, über Mindestvorschriften zum Schutz von Sicherheit und Gesundheit der Arbeitnehmer vor der Gefährdung durch physikalische Einwirkungen (elektromagnetischer Felder), Online im Internet: URL: http://eur-lex.europa.eu/LexUriServ/LexUriServ.do?uri=OJ:L:2004:159:0001:0026:DE:PDF [Stand: 21.04.2012].

Parlament und Rat der Europäischen Union (2012): Richtlinie 2012/11/EU, über Mindestvorschriften zum Schutz von Sicherheit und Gesundheit der Arbeitnehmer vor der Gefährdung durch physikalische Einwirkungen (elektromagnetischer Felder), Online im Internet: URL: http://eur-lex.europa.eu/LexUriServ/LexUriServ.do?uri=OJ:L:2012:110:0001:0002:DE:PDF [Stand: 29.01.2013]

Pauli P, Moldan D (2000): Reduzierung hochfrequenter Strahlung im Bauwesen, Eigenverlag, Iphofen.

Pauli P, Moldan D (2003): Reduzierung hochfrequenter Strahlung im Bauwesen, Baustoffe und Abschirmmaterialien, Eigenverlag, Iphofen.

PREFA Aluminiumprodukte GmbH (2011): Dach- und Fassadensysteme, Online im Internet: URL: http://www.PREFA.at/ [Stand 27.04.2012]

Preiner P, Schmid G, Lager D, Georg R (2006): Bestimmung der realen Feldverteilung von hochfrequenten elektromagnetischen Feldern in der Umgebung von Wireless LAN-Einrichtungen (WLAN) in innerstädtischen Gebieten, Abschlussbericht, Online im Internet:

URL: http://www.bmu.de/files/pdfs/allgemein/application/pdf/schriftenreihe_rs702.pdf [Stand: 07.04.2011].

ProtectES Solar GmbH (2011): Abschirmfolien, Online im Internet: URL: http://www.protectes-solar.de/

Pure Nature (2011): Telefon mit Piezo-Hörer, Online im Internet: URL: http://www.purenature.de/shop/a910/telefon-litefon-1020-mit-piezo-hoerer.html [Stand. 13.09.2011]

Rat der Europäischen Union (Hrsg.) (1989): Richtlinie über die Durchführung von Maßnahmen zur Verbesserung der Sicherheit und des Gesundheitsschutzes der Arbeitnehmer bei der Arbeit (89/391/EWG), Online im Internet: URL: http://eur-lex.europa.eu/LexUriServ/LexUriServ.do?uri=CONSLEG:1989L0391:20081211:DE:PDF

Rat der Europäischen Union (Hrsg.) (1999): Empfehlung über die Begrenzung der Exposition der Bevölkerung gegenüber elektromagnetische Felder (0 Hz bis 300 GHz) (1999/519/EG), Online im Internet: URL: http://ec.europa.eu/enterprise/sectors/electrical/files/lv/rec519_en.pdf [Stand: 06.04.2011].

ROWOCoating Gesellschaft für Beschichtung mbH (2011): Beschichtungen und Abschirmmaterialien, Online im Internet: URL: http://www.rowo-coating.de/ [Stand 27.04.2012]

Schmid G (2007): Niederfrequente und hochfrequente elektromagnetische Felder in Innenräumen – Quellen, Messungen und typische Werte in Elektromagnetische Felder in Innenräumen, Tagungsband, Messezentrum WienNeu, Wien.

Schmid G, Lager D, Preiner P, Überbacher R, Neubauer G, Cecil S (2005): Bestimmung der Exposition bei Verwendung kabelloser Übermittlungsverfahren im Haushalt und Büro, Abschlussbericht, Bundesamt für Strahlenschutz (BfS), Online im Internet: URL: http//www.emf-forschungsprogramm.de/forschung/dosimetrie/dosimetrie_abges/dosi_030_AB.pdf [Stand: 06.04.2011].

Seltmann T (2007): Elektrosmog durch Solarstromanlagen in: Elektrosmog – bauliche Schutzmaßnahmen, Fraunhofer IRB Verlag, Schorndorf.

Silva M, Hummon N (1989): Power frequency magnetic fields in the Home, IEEE Transactions on power delivery, vol. 4, No. 1

Sto Ges.m.b.H. (2011): Abschirmgewebe mit Schutz vor Elektrosmog, Online im Internet: URL: http://www.sto.at [Stand 27.04.2012]

SSK,Strahlenschutzkommission des Bundesministeriums für Umwelt, Naturschutz und Reaktorsicherheit (1997): Schutz vor niederfrequenten elektrischen und magnetischen Feldern der Energieversorgung und - Anwendung - Empfehlung der Strahlenschutzkommission, Gustav Fischer Verlag, Heft 7

Saint-Gobain Marine Applications (2011): Sicherheitsglas, Online im Internet: URL: http://www.finnglass.sggs.com/Finnglass/images/FCK/Stadip-Protect-EMS.pdf [Stand 27.04.2012]

Schreinerei Ziegelmeier (2011): Fenster zum Schutz vor elektromagnetischen Wellen, Online im Internet: URL: http://www.schreinerei-ziegelmeier.de/

Systron EMV GmbH (2009): Robert Hauri, im Rahmen des Projektes Spital Biel, Schweiz.

Systron EMV GmbH (2012): Robert Hauri, im Rahmen des Projektes EMF - Raumabschirmung PowerShield® zur Begrenzung niederfrequenter Magnetfelder 16Hz / 50Hz für Bahn nahe Gebäude, Dürntzen, Schweiz, 10.02.2012.

Tandler D (1995): 14. Messung niederfrequenter elektrischer und magnetischer Felder, EMVU-Kongress 29.03.1995, Online im Internet: URL: http://www.narda-sts.de/pdf/niederfrequenz/12_kongr_7.pdf [Stand: 03.09.2011]

TCO Development (2011): TCO Gütesiegel, Online im Internet: URL: http://www.tcodevelopment.de [Stand: 04.2011]

Thoma Holz GmbH (2011): Holz-Bausystem, Online im Internet: URL: http://www.thoma.at/html/deutsch/index1.html [Stand 27.04.2012]

Virnich M H, Moldan D (2007): Notebooks in Elektrosmog – Wohngifte – Pilze, Ausgabe 3/07 Nr. 122, Institut für Baubiologie + Ökologie Neubeuern IBN, Fein.

Virnich M H, Moldan D (2009): Die Sendung mit der Maus, Institut für Baubiologie – IBN - Wohnung + Gesundheit, Ausgabe 12/09, Nr. 133

VORNORM ÖVE/ÖNORM E 8850 (2006): Niederfrequente elektrische, magnetische und elektromagnetische Felder – Felder im Frequenzbereich von 0 Hz bis 300 GHz – Beschränkung der Exposition von Personen

Walti U (2009): Magnetische Felder reduzieren, Erfolgreiche Reduktionsmaßnahmen auf den Anlagegrenzwert am Spitalzentrum Biel, Online im Internet: URL: http://www.electrosuisse.ch/ Startseite > Verband > Bulletin SEV/VSE > Fachartikel

Wegner E (2008): Psychologische Aspekte bei Elektrosensibilität: Ein Überblick über die Forschung, in ECOLOG-Institut (Hrsg.): EMF-Monitor, Hannover, S. 1-10, im Internet Online: URL: http://www.ecolog-institut.de/fileadmin/user_upload/Publikationen/EMF-Monitor/Monitor_2008_4_Psychologische_Aspekte.pdf

WERU AG (2011): Fenster und Türen, Online im Internet: URL: www.weru-architekten.de [Stand 27.04.2012]

Wiese H, Spychala M, Janik von Rath J, Papenbreer P, Notaro F (2009): Vermessung von elektrostatischen Feldern mithilfe einer Feldmühle, 11. August 2009, Online im Internet: URL: http://app.physik.uni-wuppertal.de/files/protokolle/VP5.pdf [Stand: 31.03.2012]

Wölfle R D (2011): Elektrosensitivität und –sensibilität, Online im Internet: URL: http://www.ralf-woelfle.de > Elektrosmoginfo > Gesundheit > Elektrosensibilität [Stand: 05.04.2011].

Wuschek M (2009): Bericht über die Messung der hochfrequenten Immissionen in einem Baugebiet in der Nähe des Sendeturms "Weickmannshöhe", Gutachten im Auftrag der Stadt Landshut, Regensburg.

Wuschek M, Bornkessel C (2007); Hochfrequenz-Immissionen durch funkbasierte Breitbanddienste; Veröffentlichungsreihe Breitbandinitiative Bayern, Band 2, Teil 1, 10. September 2007

Yshield EMR-Protection (2011): Elektrisch leitfähige Beschichtungen auf Carbonbasis, überwiegend zur Abschirmung von Räumen und Gebäuden gegen elektromagnetische Felder, Online im Internet: URL: http://www.yshield.de/ [Stand 27.04.2012]

Ziegelei Gumbel (2011): Lehmziegel, Lehmmörtel und Lehmputz, Online im Internet: URL: http://www.ziegelei-gumbel.de/ [Stand 27.04.2012]

26. BImSchV Deutschland (1996): Sechsundzwanzigste Verordnung zur Durchführung des Bundes-Immissionsschutzgesetzes - Verordnung über elektromagnetische Felder vom 16.12.1996, Online im Internet: URL: http://www.gesetze-im-internet.de/bundesrecht/bimschv_26/gesamt.pdf

Abbildungsverzeichnis

Abbildung 1 a und b: Homogenes, elektrisches Feld und elektrisches Feld mit gutem Leiter (LUBW & LfU, 2010) 8

Abbildung 2: Verlauf einer sinusförmigen Welle (LUBW & LfU, 2010) 9

Abbildung 3: Elektromagnetische Wellen (LUBW & LfU, 2010) 10

Abbildung 4: Feldlinien des Erdmagnetfeldes (LUBW & LfU, 2010) 11

Abbildung 5: Elektrisches Feld der Erde (LUBW & LfU, 2010) 12

Abbildung 6: Stromkreise des Bahnstroms (LUBW & LfU, 2010) 14

Abbildung 7: Vergleich der auftretenden magnetischen Felder bei unterschiedlichen Stromübertragungssystemen im Hochleistungsbereich. (LUBW & LfU, 2010) 15

Abbildung 8: Magnetfelder im Nahbereich einer Netzstation (LUBW & LfU, 2010) 16

Abbildung 9: Leistungsregelung bei Basisstation und Handy (LUBW & LfU, 2010) 19

Abbildung 10: Vorgänge bei der Schirmung einer elektromagnetischen Welle (Lindemann u.a., 2007) 24

Abbildung 11: Wirkung eines niederfrequenten magnetischen Feldes auf den menschlichen Körper. (LUBW & LfU, 2010) 32

Abbildung 12: Exposition eines Menschen durch hochfrequente elektromagnetische Felder eines Handys. (BfS, 2008) 34

Abbildung 13: Absorptionsverhalten des menschlichen Körpers (Erwachsener) in Abhängigkeit der Frequenz. (LUBW & LfU, 2010) 36

Abbildung 14: Schematische Darstellung der zwei häufigsten Bauformen von Breitband-Feldsonden für den HF-Bereich und Foto einer typischen Breitbandfeldsonde für den HF-Bereich (Schmid u.a., 2005) 44

Abbildung 15: Schematische Darstellung einer frequenzselektiven Messung elektromagnetischer Felder und Fotos einer Präzisions-Messantenne und eines Spektrumanalysators (Schmid u.a., 2005) 45

Abbildung 16: Dreidimensionaler isotroper Sensor zur Messung der elektrischen Feldstärke (Tandler, 1995) 47

Abbildung 17: Dreidimensionale isotrope Spulenanordnung (Tandler, 1995) 48

Abbildung 18: Aufbauskizze einer E-Feldmühle (Wiese u.a., 2009) 48

Abbildung 19: HF-Transmissionsdämpfung von massiven Baustoffen (erweitert aus Pauli & Moldan, 2003) 59

Abbildung 20: HF-Transmissionsdämpfung von Lehmbaustoffen (erweitert aus Pauli & Moldan, 2003) 60

Abbildung 21: HF-Transmissionsdämpfung für Holzkonstruktionen (erweitert aus Pauli & Moldan, 2003) 60

Abbildung 22: HF-Transmissionsdämpfung von Fenstern und Zubehör (erweitert aus Pauli & Moldan, 2003) 62

Abbildung 23: HF-Transmissionsdämpfung von Fensterrahmen (erweitert aus Pauli & Moldan, 2003) 62

Abbildung 24: HF-Transmissionsdämpfung von verschiedenen Spaltbreiten (erweitert aus Pauli & Moldan, 2003) 63

Abbildung 25: HF-Transmissionsdämpfung von Wandbeschichtungen innen (erweitert aus Pauli & Moldan, 2003) 64

Abbildung 26: HF-Transmissionsdämpfung von Anstrichen und Putzen für den Innenbereich (erweitert aus Pauli & Moldan, 2003) 65

Abbildung 27: HF-Transmissionsdämpfung von Fassaden und Dämmstoffen (erweitert aus Pauli & Moldan, 2003) 66

Abbildung 28: HF-Transmissionsdämpfung von Dächern (erweitert aus Pauli & Moldan, 2003) 67

Abbildung 29: HF-Transmissionsdämpfung von Textilien (erweitert aus Pauli & Moldan, 2003) 68

Abbildung 30: Grenzwerte (Auszug aus Walti, 2009) 75

Abbildung 31: UG Spitalszentrum Biel mit Energieverteilungsanlagen (Systron, 2009) 75

Abbildung 32: Messungen vor und nach dem Einbau der Abschirmungen (Systron, 2009) 76

Abbildung 33: Verlegung der Abschirmplatten (Systron, 2009) 77

Abbildung 34: Fertig montierte Bodenabschirmung vor Einbau der Wände (Systron, 2009) 77

Abbildung 35: Gewerbegebäude direkt an der Bahnlinie mit zwei als kritisch bezeichneten Räumen (Systron, 2012) 78

Abbildung 36: Ansicht der Gebäudefront mit den kritischen Räumen (Systron, 2012) 78

Abbildung 37: AGW in der Mitte des Gebäudes überschritten (Systron, 2012) 79

Abbildung 38: Messergebnis der 24-Stunden-Messung zur Bestandsaufnahme im kleinen „kritischen" Raum (Systron, 2012) 79

Abbildung 39 a bis d: Befestigung der Abschirmplatten für die Raumabschirmung (Systron 2012) 80

Abbildung 40: Messpunkte im kleinen und großen „kritischen" Raum (Systron 2012) 81

Abbildung 41: Messergebnis der 24-Stunden-Messung für kleinen „kritischen" Raum nach der Raumabschirmung (Systron 2012) 81

Abbildung 42: Mobilfunksendeanlage in der Nähe des Zubaus (Grabmann, 2011) 82

Abbildung 43: Metalldach auf beiden Seiten (Grabmann, 2011) 82

Abbildung 44: Metallbedampfte Fenster mit Aluminiumrahmen (Grabmann, 2011) 83

Abbildung 45: Abschirmanstriche an den Wänden (Grabmann, 2011) 83

Abbildung 46: Lage der Messpunkte im Zubau (Grabmann, 2011) 84

Abbildung 47: Messaufbau an einem Messpunkt im Zubau (Grabmann, 2011) 84

Abbildung 48: Messung der einzelnen Funkdienste im Freien (aus Grabmann, 2011) 85

Abbildung 49: Anteil der einzelnen Funkdienste an jedem Messpunkt (MP) nach der Abschirmung (erstellt aus Grabmann, 2011) 85

Abbildung 50: Vergleich der Leistungsflussdichten aus Summe Immissionen GSM (übernommen aus IBO, 2008) 88

Abbildung 51 a und b: Messung des elektrischen Wechselfeldes im Fuß- und Kopfbereich (Berger, 2010) 89

Abbildung 52 a und b: Messung des magnetischen Wechselfeldes im Fuß- und Kopfbereich (Berger, 2010) 90

Abbildung 53 a und b: Messung des elektrischen und magnetischen Feldes im Fußbereich nach der Verbesserung (Berger, 2010) 90

Abbildung 54 a und b: Gebäudeansicht vor und nach der Sanierung (Grabmann, 2008) 91

Abbildung 55 a und b: Messpunkte und Zielwert vor und nach der Sanierung im EG (gebildet aus Grabmann, 2011) 92

Abbildung 56: Messpunkte vor und nach der Sanierung im 1. Obergeschoß (gebildet aus Grabmann, 2011) 92

Abbildung 57 a und b: Messpunkte und Zielwert vor und nach der Sanierung (gebildet aus Grabmann, 2011) 93

Abbildung 58: Abschirmwirkung des Insektenschutzgitters (Grabmann, 2008) 93

Abbildung 59: Grundriss EG mit Messpunkten und Messwerten (vgl. aus Grabmann, 2008) 94

Abbildung 60: Grundriss 1.OG mit Messpunkten und Messwerten (vgl. aus Grabmann, 2008) 94

Abbildung 61: Grundriss 2.OG mit Messpunkten und Messwerten (vgl. aus Grabmann, 2008) 94

Abbildung 62: Lageplan mit nächstgelegenen Mobilfunk-Sendern (Autor, 2012) 95

Abbildung 63: Bürogebäude mit gemessenem Büro-Arbeitsplatz (Autor, 2012) 96

Abbildung 64: Foto vom Büro-Arbeitsplatz vor der Sanierung mit Messaufbau (Autor, 2012) 96

Abbildung 65 a und b: Fotos vom Büro-Arbeitsplatz bei der Messung des elektrischen Wechselfeldes nach TCO und dreidimensional potentialfrei (Grabmann, 2012) 97

Abbildung 66: Grafische Darstellung der Ersatzfeldstärke aus der Rastermessung vor der Sanierung (Grabmann, 2012) 99

Abbildung 67 a und b: Fotos über die Veränderung am Büro-Arbeitsplatz durch die Sanierung (Grabmann, 2012) 99

Abbildung 68: Grafische Darstellung der Ersatzfeldstärke aus der Rastermessung nach der Sanierung (Grabmann, 2012) 100

Abbildung 69: Grafische Darstellung der Ersatzfeldstärke aus der Rastermessung nach der Sanierung mit kleinerem Messbereich (Grabmann, 2012) 100

Abbildung 70: Grafische Darstellung der Ersatzfeldstärke aus der Rastermessung nach der Sanierung mit kleinerem Messbereich, ohne Nachbar-PC und Dockingstation (Grabmann, 2012) 101

Abbildung 71: Foto vom Büro-Arbeitsplatz zur Messung der magnetischen Flussdichte bis 2 kHz, dreidimensional potentialfrei, Messhöhe 155 cm (Grabmann, 2012) 102

Abbildung 72: Diagramm aus Messwerte und Richtwert der magnetischen Flussdichte nach TCO Band I vor und nach der Sanierung (abgeleitet aus Grabmann, 2012) 102

Abbildung 73: Foto vom Büroarbeitsplatz zur Messung des magnetischen Wechselfeldes von 2 kHz bis 400 kHz, dreidimensional potentialfrei, Messhöhe 155 cm (Autor, 2012) 103

Abbildung 74: Diagramm aus Messwerte und Richtwert der magnetischen Flussdichte gemessen nach TCO Band II vor und nach der Sanierung (abgeleitet aus Grabmann, 2012) 103

Abbildung 75: Erklärung zur Ablesung der Messergebnisse (Grabmann, 2012) 104

Abbildung 76: Diagramm über zeitlichen Verlauf der magnetischen Flussdichte, Messzeit 1 min, Messhöhe von 155 cm (Grabmann, 2012) 104

Abbildung 77: Zeitlicher Verlauf der magnetischen Flussdichte, Messzeit 1 min, Messhöhe Tischplatte (Grabmann, 2012) 105

Abbildung 78: Zeitlicher Verlauf der magnetischen Flussdichte, Messzeit <1 min, Messhöhe von 45 cm über dem Boden (Grabmann, 2012) 105

Abbildung 79: Foto über die Positionierung des Datenloggers zur Langzeitaufzeichnung am Büro-Arbeitsplatz (Autor, 2012) 106

Abbildung 80: Langzeitaufzeichnung des Datenloggers (Grabmann, 2012) 106

Abbildung 81: Diagramm gemessener statischer Magnetfelder und Vergleich mit Erdmagnetfeld in Mitteleuropa (Grabmann, 2012) 107

Abbildung 82: Messdaten vom Tischrechner (Grabmann, 2012) 107

Abbildung 83: Diagramm über gemessene Oberflächenspannungen im Vergleich zum TCO-Richtwert (Grabmann, 2012) 108

Abbildung 84: Foto der Hochfrequenzmessung mittels Spektrumanalysator (Autor, 2012) 109

Abbildung 85: Frequenzselektive Messung elektromagnetischer Strahlen (Grabmann, 2012) 109

Abbildung 86: Frequenzselektive Messung - Anteil der einzelnen Funkdienste (Grabmann, 2012) 111

Abbildung 87: Diagramm: Frequenzselektive Messung, Übersicht bis 300 MHz (Grabmann, 2012) 112

Abbildung 88: Diagramm: Frequenzselektive Messung, Übersicht bis 6 GHz (Grabmann, 2012) 113

Abbildung 89: Diagramm: Frequenzselektive Messung, Übersicht im kHz-Bereich (Grabmann, 2012) 113

Abbildung 90: Diagramm: Frequenzselektive Messung, Spitzen von PLC und Bildschirm (Grabmann, 2012) 114

Abbildung 91: Diagramm: Frequenzselektive Messung, hochfrequente magnetische Felder bis 300 MHz (Grabmann, 2012) 114

Abbildung 92: Foto über den Messaufbau zur Messung der Netzqualität (Grabmann, 2012) 115

Abbildung 93 a und b: Messung eines Stromkreises von der USV-Anlage mit Netzanalysator gemessen (Grabmann, 2012) 115

Abbildung 94: Messung eines Stromkreises von der USV-Anlage, mit Oszilloskop gemessen (Grabmann, 2012) 116

Abbildung 95: Verlauf des Spannungssignals des Stromkreises von der USV-Anlage, mit Oszilloskop gemessen (Grabmann, 2012) 116

Abbildung 96: Frequenzspektrum mit Oberwellen aus dem Spannungssignal des Stromkreises von der USV-Anlage, mit Oszilloskop gemessen (Grabmann, 2012) 117

Abbildung 97: Foto über zwischengeschalteten Netzfilter (Autor, 2012) 117

Abbildung 98: Diagramm: Messung an der Steckdosenleiste vor dem Filter (Grabmann, 2012) 118

Abbildung 99: Diagramm: Messung an der Steckdosenleiste nach dem Filter (Grabmann, 2012) 118

Abbildung 100: Foto des gemessenen Lichtbandes (Grabmann, 2012) 119

Abbildung 101: Diagramm über die Abstandsmessung der elektrischen Feldstärke des Lichtbandes (Grabmann, 2012) 119

Abbildung 102: Diagramm über die Abstandsmessung der magnetischen Flussdichte des Lichtbandes (Grabmann, 2012) 120

Abbildung 103: Foto der gemessenen Einzel-Rasterlampe (Grabmann, 2012) 120

Abbildung 104: Diagramm über die Abstandsmessung der elektrischen Feldstärke der Einzel-Rasterlampe (Grabmann, 2012) 121

Abbildung 105: Foto über die Abstandsmessung der elektrischen Feldstärke der Schreibtischlampe (Grabmann, 2012) 121

Abbildung 106: Diagramm über die Abstandsmessung der elektrischen Feldstärke der Schreibtischlampe (Grabmann, 2012) 122

Abbildung 107: Diagramm über die Abstandsmessung der magnetischen Flussdichte der Schreibtischlampe (Grabmann, 2012) 122

Abbildung 108: Foto über die Messung der magnetischen Flussdichte am Netzteil der Schreibtischlampe (Grabmann, 2012) 123

Abbildung 109: Foto über die Abstandsmessung der magnetischen Flussdichte am Netzteil der Dockingstation (Autor, 2012) 123

Abbildung 110: Diagramm über die Abstandsmessung der magnetischen Flussdichte am Netzteil des Laptops mit Dockingstation (Grabmann, 2012) 124

Abbildung 111: Foto über die Abstandsmessung der elektrischen Feldstärke am Drucker (Autor, 2012) 124

Abbildung 112: Diagramm über die Abstandsmessung der elektrischen Feldstärke am Drucker (Grabmann, 2012) 125

Abbildung 113: Diagramm über die Wiederholung der Abstandsmessung der elektrischen Feldstärke am Drucker (Grabmann, 2012) 125

Abbildung 114: Diagramm über die Abstandsmessung der magnetischen Flussdichte am Drucker (Grabmann, 2012) 126

Abbildung 115: Diagramm über die Messung der magnetischen Flussdichte am Drucker bei Schaltvorgängen an der Geräteheizung (Grabmann, 2012) 126

Abbildung 116: Foto über die Abstandsmessung der elektrischen Feldstärke an der elektrischen Schreibmaschine (Autor, 2012) 127

Abbildung 117: Diagramm über die Abstands-Messung der elektrischen Feldstärke an der elektrischen Schreibmaschine (Grabmann, 2012) 127

Abbildung 118: Diagramm über die Abstandsmessung der magnetischen Flussdichte an der elektrischen Schreibmaschine (Grabmann, 2012) 128

Abbildung 119: Fotos über die Oberflächenmessung der magnetischen Flussdichte an der elektrischen Schreibmaschine (Grabmann, 2012) 129

Abbildung 120: Foto über die Messung der magnetischen Flussdichte am Laptop ohne Dockingstation (Grabmann, 2012) 129

Abbildung 121: Foto über die Messung der magnetischen Flussdichte am Stand-PC (Grabmann, 2012) 130

Abbildung 122: Foto über die Messung der magnetischen Flussdichte am Laptop mit der Dockingstation (Grabmann, 2012) 130

Abbildung 123: Foto über die Messung der Einschaltvorgänge vor der Tastatur des Stand-PCs (Autor, 2012) 131

Abbildung 124: Diagramm über die Messung des elektrischen Feldes beim Einschaltvorgang des Stand-PCs, vor der Tastatur (Grabmann, 2012) 131

Abbildung 125: Diagramm über die Messung der magnetischen Flussdichte beim Einschaltvorgang des Stand-PCs, vor der Tastatur (Grabmann, 2012) 132

Abbildung 126: Foto zur Messung der Einschaltvorgänge vor der Tastatur des Laptops ohne Dockingstation, vor der Tastatur (Autor, 2012) 132

Abbildung 127: Diagramm über die Messung des elektrischen Feldes beim Einschaltvorgang des Laptops ohne Dockingstation, vor der Tastatur (Grabmann, 2012) 133

Abbildung 128: Diagramm über die Messung der magnetischen Flussdichte beim Einschaltvorgang des Laptops ohne Dockingstation, vor der Tastatur (Grabmann, 2012) 133

Abbildung 129: Foto über die Messung der Einschaltvorgänge vor der Tastatur des Laptops mit Dockingstation, vor der Tastatur (Autor, 2012) 134

Abbildung 130: Diagramm über die Messung der magnetischen Flussdichte beim Einschaltvorgang des Laptops mit Dockingstation, vor der Tastatur (Grabmann, 2012) 134

Abbildung 131: Schematische Darstellung der Außenhülle eines Gebäudes (Autor, 2011) 135

Abbildung 132: Schematische Darstellung des Innenraumes eines Büros (Autor, 2011) 137

Abbildung 133: Schematische Darstellung der Möblierung eines Büros (Autor, 2011) 139

Abbildung 134: Schematische Darstellung der technischen Ausrüstung im Büro (Autor, 2011) 141

Abbildung 135: Lageplan mit nächstgelegenen Mobilfunk-Sendern (Autor, 2012) 147

Abbildung 136: Schematische Darstellung der Außenhülle eines Gebäudes (Autor, 2012) 149

Abbildung 137: Schematische Darstellung des Innenraumes eines Büros (Autor, 2011) 150

Abbildung 138: Lageplan mit nächstgelegenen Mobilfunk-Sendern (Autor, 2012) 154

Abbildung 139: Bürogebäude mit gemessenem Büro-Arbeitsplatz (Autor, 2012) 154

Abbildung 140: Schematische Darstellung der Außenhülle eines Gebäudes (Autor, 2011) 156

Abbildung 141: Schematische Darstellung des Innenraumes eines Büros (Autor, 2011) 157

Abbildung 142: Schematische Darstellung der technischen Ausrüstung im Büro (Autor, 2011) 162

Abbildung 143: Fensterbankkanal und geschirmte Steckdosenleiste (Autor, 2012) 162

Abbildung 144: Geschirmtes Geräteanschlußkabel (Autor, 2013) 162

Abbildung 145: Computerbildschirm mit TCO-Prüfzeichen (Autor, 2013) 163

Abbildung 146: Geschirmte Schreibtischlampe mit geschirmtem Anschlusskabel (Autor, 2013) 163

Tabellenverzeichnis

Tabelle 1: elektrostatische Aufladung in Abhängigkeit der Luftfeuchtigkeit (angepasst aus Grothusen, 2011) 22

Tabelle 2: Mittleres, induziertes elektrisches Feld in einem Körper bei einem äußeren elektrischen Feld von 1 KV/m und 50 Hz nach EHC 238 der WHO von 2007. (LUBW & LfU, 2010) 32

Tabelle 3: Mittleres, induziertes elektrisches Feld in einem Körper bei äußerem magnetischen Feld von 1 kV/m und 50 Hz nach EHC 238 der WHO von 2007. (LUBW & LfU, 2010) 33

Tabelle 4: Internationale Grenz-, Richt- und Orientierungswerte für magnetische Felder im Niederfrequenzbereich für die Exposition am Arbeitsplatz (Auszug aus Innenraum Mess- und Beratungsservice, 2007) 38

Tabelle 5: Internationale Grenz-, Richt- und Orientierungswerte für elektrische Felder im Niederfrequenzbereich für die Exposition am Arbeitsplatz (Autor, 2012)...............39

Tabelle 6: Internationale Grenz-, Richt- und Orientierungswerte für die Leistungsflussdichte hochfrequenter elektromagnetischer Felder (Auszug aus Innenraum Mess- und Beratungsservice, 2007 und Ergänzung durch Autor, 2013) 39

Tabelle 7: Referenzwerte für die berufliche Exposition durch statische und zeitlich veränderliche elektrische und magnetische Felder (0 Hz bis 300 GHz). (Vgl. aus VORNORM ÖVE/ÖNORM E 8850, 2006) 41

Tabelle 8: Tabelle für Schirmdämpfung (Grabmann, 2012)..42

Tabelle 9: Gemessene Oberflächenspannungen im Bereich des Büro-Arbeitsplatzes des Autors im Vergleich zum TCO-Richtwert (Grabmann, 2012) 50

Tabelle 10: vom Autor gemessene statische Magnetfelder und Vergleich mit Erdmagnetfeld in Mitteleuropa und Grenzwerte (zusammengefasst aus Grabmann, 2012) 51

Tabelle 11: Größenordnung von Magnetfeldimmissionen in Innenräumen, verursacht durch äußere Quellen (Vgl. aus Schmid, 2007) 52

Tabelle 12: Systematische Erfassung nichtionisierender Quellen am Büroarbeitsplatz im NF-Bereich: Computer, Laptops und Mäuse (zusammengefasst aus Grabmann, 2012) 53

Tabelle 13: Systematische Erfassung nichtionisierender Quellen im NF-Bereich: Sonstige Geräte im Bürobereich (zusammengefasst aus Grabmann, 2012)...............53

Tabelle 14: Größenordnungen von elektromagnetischen Immissionen in Innenräumen, verursacht durch diverse Funkanwendungen am Arbeitsplatz des Autors (entnommen aus Grabmann, 2012) 54

Tabelle 15: Leistungsklassen von Bluetooth^{TM}-Geräten (Schmid u.a., 2005) 55

Tabelle 16: Abschirmfolien (Autor, 2012) 70

Tabelle 17: Abschirmungsgewebe (Autor, 2012) 71

Tabelle 18: Vliese (Autor, 2012) 71

Tabelle 19: Kosten-Nutzen-Verhältnis für Anstriche und Putze für den Innenbereich (Autor, 2012) 72

Tabelle 20: Textilien (Autor, 2012) 72

Tabelle 21: Kosten-Nutzen-Verhältnis von Abschirmplatten (Autor, 2012) 73

Tabelle 22: Kosten-Nutzen-Verhältnis von Fassadenverkleidungen (Autor, 2012) 73

Tabelle 23: Kosten-Nutzen-Verhältnis für Dachaufbauten (Autor, 2012) 74

Tabelle 24: Kosten der realisierten Abschirmung (Systron, 2009) 77

Tabelle 25 a und b: Ergebnisse der Messung der Leistungsflussdichte im Frequenzbereich 250 MHz bis 3 GHz mittels Spektrumanalysator, Messungen vom 12.02.2008 (erstellt aus IBO, 2008) 87

Tabelle 26 a bis d: Ergebnisse der Messung der Leistungsflussdichte im Frequenzbereich 250 MHz bis 3 GHz mittels Spektrumanalysator, Messungen vom 19.03.2008 (erstellt aus IBO, 2008). 88

Tabelle 27: Messwerte und Richtwert nach TCO Band I und Vergleichswerte nach PF 3D vor und nach der Sanierung (abgeleitet aus Grabmann, 2012) 97

Tabelle 28: Messwerte und Richtwert nach TCO Band II vor und nach der Sanierung (abgeleitet aus Grabmann, 2012) 98

Tabelle 29: Rastermessung des elektrischen Wechselfeldes vor der Sanierung, Messhöhe 1,24 m (Grabmann, 2012) 98

Tabelle 30: Rastermessung des elektrischen Wechselfeldes nach der Sanierung, Messhöhe 1,24 m (Grabmann, 2012) 99

Tabelle 31: Rastermessung des elektrischen Wechselfeldes nach der Sanierung mit kleinerem Messbereich, Messhöhe 1,24 m (Grabmann, 2012) 100

Tabelle 32: Rastermessung des elektrischen Wechselfeldes nach der Sanierung mit kleinerem Messbereich, ohne Nachbar-PC und Dockingstation, Messhöhe 1,24 m (Grabmann, 2012) 101

Tabelle 33: Messung der magnetischen Flussdichte von Computermäusen (Autor, 2012) 130

Tabelle 34: Die besseren Dämpfungswerte der einzelnen Produktgruppen (Autor, 2012) 136

Tabelle 35: Dämpfungswerte von Wänden, Decken und Böden innen im NF-Bereich (Autor, 2012) 137

Tabelle 36: Dämpfungswerte verschiedener Materialien im Innenraum, im HF-Bereich (Autor, 2012) 138

Tabelle 37: Elektrischer Widerstand und Antistatik von Bodenbelägen (Armstrong, 2007) 140